教育部人文社会科学基金项目
[14YJCGJW009]

欧盟气候话语权的建构及对中国的启示研究

柳思思◎著

The Construction of EU's Climate Discourse
Power and Its Enlightenment to China

时 事 出 版 社
北京

教育部人文社科项目
"欧盟气候话语权的建构及对中国的启示研究"
（编号：14YJCGJW009）

目录
CONTENTS

第一章　研究设计与研究规划 ……………………………………（1）

一、研究问题与研究背景 ………………………………………（1）

二、理论意义和应用价值 ………………………………………（2）

三、研究目标与重点难点 ………………………………………（4）

四、研究思路与研究方法 ………………………………………（7）

五、研究进度与研究基础 ………………………………………（9）

第二章　国内外研究文献梳理述评 ……………………………（12）

一、语言建构主义及相关研究的述评 …………………………（12）

二、全球治理与"免费搭车"的困境 …………………………（24）

三、欧盟气候治理的内外评价与解读 …………………………（28）

四、中国气候治理的内外评价与解读 …………………………（30）

五、国际气候制度与国际制度资源 ……………………………（33）

第三章　欧盟气候话语权的建构之路 …………………………（55）

一、欧盟促成且挽救《京都议定书》 …………………………（56）

二、欧盟成为全球气候议题的主导者 …………………………（57）

三、欧盟气候领域领导地位遭遇挑战 …………………………（60）

四、欧盟借《巴黎协定》重新掌控话语权 ……………………（63）

五、欧盟气候话语权的新挑战与机遇 …………………………（72）

第四章　欧盟气候话语权建构的子课题研究 …………………（77）

一、气候话语权与低碳科技 ……………………………………（77）

二、气候话语权与议题设置 ·· (84)

三、气候话语权的语用策略 ·· (94)

四、气候话语权与气候外交 ··· (107)

五、气候话语权的引导推广 ··· (121)

第五章　中国建构气候话语权的战略设计 ······················· (130)

一、中国建构气候话语权的优势 ·· (130)

二、中国建构气候话语权的困难 ·· (136)

三、中国建构气候话语权的机遇 ·· (139)

四、中国建构气候话语权的挑战 ·· (142)

五、中国建构气候话语权的 SWOT 模型 ····························· (147)

第六章　中国建构气候话语权的路径分析 ······················· (149)

一、应对西方科技霸权,推动中国标准国际化 ······················ (149)

二、议题设置合理化,构建新型传播方式 ···························· (159)

三、注重气候话语的语用策略与结构安排 ···························· (162)

四、发展气候外交,提升中国国家形象 ······························ (163)

五、利用新媒体推广,影响国内外舆论 ······························ (166)

结语 ··· (168)

附录 1　气候谈判中的术语类名词解释 ··························· (170)

附录 2　全球变暖与国际气候谈判历程 ··························· (214)

主要参考文献 ·· (219)

致谢 ··· (236)

第一章
研究设计与研究规划

一、研究问题与研究背景

　　话语权的国内研究虽有，但鲜有涉及欧盟气候话语权领域的研究成果。如果说美国在人道主义和国际战争类话语上掌握主导，那欧盟则在全球气候与环境治理类话语上占据先机。"话语"与"权力"往往有相互影响、相互制约的关系。行为体在国际气候领域的你争我夺，实质上是一场气候话语权的激烈交锋。话语权是发言权与规则制定权，是影响力的集中体现。① 行为体在气候领域的话语权表现为其在世界气候大会、全球气候规则制定、减排、碳交易、碳关税等领域的发言权、主导权和解读权。各主要谈判代表自 1995 年德国柏林世界气候大会开始，在历次世界气候大会的会前与会中围绕气候问题，开展言辞犀利的话语权之争，各国新闻媒体也纷纷以头版头条竞相报道抢占先机。在此过程中，欧盟及成员国制定并推广了大量国际气候话语规则，如"2℃警戒线""欧盟温室气体排放交易机制（ETS）""碳泄漏""低碳经济"等。现如今欧盟及成员国倡导的这些气候话语概念已成为全球科学界、新闻界、学术界乃至国际气候谈判中的主流话语。

　　欧盟是当前世界第一大经济体。欧盟作为"京都进程"的领导者，引领了整个《京都议定书》的谈判过程，为具体协定的最终达成出谋划策，且在美国放弃《京都议定书》后仍然成功推动众多发达国家与发展中国家实施《京都议定书》；欧盟在 2011 年的德班世界气候大会上，因倡导并成功推动了"德班路线图"，再度体现其国际气候谈判中的领导者风范。2015 年 11—12 月，欧盟成员国成功举办巴黎世界气候大会并顺利推动了《巴黎协定》（Paris Agreement）的达成，证明其在国际气候领域的号召力依然强劲。他山之石，可以攻玉。通过研究欧盟气候话语权，期望能对我

---

① S. Price, "Discourse Power Address: The Politics of Public Communication", *Ashgate Publication*, 2007, Vol 11, No. 2, pp. 253 – 255.

国话语权建构提供启发。

二、理论意义和应用价值

(一) 理论意义

一是开拓了话语权研究的新领域。欧盟气候话语权研究除了体现话语权研究的一般特性外，它的气候特色使其跳出传统话语权研究领域，丰富了话语权研究的类型和视角，为我们理解国际气候话语权的争夺态势并以此展开中国气候话语权研究提供了新思路。掌控气候话语权的主体、气候领域的国际舆论对国际政治具有重要的影响。掌控气候话语权的主体影响国际政治。在信息化时代的今天，各国政府越来越意识到掌控气候话语权已经成为影响公众气候意识、环保信息认知的一个重要渠道。气候话语权掌控者通过充当客观世界与受众之间"窗口"的角色，作为"软实力"表现的形式之一，切实地影响着气候政治，它强大的影响力和面对环保事件时敏锐的嗅觉、超快的反应速度也成为左右国际气候谈判局势的重要力量。

二是设计了气候话语权作用机制的理论框架。从发展过程、影响因素、语用策略、宣传机制等方面，剖析现行国际背景下欧盟气候话语权的作用机制与演化趋势，为今后深入研究国际气候话语权提供了理论依据。话语权的作用机制为政府的外交决策提供重要信息。政治传播学认为，话语权作用机制是实现政治互动的主要渠道，它既是沟通通道，又承担着传播政治信息的任务。话语权的作用机制，作为大众传媒中最重要的一部分，就是为政策制定者和公众提供掌控信息最基本的方式，尤其是为决策者提供介入社会事务过程的途径。比如在欧盟的官员大到理事会主席小到一般职员，都十分重视掌控话语权以传播最新的气候信息，每日清晨就通过博客、推特（Twitter）和其他互联网网站，把这些重要的气候信息传播到公众的头脑里，让这些气候信息成为欧盟公众生活中不可或缺的组成部分。正常情况下，欧盟公众都是先从媒体上获悉社会中最新发生的事情，然后才会收到电视上的报道，最后才是政府正式的纸质报告。

三是在生态文明的背景下研读国际气候谈判与减排谈判专业术语的理论内涵。本课题为国际关系理论的发展融入生态哲学元素，有助于构建国际气候谈判领域的专业术语分析模式。国际气候谈判大会为气候谈判较量中的多方搭建起信息交流的平台，提供了彼此讨价还价的场所。对于气候较量中的多方，信息的沟通是极为重要的。对于深陷气候争端的国家而言，尤其在危机事件中或是冲突爆发前，此时的国家间关系剑拔弩张，双方的冲突似乎一触即发。国家如何能让对方知道自己想要传达的信息且澄清误解？了解气候谈判的专业术语且灵活使用就成为彼此信息沟通的桥梁。这种国家间及时快速的意见沟通在一定程度上对缓解气候危机升级起了积极作用。

(二) 应用价值

一是解析国际气候话语权的博弈格局与热点话题。在国际气候谈判中，欧盟等发达国家占据主导地位，以中国为代表的发展中国家发言权有限。国际气候谈判的热点话题为"减缓"与"适应"，减缓是减少温室气体排放，而适应的目标则涉及经济、生态、社会各领域。掌控国际气候话语权影响国际气候谈判的议程设置。信息化时代媒体技术日益发达，欧盟随时随地将最新的新闻通过 GPS 发往世界，而欧盟各成员国新闻传媒将这些重要的信息进行集中和反复的报道并刊登在报纸或网站的头条，从而直接影响世界对气候事务的关注点和关注程度，潜移默化地影响了国际气候谈判在处理气候问题上的中心议题和议事日程。欧盟提出的碳交易就是典型的案例。欧盟及其媒体对碳交易的合理性与合法性进行了集中报道，公平原则、交易额度、交易过程出现在世界公众的面前，碳交易甚至影响了联合国主导下的气候谈判。

二是有助于深入分析欧盟气候话语权的运作路径。在应对全球气候变暖问题上，欧盟借保护环境之名构建自身权力，以便在绿色经济转型过程中最大程度地获取利益，设置各种绿色话语壁垒，如环境认证标志、碳关税等。欧盟利用掌控气候话语权，扮演联合国气候谈判的"智囊团"，无论是在电视网络还是在纸质媒体面前，都显示出其强大的专业分析和评论的精英队伍。欧盟的资深科学家、气候评论员、环保领域的专栏作家和编辑等经常对气候形势、突发的气候事件和国家决策进行分析评价，在某种程度上助推了欧盟气候话语权。在欧盟各国，某些气候环保领域的核心期刊经常邀请一些在专业方面颇有建树的学者就某个重要议题撰写文章，而这些文章经过高层决策者加工深化，就成为气候话语权的理论依据与科学支撑。

三是为中国增强气候话语影响力提供启示。作为国际气候治理中的重要参与者，与其他国际行为体尤其是与欧盟相比，中国的气候话语影响力相对较弱,存在着专业理论支撑不足,外宣话语过于老旧,宣传方式相对单一等问题。气候外交话语权的弱势地位降低了国际社会对中国气候外交话语的认同感。掌控话语权的主体引导公众舆论从而影响国家决策,他们知道普通公众对于国际事务的认知和判断大多来自于话语权的掌控主体,可以通过话语运作的角度和集中度改变或强化公众现有的态度和观点。如果中国政府行为不能得到气候话语权必定会引起不一致的公众舆论从而使政府陷入被动。

三、研究目标与重点难点

(一)研究目标

笔者的研究目标包括以下四个方面:一是分析欧盟气候话语权中,"话语"与"权力"相互影响、相互制约的关系。二是从话语权博弈视角分析国际气候谈判争端。话语是具体语言的运用,包括话语文本本身,话语文本的产生与影响,以及对话语文本的理解。三是阐释欧盟气候话语权产生及运作机理,剖析其中的影响因素与动力机制。四是在深入分析欧盟气候话语权建构过程的基础上,对中国在气候领域提升话语权的路径选择建言献策。在上述四个目标的指引下,笔者希冀本课题的研究有助于推动国际话语权理论研究的发展,同时探讨如何增强话语影响力的分析框架与注意事项,为中国提出具有较高可操作性的政策建议。

(二)研究重点

话语权的建构需要从话语主体经过传播链条对话语客体产生影响,取得效果之后才能生成话语权,而其中的四个环节——"谁来说""说什么""怎么说"和"怎么传"对话语权效果的生成至关重要。"谁来说"是说话者背后的权力支撑,这涉及说话者的能力与意愿;"说什么"是说话者选择的说话内容;"怎么说"是说话者说话的方式;"怎么传"是说话者话语的宣传推广的问题。说话者通过对话题的确定,对话题的加工,将自身的认知规律和价值取向融入到话语的语篇、语句结构之中,进而通过多样的宣传路径加以推广,其话语权得以建构。

第一,欧盟气候话语权的话语与权力。话语权是指说话权、发言权,即就某一问题发表看法的资格与权利,往往同人们争取经济、政治、文化、社会等领域的话语权益表达密切相关。国际气候话语权就是国际行为体立足于自身利益，对气候治理领域的相关国际标准、规范、模式、程序等方面的制定权、解释权或主导权。

由于冷战后国际范围的一些机制和规范逐渐成为新的权威中心，建立对己有利的国际规则和制度则成为权力的重要来源，因此规范性权力是欧盟作为国际行为体在国际体系中获取权力的主要方式。欧盟输出自己的环境标准，推动全球治理，提升自己的软实力和规范性力量，同时，谋求全球引领地位的内在要求也是一种自我加压，反过来又推动了欧盟内部的环境技术和行业标准的进一步提高，两者之间已形成了良性互动。

第二，欧盟气候话语权的建构过程。欧盟从积极应对气候变化，逐步发展到由气候推动其科技、经贸、政治等全球战略调整，同时气候政策也从共同市场的衍生品发展为较完备的独立体系。具体来说，在国际气候议题领域，欧盟话语权的发展历程大致分为五个阶段：一是欧盟和美国共同推动《联合国气候变化框架公约》与《京都议定书》。二是欧盟成为全球气候议题的主导者。美国2001年宣布放弃实施《京都议定书》之后，欧盟成为全球气候议题的主导者，其低碳技术领先全球。三是欧盟气候领域领导地位遭遇挑战。在哥本哈根会议上，随着美国重回国际气候舞台，新兴市场国家的崛起，欧盟气候话语权的发展形势逐渐复杂化。四是欧盟气候话语权重回巅峰。欧盟在2011年的德班气候变化大会上以及2015年的巴黎气候世界大会上，因提倡并推动了"德班路线图"，再次体现其"国际气候谈判领导者"的风范。五是欧盟气候话语权的新挑战与新机遇。2017年6月美国宣布退出《巴黎协定》，这一决定既对欧盟气候话语权造成挑战，又给欧盟制造了新的机遇。

第三，欧盟气候话语权的议题设置与制度创新。一是气候议题中的概念创新，倡导以下气候概念："2℃警戒线"是全球变暖的幅度不能超过工业革命前全球平均气温2℃，否则人类将难以承受。"1990基准年"即当前各国温室气体减排成效如何，都应以1990年该国的温室气体排放量为基本参照点。"2020峰值年/转折年"即全球温室气体排放总量将在2020年达到峰值，此后就应该调头向下。"碳关税"是指对高耗能的产品进口征收特别的二氧化碳排放关税，其主要征税对象是进口产品中碳排放密集型产品，如铝、钢铁、水泥、玻璃制品等。"欧盟温室气体排放交易机制"是对二氧化碳排放权进行交易的市场机制。"低碳经济"是达到经济发展与生态保护双赢的发展形态。如今，这些新概念已成为全球科学界、新闻界、学术界乃至国际气候谈判中的主流话语。二是议题范畴的扩大和深化。气候议题范畴的扩大和深化，从最初狭义的环保内容，如控制空气污染、保护饮用水、处理危险化学品等，逐步扩展为囊括了气候、能源、自然资源、野生动植物保护、生产及消费过程中的一切与气候相关的问题；在应对全球气候变暖的同时，也推动了欧盟的技术创新和经济增长。气候议题指向目标的演进，从仅仅作为末端治理演变为日趋完善的气候话语规范，在此过程中欧盟治理气候的主动性不断增强，并将气候议题推广到经济、政治等领域，影响着外交和贸易。

第四，欧盟气候话语权的宣传推广。欧盟充当国际气候谈判的"沟通合作桥梁"，对美、日等发达国家积极争取，对发展中国家通过清洁发展机制和全球环境基金机制加以援助，还通过支持俄罗斯加入世贸组织、加强双边贸易合作等作为交换条件推动俄罗斯批准《京都议定书》。具体来说，一是与全球主要行为体建立"气候合作伙伴关系"并制定详实的气候话语推广计划，包括推广区域、时间、推广方、参与方、推广预期成效等。二是推动气候外交，建立了一系列与全球气候治理制度相对接的欧盟内部环保机构，将欧盟气候话语概念与标准规范向世界传播。三是利用辐射全球的媒体引领国际舆论。利用网络新媒体开拓宣传路径，如欧盟领导人多次在推特上宣传欧盟的环保理念。

第五，中国提升气候话语权的路径。欧盟是应对气候变化的风向标，对其他国家具有参考价值。尽管国情不同，但欧盟在气候治理领域明确的战略目标、灵活的议题设置、不断完善的环境标准体系以及多样的宣传机制等方面值得中国参考学习。中国应推动自身标准的国际化，研究他国政府与公众接受信息的心理习惯、思维方式以及选择偏好，注意语言使用策略，增强中国宣传模式的感染力。

（三）拟突破的难点

第一，笔者解读欧盟气候话语权的语用策略。语用策略可以从语篇、句式、词汇三个层次来解析。一是在语篇层次上，欧盟将气候治理与增强软实力相联系，与实现其全球领导地位的抱负相挂钩。二是在句式选择上，欧盟习惯使用承诺型言语行为、认可型言语行为和排比句，以强化感情色彩，达到积极话语效果。三是在词汇定义上，欧盟使用了丰富的形容词，如"伟大的""可持续的""有远见的"等塑造其环保卫士的形象。

第二，笔者阐释欧盟气候话语权的推广模式。一是从国际组织层面，欧盟与海合会、亚太经合组织等共建"清洁能源网络平台"，探讨欧盟提出的气候议题。二是从国家层面，欧盟成员国与美国、中国、日本、新西兰、澳大利亚、巴西等建立了"气候合作伙伴关系"，推广欧盟的气候话语观念。

第三，笔者分析欧盟气候话语权建构对中国的启示。（1）应对西方科技霸权，推动中国标准国际化。中国应加快低碳领域的自主创新，为气候话语权提供技术支撑。（2）议题设置合理化，构建新型传播方式。（3）注重气候话语的语用策略与结构安排。（4）发展气候外交，提升中国国家形象。中国应加强与新兴市场国家的气候合作，也应适当援助生态极度脆弱的国家（如海岛国等），赢得国际声望。（5）利用新媒体推广，影响国内外舆论。

本课题的难点在于话语数据的采集、量化与模型建构。笔者具有国际关系理论与语言学的基础，还专门邀请了统计学的博士加盟。在数据选择方面，笔者遵循三个标准：话语文本的观点表达清晰、影响力强、具有权威性，而欧盟官员的气候问题演讲与应对气候变化的政策文件符合这些标准，为确保话语数据的准确性、权威性和系统性，笔者搜集的上述数据是基于欧洲理事会（European Council）（又称欧盟首脑会议或欧盟峰会）、欧盟理事会（Council of the European Union）（又称部长理事会）、欧盟委员会（European Commission）（简称欧委会）、欧洲议会（European Parliament）、欧盟对外行动署（European External Action Service）发布的文件。

四、研究思路与研究方法

（一）研究思路

首先，笔者在话语权理论的基础上，设置研究目标，框定"气候话语权"的研究范围。其次，笔者在实证分析阶段，对欧盟气候话语权的演化趋势进行系统评估，并在此基础上对欧盟建构气候话语权的经验进行总结。第三，笔者在子课题研究阶段，对欧盟气候话语权进行专题化研究，并评估欧盟经验对于中国建构气候话语权的参考价值。第四，笔者在综合上述研究成果的基础上，完成本课题的写作过程。最后，笔者完成修改与结题。总体来说，本课题研究路径如下图所示：

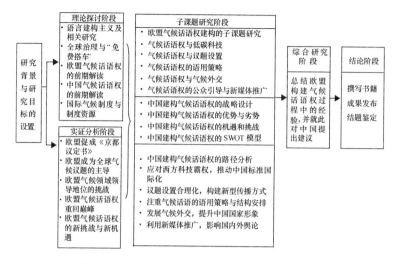

图 1—1　"欧盟气候话语权的建构及对中国的启示"课题研究路径

注：本图由笔者绘制。

（二）研究方法

1. 话语分析法

按照话语分析的三个维度，有三种方法：一是内容分析法，对话语的文本内容进行客观、系统和量化的分析，包括对气候概念选词进行定量和定性的分析；对文本的结构和典型的修辞手法进行分析。二是观念形态分析法，对欧盟气候话语权背后反映的社会文化观念进行解读，对欧盟谋求国际气候话语权的意图进行揭示，对其中关于"身份"与"威胁"的建构进行剖析。三是诠释学的方法，分析欧盟气候话语权的作用机制，如欧盟气候话语权怎样影响本国公众，又是如何影响他国政府和公众。

2. 基于语料库的统计分析方法

话语分析应使用大量的统计数据和语料分析来提供检验，因此本课题使用 Concordance 等软件创建了相关语料库。收集欧盟官员应对气候问题的演讲及欧盟气候政策文本，统计它们的"标题""关键词""内容类型""发布时间""转发数与评论数"等。

3. 调查研究法

通过问卷、访谈等方法了解调查对象，本课题组申请人研究气候问题多年，积累了大量资源，已经利用多种途径与欧盟相关环境机构建立了联系，利用赴欧洲访学的机会对欧盟相关机构与人员进行访谈，也通过多种途径与中国外交部、科技部、环境保护部、中科院等参与气候变化应对工作的相关人士取得联系，发放并已经收集了部分调查问卷。

4. 比较分析法

横向比较不同国家在国际气候话语权争夺中的利益取向与政策选择，纵向比较欧盟不同时期气候话语权的演化趋势。

五、研究进度与研究基础

（一）计划进度

2014 年 2 月—2014 年 9 月：笔者此阶段的研究目标是完成话语权的理论文献综述，制定气候话语权的研究方案。笔者的研究步骤：一是总结前人研究成果，审视研究队伍。二是形成课题方案，上报并申请课题立项。三是组建课题领导小组和专题研究小组，筹备课题研究经费。

2014 年 10 月—2016 年 1 月：笔者此阶段的研究目标是运用统计分析法、话语分析法、比较分析法、案例分析法等深入分析欧盟气候话语权的作用机理，并为中国提升气候话语权提供参考。笔者的研究步骤：一是确立具体工作目标。二是进行明确分工。三是遵循"保证质量"的基本原则，逐步开展研究。

2016 年 2 月—2016 年 7 月：笔者此阶段的工作是到相关部门进行调研，并结合调研实践情况对课题写作内容进行修正。笔者的研究步骤：一是参与阶段性课题会议，参与分组讨论相关研究进展情况并分析自身不足。二是根据调研情况对课题撰写内容进行调整，以达到精益求精的效果。

2016 年 8 月—2017 年 12 月：笔者此阶段的工作是课题资料的整理，总著作撰写及课题验收。笔者的研究步骤：一是对课题进行全面总结，上报并申请结题。二是将课题成果进行公布推广。

（二）前期研究基础

1. 主要前期研究成果

笔者前期成果共 25 项，核心期刊 20 篇，专著 5 部。发表的期刊分别为《世界经济与政治》《现代国际关系》《当代亚太》《国际论坛》《外交评论》《社会科学》《当代世界》等。著作的出版社分别为世界知识出版社（27 万字专著）、时事出版社（29 万字专著）、知识产权出版社（32 万字专著）等。

此外，笔者作为国家级、省部级、地市级等级别社科基金项目主持人14 项，作为国家社科基金重大项目子课题负责人 1 项，指导学生获得国家级科研立项 2 项、市级科研立项 4 项，在国内一级出版社出版著作多本。笔者从攻读博士学位起，就密切关注话语权研究，在核心期刊上发表了一系列相关学术论文，并参与了导师主持的多项科研项目。博士毕业后，以科研项目为基础、以理论创新为研究方向，密切跟踪国内外最新研究成果，具备较强的研究能力。

2. 资料准备

笔者单位拥有全国唯一的国际热点问题信息跟踪采集系统，长期追踪欧盟气候领域的政策动向，具有较强的信息收集能力。笔者单位所在的科研基地配备有最先进的国际问题信息资料采集、编辑设备和必要的研究设备，可以将该课题从短期静态研究转变为长期动态跟踪研究。此外，笔者单位成员分别精通英语、法语、德语等欧盟代表性官方语言，拥有相关认证等级证书，还有话语分析团队。

笔者多年来一直从事国际问题理论与实践的科研教学工作，积极参与各种相关研究与学术交流。同时，笔者近年来完成了不少较高质量的相关科研项目，其中的部分研究成果已经在核心期刊发表或作为研究报告呈送给有关部门，获得了良好的应用效果与积极反馈。这些已有研究成果与工作，为本课题研究积累了丰富的工作经验，是完成本项目的能力保证。此外，笔者具有丰富的调研经验，且与相关科研院所建立了紧密联系，有利于获得第一手资料。笔者单位还具有充分翔实的研究资料和学术资源，笔者所在单位图书馆藏书 200 万册，引进国内外数据库 50 个，这将为本课题的研究工作提供丰富的数据库信息资料。因此在资料收集、分析方面具有充足的物质保障。综合来看，笔者及笔者单位在资料准备方面具有优势。

（三）研究成果的预计去向

笔者的研究成果预计有三个去向：一是科研机构与高校。本课题紧密跟踪国际气候话语权博弈的最新动态，论证欧盟气候话语权建构经验对中国增强气候话语影响力的参考意义，剖析全球气候变化对中国相关产业的影响以及谋求气候话语权对中国经济社会可持续发展的带动作用。笔者的成果对致力于气候变化、环境保护、国家安全研究的科研机构，以及语言类、经贸类、国际关系类院校提供新的学术素材与视野，推动跨学科的学术交流与成果共享。

二是政府部门。本课题的研究成果对于政府相关部门了解国际气候争端、掌握现阶段主流气候话语概念信息、维护中国合理话语诉求等，具有较高的政策参考价值。笔者的成果为主管环保、绿色经济、外贸、外交等相关工作的政府部门加深对国际气候谈判的战略认识、有的放矢地推进中国创新气候话语体系建设进言献策，同时为中国实现产业转型与可持续发展，提供理论思路与拓展路径等相关参考信息。

三是环境保护、新能源相关的企业。本课题突出气候领域的科技含量与话语设计，以前瞻性的视角分析气候变化带来的机遇与挑战。通过对欧盟气候话语权建构过程进行分析，对欧盟气候话语相关的语用策略与概念标准，以及欧盟的气候主张、国际气候话语权争夺态势等进行了综合论述，并对上述实践经验进行系统总结，填补国内相关企业的信息盲点，在加强中国环保企业后续推广项目规划方面，提供可操作性较强的对策建议。

第二章
国内外研究文献梳理述评

笔者撰写本章主要从语言建构主义及相关研究的述评、全球治理与"免费搭车"问题的凸显、欧盟气候治理的内外评价与解读、中国气候治理的内外评价与解读、国际气候制度与国际制度资源五个层面进行文献梳理，在总结分析中深入解读"欧盟气候话语权及对中国的启示"课题。需要提前指出的是，笔者研究的话语概念从广义上界定，话语既涵盖文本语言又囊括交往话语。鉴此，文献梳理也是既包括语言哲学又涉及话语解读。

一、语言建构主义及相关研究的述评

（一）国际研究状况述评

语言建构主义的起源可以从如下两方面分析：建构主义的起源与西方哲学的语言转向。

一方面是建构主义的起源，自从 1912 年国际关系专业在威尔士大学以讲座的形式出现之后，国际关系理论的发展依次出现理想主义与现实主义两大流派，期间通过依次的论战，逐渐奠基起两流派在整个学科中的地位。作为语言建构主义的主干，建构主义是 20 世纪 80 年代末 90 年代初兴起的。每一种新思潮的诞生都是对于过去日渐僵化思想的一种解放尝试。冷战过后，新现实主义与新自由制度主义的观点仍然聚焦于"无政府状态"的先验假定，核心讨论点集中在相对收益与绝对收益的先后顺序与国家为优先目标等，且逐渐陷入了自我框架内的循环争论；而建构主义另辟蹊径，以语言、身份、规范为核心提出了建构主义的新研究框架。

另一方面便是哲学根本转向的原因催动了国际关系理论的转向。建构主义之所以在十多年的时间里成为最有活力的国际关系理论之一，最主要的原因还是人对"意义"的哲学追求，或者说思想界出现了"意义转向"的趋势。简而言之，即是对于"人思想能动性"这一问题的讨论，即从思考万物是否存在，到思考是否存在范围，到借助理性之力考虑人类能否寻找到新知识，进而发现自然界的规律。可这种理性主义的关注点却隐藏着一种界限，限制住了人类自身的创造力，即人的一生只在于发现，而不能自己施展创造力。直到弗里德里希·威廉·尼采（Friedrich Wilhelm Nietzsche）提出"人创造意义"，才使得哲学转向出现。国际关系理论正式受到此次转向影响，也因此开始思考"意义"本身的问题，而这同样是新现实主义，与新自由制度主义所缺失的。所以，"建构主义是希望把人带回到国际关系理论中来，把人的意义作为国际关系的核心研究议题"。①

　　具体来说，就如第三次国际关系理论论战一样，现代哲学的语言学转向便是驱动语言建构主义产生的重要因素之一。因为语言是一种作为具有建构功能的载体，能够建构社会事实，为建构主义的思想提供了一个新的思考源头。哲学的语言学转向，是西方哲学的认识论转向。从唯理论与经验论之争，即对于"我们如何认识这个世界？若我们对世界的认识是不可靠的，自己的判断何谈可靠"的形而上学讨论，到伊曼纽尔·康德（Immanuel Kant）以及德国古典哲学直至现代哲学的催生，"若我们对这个世界的认识的表达都是不可靠的，你自己的认识又何谈明确呢？"的一个过程。一脉相承下来，在对认识论的不断探索中，语言最终被上升到本体地位，语言建构的作用开始凸显。

1. 语言哲学研究

（1）语言游戏与游戏建构

　　路德维希·约瑟夫·约翰·维特根斯坦（Ludwig Josef Johann Wittgenstein）在《哲学研究》（*Philosophical Papers*）中以探究语言意义问题为出发点，着力批判了他前期在《逻辑哲学论》中所提倡的"语言图像论"，并从一种全新的视角提出了"语言游戏说"（language games）。他认为说话就是用语言做游戏，并称"我把这一切，包括语言和使用语言的行为，称为'语言游戏'"。② 他从"语言游戏说"出发，提出了著名的"语言意义在于使用"的观点。他认为"'意义'这个词可以这样定义，一个词的意义就是它在语言中的使用"。③ 例如，"这是红的"或者"这是黄的"，仅

　　① 秦亚青：《建构主义：思想渊源、理论流派与学术理念》，《国际政治研究》2006 年第 3 期，第 22 页。

　　② ［奥］维特根斯坦著，李步楼译：《哲学研究》，北京：商务印书馆，1996 年版，第 34 页。

　　③ ［奥］维特根斯坦著，李步楼译：《哲学研究》，北京：商务印书馆，1996 年版，第 31 页。

仅凭借这句话本身很难确定它的真实意义，只有将其放到使用的语言游戏的背景中，才能明确其意义。这句话用于不同的"语言游戏"，就有不同的意义，它可以是表示一种颜色、一种情感倾向、一句台词、一句译文，甚至是某种特殊的"黑话"或口号……总之，它在每一种用法中都有不同的意义。

（2）言语行为与以言取效

维特根斯坦的"语言意义在于使用"在约翰·朗肖·奥斯汀（John Langshaw Austin）的"言语行为理论"（speech act theory）中得到了更为深入的发展。继维特根斯坦之后，奥斯丁的"言语行为理论"在语言哲学中具有里程碑性的重要地位，对语言哲学的发展有着多方面的重大意义。奥斯丁最突出的贡献是他带动了日常交际活动中实际使用的"言语"研究的发展。奥斯丁要考察的是人们什么时候会说什么话、什么情况下会用什么词以及通过说这些话、用这些词又做了什么事。① 言语行为分为三大类："以言指事"（lucutionary act）、"以言行事"（illocutionary act）、"以言取效"（perlocutionary act），这样的言语行为奥斯丁称为"行事话语"（performative utterance）②。

"以言指事"是使用语言来表达某种思想或传递某种信息，例如，"窗户是开的"。"以言行事"的论述被认为是奥斯丁言语行为理论的核心内容，即使用语言就是行为，听者可以从这些字面意义追溯到语言背后的"语力"（illocutionary forces）。例如，说话者在说出"我保证一定按时完成作业"这句话中就完成了"保证"的行为；在说出"我警告你别再迟到"这句话时也就完成了"警告"的行为。此外，奥斯丁除了着重研究话语的"以言行事"，即施事行为之外，还对"以言取效"进行了哲学探讨，即通过说出一个句子有意或者无意地对自己抑或对别人产生了某种效果。例如，演讲者通过论证可以达到说服听者的效果，言说者可以通过建议使听者采取或不采取某种行为。

奥斯丁在维特根斯坦"语言意义在于用法"③ 的基础上，提出了自己的语言意义理论。他认为语言意义在于用法这个口号过于含糊，必须强调

---

① John Langshaw Austin, *Philosophical Papers*, Oxford：Oxford University Press, 1979, p. 182.

② John Langshaw Austin, *Philosophical Papers*, Oxford：Oxford University Press, 1979, p. 233.

③ ［奥］维特根斯坦著，李步楼译：《哲学研究》，北京：商务印书馆，1996 年版，第 31 页。

用"言语行为"的视角来揭示语言的意义。① 奥斯丁的语言意义理论可以概括为：当且仅当一个语句用来作为言语行为发生作用（take effect）② 时，它才有意义，知道一个语句的意思是什么就是知道它的语力是什么；而词的意义则取决于它在执行一定的语旨行为的语句中的使用功能。③ 即任何一个言语行为，既是由语旨力决定的，又受到外在环境的制约。所以，奥斯丁在强调语旨行为意义的同时，又强调对于现实语境的依赖。"我们还必须注重语境（special circumstances）的现实，我们能说什么，不能说什么，以及究竟为什么。"④

（3）话语权力与求真意志

话语权的直接提出者应追溯到米歇尔·福柯（Michel Foucault）。福柯明确提出"话语的构序"（L'ordre du discours）是一个象征着暴力和强制性结构等级的概念。⑤ 根据福柯的解读，我们每时每刻不经意使用的言说、写作和思考的话语中，实际上存在着一种抑制和排斥性的压迫，这是一种被建构出来的看不见的话语发生、运行的法则和有序性。在这种话语构序中，一些人被剥夺了话语权，一些有话语权的人可以通过言说、写作的方式影响他人。行为体通过这种话语构序如何实现话语权力，主要经由三个层面：一是禁止（interdit）；二是分隔和抛弃（un partage et un rejet）；三是真与不真（du vrai et du faux）之分。

福柯最为关注的是第三个层面，即话语之中的求真意志（volonté de vérité），这也是以往研究中通常被忽略的层面。这种求真意志在当下得到了制度化（institutionnel）的支持，并且由各层次的实践不断加强和更新。这里的制度或者机构并非仅指显在的政治治理机构，还包括看起来非强制立场的中立组织和科学学术力量。这就让笔者联想到了欧盟气候议题领域，欧盟气候议题领域的外在机构是欧盟理事会、欧洲议会、欧盟委员会，背后支撑还包括欧盟成员国气候科学界的学术团体和科学专家。

（4）交往实践与有效声音

除了上文所提到的维特根斯坦、奥斯丁、尤尔根·哈贝马斯（Jürgen Habermas）堪称语言哲学研究的集大成者。哈贝马斯的主要贡献在于他提

---

① J. L. Austin, *How to do things with words*, Oxford：Oxford University Press, 1962, p. 114.

② J. L. Austin, *How to do things with words*, Oxford：Oxford University Press, 1962, p. 116.

③ J. L. Austin, *How to do things with words*, Oxford：Oxford University Press, 1962, p. 114.

④ J. L. Austin, *Philosophical Papers*, Oxford：Oxford University Press, 1979, pp. 181 – 182.

⑤ ［法］福柯著，许宝强等译：《语言与翻译的政治》，北京：中央编译出版社，2001 年版，第 3 页。

出了系统的"交往实践理论"，并在此基础上，针对实践与语言的问题，建立了独具一格的"普遍语用学"。他的核心逻辑可以归纳为："交往实践"中产生了"语用行为"，在"语用行为"中，"四个有效性声言"与"理想的言语情境"决定了人们对于语言意义的一致理解，即"交往实践"→"语言意义"。哈贝马斯可以被视为用实践理论来解释语言意义的先驱。哈贝马斯坚信新型的社会科学与人文科学理论，只有充分地汲取与利用语言学理论的成果，才有希望从传统自然科学和人文科学的束缚中解放出来，为此，哈贝马斯积极投入同让·皮亚杰（Jean Piaget），尤其是艾弗拉姆·诺姆·乔姆斯基（Avram Noam Chomsky）、约翰·朗肖·奥斯丁（John Langshaw Austin）以及其他语言学家的争论之中，并在此基础上创建了自己独特的语言哲学，即"普遍语用学"。"语用学"是针对言说的解释所做的研究，是研究怎样使用"言语"（Utterance）① 的学科。哈贝马斯在语用学之前加上"普遍"一词，意在提供一个比以往语用学的研究更为普遍的衡量标准，达到语用中对意义理解的普遍一致。

"普遍语用学"的核心任务是"确定并建构达到对言语理解一致的普遍条件"。这一普遍条件，就是哈贝马斯认为的四个有效性声言：一是真实性，即是对事实做出的真实陈述；二是正确性，即有利于良好人际关系的建构；三是真诚性，即行为体说出的话语是否发自心底、是否真诚；四是可理解性，即"双方都使用对方可以理解的话语，而不使用暗语或设计迷惑对方的各种话语"②。也就是说，哈贝马斯认为，只有同时满足四个有效性声言，才能在主体间人际交往中达到对语言的理解和意见一致。

为了丰富与完善交往的条件，哈贝马斯在提出了四个有效性声言之后，又提出了"理想的言语情境"。要实现这一理想的言语情境，要求以下四个交往条件同时获得满足：第一，一种话语所有的潜在参与者都享有同等的话语参与权，每个人可以随时发表支持或者反对的任何意见。第二，每一个话语参与者都可以随时做出解释、主张或者建议，并可以随时对话语的有效性规范进行质疑或反驳质疑，任何形式的评论与批判都不应遭到压制，这是所有话语参与者与潜在参与者的权利。第三，每一个话语参与者都可以随时表达他们的态度、感受与主观愿望，即所有话语参与者

---

① ［美］约翰·费斯克著，李彬译：《关键概念：传播与文化研究辞典》，北京：新华出版社，2004 年版，第 217 页。

② ［美］丹尼斯·姆贝著，陈德民等译：《组织中的传播和权力：话语、意识形态和统治》，北京：中国社会科学文献出版社，2000 年版，第 36 页。

与潜在参与者都应该享有平等的话语表达权，这样才能保证行动者与话语的参与者袒露自己的内心，确保态度真诚。第四，每一个话语参与者都可以发出指令与拒绝指令，做出允许或者禁止允许，做出承诺，为自我申辩或者要求别人做出申辩，这是每个话语参与者的实施调节性话语行为的同等权利。① 因为，只有相互期待对方的行为才能避免某种单方面要求的行为义务，超越现行强制手段，以谋求话语的平等权与保障这种平等话语权利，发展到一个超越现有条件与局限的理想的语言交往系统。

但是，我们要避免哈贝马斯的"理想化情结"，他极力寻求让所有人对于语言意义的理解达到完全一致，但是在现实的社会生活中，不同国别、不同文化的人具有不同的认知结构与知识储备，还要受制于种种主客观条件，"理想的言语情境"难以实现。其次，哈贝马斯将所有的行为都视为语用行为。他的逻辑推导如下"实践"都是"交往实践"，而"交往实践"中主要使用话语，因此，"交往实践"等同于研究"话语交往实践"，而"普遍语用学"就是研究"话语交往实践"，所以他在"交往实践"基础上致力于"普遍语用学"的研究，其实这是一种片面性的逻辑推理。② 因为"实践"既有"对象化实践"，也有"交往实践"，"实践"中既有物质性因素也有理念因素，尤其不能忽略话语背后的权力因素。

2. 语言规范研究

对于语言建构主义的基本概念，就不得不提到"语言规范"这一概念。按照语言建构主义的基本假定——"行为体理论"（"行为体在客观环境中建构世界"）。本体论上来讲，世界包含物质与理念，但是客观世界本身是没有社会意义的，只有在与行为体的不断建构中，其意义才得以彰显。而人，作为社会存在的现象，之所以具有各自的属性，便是社会关系所构造的。人在与社会互构的过程中，为了更深入地探讨这一建构过程，便引入了"语言规范"这一概念，"语言规范是指告诉人们应该做什么的陈述"③。通过语言规范，人与社会之间才得以相互补足，建构对方，保障自身的存在。进而，语言规范演化成制度，制度构建了社会。值得注意的是，人在于社会建构过程中，使用的交流方式便是"语言"，人与人在语

---

① ［德］霍尔斯特著，章国锋译：《哈贝马斯传》，北京：东方出版中心，2000年版，第80页。

② 任平：《交往实践的哲学》，昆明：云南人民出版社，2003年版，第253—254页。

③ ［美］温都尔卡·库芭科娃、尼古拉斯·奥努弗：《建构世界中的国际关系》，北京：北京大学出版社，2006年版，第64页。

言的交流过程中，形成主体间性的共有意义，进而衍生成了规范，也就是说，规范是语言的体现。语言规范的代表人物是尼古拉斯·奥努弗（Nicholas Onuf）与弗里德里希·克拉托赫维尔（Friedrich Kratochwil）。这两位学者理论中的核心概念是"语言规范"与"言语行为和规范理论"，这两个概念看似相似，二者之间实则存在一定程度的区别。奥努弗最终将语言规范引向了语言统治；而克拉托赫维尔最终则强调"实践理性在语言规范决定行为中的作用"[①]。笔者将在下文中简述他们的思想。

一是尼古拉斯·奥努弗的理论。奥努弗理论的基础便是对于"语言行动"这一概念的解析。他认为行动不仅囊括物理行动，也包括言语行动，而言语同时也是最为重要的，也是人之所以区别于其他动物而具备的能力。正如前文所述，人类社会的秩序之所以形成，也是因为语言的主体间性具备了共有意义，其理论的基本逻辑可以被表述为下列过程：言语形成惯例，惯例演变规范，规范形成制度，制度构建社会。笔者把奥努弗的这一理论逻辑上升到国际层次，制度衍生为一个"规范群"，包括相关原则、规则、规范与程序，都是由语言建构形成的。语言在构建社会的同时，社会也在建构语言，这一过程的中介变量即为规范。规范由语言建构，规范形成机构，机构组成社会，社会形成了一个有机体。在这其中，语言规范的作用得到不断强化。不同的语言规范会导致不同的制度，尽管行为体在语言规范面前是可以选择的，可以选择遵守规范或破坏规范，但规范最终会成为决定性力量，因为对行为体来说，要改变一个规范总会比维持一个规范要付出的代价更大。语言规范的连续性保证了社会生活的连续性，形成了社会生活，产生了统治与决定关系。

二是弗里德里希·克拉托赫维尔的理论。克拉托赫维尔的理论核心是强调无论在国内社会与国际社会中规范对人的作用。克拉托赫维尔举过一例，国内法律常被认为拥有执行力、权威力，也是区别国内与国际的因素之一，也是人们认为国际法之所以有国家不遵守的原因之一。但是国际上有的国家是遵守国际法的，同时国内也有人是违法的。因此，克拉托赫维尔总发现这种现象便需要深入研究规范对于人的作用。"克拉托赫维尔强调言语行为包含有规范的含义，规范规则已经渗透到社会事实之中。"[②]

[①] 白云真、李开盛：《国际关系理论流派概览》，杭州：浙江人民出版社，2009 年版，第238 页。

[②] 白云真、李开盛：《国际关系理论流派概览》，杭州：浙江人民出版社，2009 年版，第238 页。

克拉托赫维尔理论起点便是强调人的行为与规范的相互建构的作用以及行为与规范的相互共生关系。一方面，人通过言语行为建构、解构、重构规范；另一方面，人们也只得在规范的指导下相互交流。规范不仅是引导手段，还是人们追求的目标，是确保行为体之间共享意义、彼此交流，集体行动的手段。克拉托赫维尔之后提出三种世界意象，来解释规范的多样性（国际社会不是单一的非物质性）以及规范的来源（不同规范施加不同影响）：一是可观察事实的世界，即客观事实；二是精神事实的世界，即人行为的动机；三是制度事实的世界，即类似于政府、自由、友谊等主体间性形成意义，而非前两种意象所能解释的事物。

之后，克拉托赫维尔进一步揭示了奥努弗提出的权力（统治）与规范的关系。因为人们价值观的偏差，世界上物质的稀缺，人类之间很容易陷入混乱。但是人类具有语言能力与理性思考的本能，能够洞察到暴力成本的高昂，从而通过交流形成语言规范，进而在规范的引导下相互讨论，协调行动，以采取代价更小的解决方式化解冲突。因此，规范并没有从权力中演化，而是来自于人类之间的语言交流。

3. 语言与形象塑造

如前文所述，语言建构主义的核心概念是"语言"，而当今国家形象塑造的决定因素之一便是媒体的塑造。媒体传播的载体便是"语言"。传统的媒体形式分为电影、广播、电视、报纸、周刊，随着新媒体的发展，互联网成为新添的重要力量。但无论形式如何，从传统的印刷媒体，到现在的信息媒体中，语言都是不可分割的载体。语言指向的是要宣传的对象，单纯的用图片的宣传方式固然存在，但图片是建立在语言的认知建构基础上，行为体还是需要语言解读才能最终理解图片的具体含义。因此，语言对于形象宣传推广的作用巨大。

从前文奥努弗与克拉托赫维尔的理论上来看，语言与规范的关系是人与社会关系构建理论有机体中的重要环节，当应用到媒体对行为体形象进行塑造的案例时，仍然拥有解释力。当行为体脑海中输入为媒体控制的语言信息后，即或多或少会对于同一事物，同一国家的各种描述后，逐渐建构出一个"规范"（也可以说是一个"形象"）。诚然，行为体对于规范的信任度也是随着信息的可信性而决定的，也就是说媒体会尽量收集真实信息的各个侧面，对塑造目标进行细节描述，增加其可信度。继而，这个规范会逐渐产生作用，引导行为体进一步的行动。行为体因此会选择去憎恶某一行为体或某一事物，也可能选择支持其他行为体或其他事物。当一个个被描述完毕的"语言规范"形成一个个"语言规范群",一副世界的图景也就被描述出来,正如一个人的大脑是由各个神经元组成,国际体系中由多个国际行为体组成,一个人的价值观也逐渐在规范群与自我的互相建构中愈来坚实。这便是媒体运用信息,运用语言来塑造事物形象的逻辑。

笔者参照肯尼思·艾瓦特·博尔丁(Kenneth Ewart Boulding)的理论:"行为体形象是一个行为体对自己的认知以及国际体系中其他行为体对它的认知的结合,它是一系列信息输入和输出产生的结果,是一个结构十分明确的信息资本"。①

首先,行为体对于自身形象的认知所包含的内容具体如下:一是包含的是自身所具备的力量,如政治、经济、军事、文化影响力。如果能把行为体比作一个有机体,那么各方面的实力便是这一机体里不可或缺的各个部分,一方面维护着行为体在内部的权威,另一方面在国际社会上产生影响力。二是涵盖的是行为体通过宣传手段在内部公民心中的形象。这里值得一提的是,往往行为体形象的构建,无论是通过议程设置等多种媒体方式,都需要注重方式方法,谨防导致民众的信任缺失。行为体如果只对于本身实力进行夸大的描述,且上升到不符合实际的程度,同时又有对外部行为体信息的抹黑描述,极易产生一种民众不信任的情绪。三是还包括的是行为体所希望传达给国际社会的形象,并为之采取的相关手段。这与第二点有类似之处,都是希望对受众(内部公民与国际社会中的其他行为体)产生对于自身良好形象的认知。行为体对于自身优质形象的塑造,能够使其影响力提高,更有"资本"参与全球事务的竞争,且在国际社会中的伙伴增多。

其次,国际体系中其他行为体的信息描述。行为体成功构成描述事实的因素有多个:一是语言的效力。不同行为体的语言建构力不同,只有一个具备权力的行为体才能对既定事实的描述产生影响。而在很大程度上,行为体采取宣传手段的最终结果源自不同的宣传实力。二是宣传手段,即修饰的方式。无论行为体的动机为何,对事件的分析总会通过各种方式(最重要的就是语言)进行建构。弱化他者虽在短期内能够提升自身的影响力,能提升内部民众的群体认同感,但长此以往终究难获得民众信任;强化他者的情况往往少之又少,最多是基于共同利益目标下不得已而为之;客观报道或形似公正的报道,本身就会树立一种客观、理性、公平的

---

① Kenneth Ewart Boulding, *The Image*, Ann Arbor: University of Michigan Press, 1956, p. 25.

形象，更易被民众接受，行为体通过这一形式也更易参与到国际事务决策。

总而言之，形象的建构可以分为两大层次，内部的"我"与外部的"他"。国际社会间通过语言描述来相互建构，最终都会形成一个既定的规范，而这一规范的引导作用下，这一形象就会在持续互动下真正成为实际。

4. 语言建构主义的研究意义

首先，语言建构主义创新性地将"语言"这一重要研究变量带入了国际关系领域，并且将其视为本体地位，为国际关系理论注入了新的活力。正如语言哲学家路德维希·约瑟夫·约翰·维特根斯坦（Ludwig Josef Johann Wittgenstein）的哲学中所表达的，语言所反映的不仅是现实世界中的每一个映像，还可以把每一个"现实"变成"实在"，突破了过往国际关系理论研究的"桎梏"。具体来讲，语言建构主义为此前的"行为体—结构"之辩提供了连接的桥梁，开阔了对其探索研究的视野。这场论战始于1987年建构主义创始人亚历山大·温特（Alexande Wendt）发表的论文《国际关系理论中的行为体：结构问题》里对于现实主义和自由主义理论的批判，认为结构与行为体是互相建构的。"奥努弗虽然没有直接参与这次论战，但是'语言规范'的概念有助于解答行为体和结构的关系。"[1] 即语言规范使得行为体能够了解结构，并参与其中，同时规范又使得整体结构不断被建构、重构、解构。

其次，在人参与外交作用的机制层面，重新强调了语言的地位。在过往研究中，人参与外交更多关注的是心理的西格蒙德·弗洛伊德（Sigmund Freud）式分析。如果说心理、身世、情绪等人本身所具有的特征是重要因素的话，那么语言更是人沟通和参与社会不可或缺的渠道。语言很大程度上代表了人的身份特征，人的谈吐反映着这个人的教育程度，社会地位等信息。同时语言也在建构每一个人对于自我、他者、社会的认知。人的语言反应的不仅是自我，反映的也是外部环境，不仅是自我明晰的动机，也是潜意识深处无法撼动的基础。在外交渠道中，对语言差异性、有效性的掌控，是确保一个外交决策、国际谈判成功的前提之一。

诚然，语言建构主义也有一定的缺憾，分别是对语言的起源、效力范

---

[1]　白云真、李开盛：《国际关系理论流派概览》，杭州：浙江人民出版社，2009年版，第240页。

围两个方面解释的空缺:一是语言的产生路径界定不清。按照前文奥努弗的逻辑,规范产生于语言,语言赋予规范以特性。但对于语言如何产生,没有明确交代。语言的起源这一本体论问题的解答众说纷纭,有社会契约说,有社会实践说(如哈贝马斯),有互动说等。二是语言的效力范围解释不足。笔者使用一个较为贴近生活的例子,如街头路上随机发言:"我正式宣布对 A 国发动全面战争"的效力肯定不会等同于国家授权的陆海空三军总司令正式宣战的效力要大。"语言正如市场中的商品一样,并不是均匀地分布在各个体受众。"① 福柯曾说道:"我们明知我们没有讨论一切的权利,一些话题在某些场合是不能涉及的,也并不是每一个人都有权随便谈论什么。"②

(二) 国内研究状况述评

相较于国际研究状况来说,语言建构主义的国内研究明显滞后和不足。笔者将语言建构主义的国内研究者与观点总结如下。阮建平认为:"由于一些发达国家凭借其政治、经济、科技和语言文化方面的优势向全球灌输其意识形态,以及历史上殖民统治所造成的文化方面的断层和落后,许多发展中国家在全球话语交锋中经常处于无言或失语的困境,使得国际秩序在价值取向和制度安排上更多体现发达国家的意志,成为他们支配发展中国家的工具。"③ 刘永涛关注语言在国际关系中的作用。他认为语言作用问题也是社会建构主义内部不同分支之间的主要区别所在,这不仅涉及到什么是社会建构主义的含义问题,而且直接关系到社会建构主义未来发展的可能方向。④ 郑华分析了福柯的"话语观"对后现代国际关系理论的影响,他以福柯的"话语观"对后现代国际关系理论的影响为切入点,探讨了话语分析与国际关系研究的重要关系,同时提出将批判性话语分析为核心的"多维话语分析方法"引入国际关系研究领域,作为具体的话语分析方法使用。⑤

孙吉胜从语言意义的视角解读国际战争。她认为就如同物质力量决定

---

① 聂文娟:《现代语言建构主义及实践性的缺失》,《国际政治研究》2010 年第 4 期,第 113 页。

② 许宝强、袁伟:《语言与翻译的政治》,北京:中央编译出版社,2001 年版,第 25 页。

③ 阮建平:《话语权与国际秩序的建构》,《现代国际关系》2003 年第 5 期,第 31 页。

④ 刘永涛:《语言、社会建构和国际关系》,《现代国际关系》2004 年第 11 期,第 56 页。

⑤ 郑华:《话语分析与国际关系研究——福柯的"话语观"对后现代国际关系理论的影响》,《现代国际关系》2005 年第 4 期,第 56 页。

国际体系结构一样，语言同样造就一种叙述结构，约束行为体的自我认同，影响行为体的行为，在这个过程中，行为体主要是使用语言力（尤其是语言的表象力）来维护原有的叙述结构，把原有的集体身份强加给对方，使自我认同不被破坏。① 甘均先从压制和对话两个层面对国际政治中的霸权话语进行分析。霸权话语体现了霸权对非霸权的权力关系，霸权话语的目标是压制非霸权话语，使其边缘化，使其沉默。② 但是，霸权话语几乎处处遇到抵抗，当今世界是一个对话多于对抗的世界，霸权话语与非霸权话语需要走出压制与抵抗的恶性循环，在沟通与对话中承认差异，达成共识。郭继文从话语权视角看和谐世界。他认为："当今时代信息技术的快速发展为话语的传播创造了有利条件。"③ 随着世界格局深刻变化，西方发达国家从自己国家利益出发，话语推陈出新，试图主导话语权的发展，和谐世界既坚持了马克思主义，又吸取了中华文化的精髓，反映了人类求和平、求发展的普遍愿望。

何兰认为："自第二次世界大战结束以来以美国为核心的西方大国不仅主宰着全球经济和金融事务而且掌控着世界政治与安全问题的话语权。"④ 苏长和认为："中国需要扭转话语生产上的不平等地位，中国的话语在国际上如何做到有影响力、感召力和吸引力，是一个热门话题，这个话题的背景，多少与目前我们在话语生产和话语权上存在一些不尽如人意的地方有关。"⑤ 张志洲强调话语质量是话语权的关键。近些年来，话语权成了政治权力的一种越来越突出的表现方式，国际政治甚至在一定程度上成了"话语权政治"。⑥

张国祚指出："第二次世界大战以后，东西方争夺话语权的斗争，集中表现为争夺意识形态主导权的斗争，对此，西方政要历来重视有加，他们为了颠覆社会主义国家，利用多种语言对社会主义国家进行不间断的广播，宣传西方的价值观念、政治主张、生活方式，形成了强大的话语攻

---

① 孙吉胜：《语言、身份与国际秩序：后建构主义理论研究》，《世界经济与政治》2008 年第 5 期，第 26 页。

② 甘均先：《压制还是对话——国际政治中的霸权话语分析》，《国际政治研究》2008 年第 1 期，第 117 页。

③ 郭继文：《从话语权视角谈和谐世界》，《前沿》2009 年 10 期，第 1 页。

④ 何兰：《国际局势变化与中国话语权的提升》，《现代国际关系》2009 年 11 期，第 32 页。

⑤ 苏长和：《中国应该如何生产自己的话语权?》，《领导文萃》2011 年第 5 期，第 12 页。

⑥ 张志洲：《话语质量：提升国际话语权的关键》，《红旗文稿》2010 年 14 期，第 22 页。

势。"① 梁凯音强调发展中国家需要拓展话语权。随着综合国力的提升，发展中国家作为责任大国走上了国际舞台，争取更多的国际话语权是发展中国家应对当前由西方国家主导的国际体系的一种诉求，也是与发展中国家的国家利益及其在国际事务中所承担的责任相适应的。如何正确定义国际话语权，提出拓展发展中国家国际话语权的新思路，调整和发展发展中国家的国际话语，使得发展中国家的国际话语和其国际地位相一致，是发展中国家目前迫切需要解决的重要问题，也是发展中国家的国家利益之所在。②

一方面，我们要认识到上述国内外研究成果的积极意义，语言意义的社会性在上述学者的研究中凸显出来，他们把语言意义纳入了广泛的社会生活背景与人际关系中考虑，从"语言"到"话语"的过渡，凸显了对"话语权"的重视，是在实践理论基础上研究语言意义来源的先驱，更值得一提的是，上述学者不但指出了语言的意义来自于"交往实践"，而且还致力于研究怎样在主体间获得对语言意义的一致理解并构建了相关的理论模式。另一方面，从实践观出发，究竟如何对特定议题领域内的话语权问题做出全面且合理的解释？我们虽然从上述理论梳理中，可以获得种种有价值的启发，但显然我们无法直接从中借用现成的关于气候话语权的具体阐述。不过，上述研究却为我们开启了一种新的视角与阐释途径，以此为基点，我们就能建立在人类社会实践的基础上对气候话语权问题进行深入地探究，从而有效地克服上述解释的片面性或不足之处且进一步推动话语权理论发展。

二、全球治理与"免费搭车"的困境

全球治理是国际关系研究的核心主题。近年来，关于全球治理的文章比比皆是。该类文章是从国际制度的视角进行探索，代表人物是罗伯特·基欧汉（Robert Keohane）、约瑟夫·奈（Joseph Nye）、保罗·赫斯特（Paul Hirst）、曼弗雷德·斯蒂格（Manfred Steger）等。罗伯特·基欧汉认为国际社会存在种种问题与矛盾，而解决这些问题的方式就是依靠推广制度治理，他在《权力与相互依赖》中阐述了国际制度在世界政治中的作

---

① 张国祚：《关于"话语权"的几点思考》，《求是》2009 年第 9 期，第 19 页。
② 梁凯音：《论国际话语权与中国拓展国际话语权的新思路》，《当代世界与社会主义》2009年第 3 期，第 11 页。

用，认为相互依赖可以改变权力关系的性质，而国际制度则影响着国家之间的行为。在《霸权之后》一书中，他又通过运用新制度经济学的理论工具，描绘了各国际行为主体之间合作实现的图景。保罗·赫斯特认为全球治理是一个重要的主题，主要是在经济领域，还包含社会、政治和管理科学等别的领域。① 曼弗雷德·斯蒂格认为全球治理主要包含四个经验维度：经济、政治、文化、生态，以及贯穿以上四个方面的意识形态维度。②

全球化在现实中呈现出非均衡性或不平等性，凸显了全球治理的必要性。全球化的推进和发展并非整齐划一地扩及世界的每一个角落。实际上，在全球化的背后深深地隐藏着一种西方中心主义的本质，正是这种本质的全球扩张造成了世界范围内非西方和西方关系的紧张与对抗。对此，毋庸讳言，美国和西方发达国家仍然是全球化的主要推动力，在某种意义上是方向和速度的制定者。③ 当前全球化具有非均衡性或不平等性不单单存在于经济层面上，而且也体现在国际社会中的政治和思想文化层面上。这无疑会对发展中国家构成很大威胁。在经济上，经济全球化看似公正的自由化、市场公平竞争的形式掩盖着不平等的实质。同样作为世界经济的主体，发达国家和发展中国家在全球化进程中的地位和作用是悬殊的、不平等的，发达国家和发展中国家在全球化进程中的经济收益也存在巨大差距。

当前国际制度理论难以适应全球化的形势发展，在"免费搭车"（free-rider problem，又译为"搭便车"或"坐享其成"）的成本困境上可见一斑。"免费搭车"指的是在集体行动中，一个人或组织既不提供公共产品也不分担集体供给公共产品的成本，从而免费从其他人或组织的努力中受益。④ 根据西方国际关系理论，国际公共物品的提供者是霸权国，"搭便车者"是除霸权国外的国际社会成员，包括大国和小国。因为大国比小国拥有更强的综合实力和规模，所以大国对霸权国提供的国际公共物品的依赖程度要比小国深得多。冷战结束后，在美国霸权的替代国尚未出现、

① Paul Hirst, Grahame Thompson, "Globalization in question: the international economy and the possibilities of governance", *Polity Press*, Vol. 1, No. 1, 1996, p. 1

② Manfred Steger, *Globalization: A Very Short Introduction*, New York: Oxford University Press, 2009, p. 1; International Monetary Fund, "Globalization: Threats or Opportunity", *IMF Publications*, 2000, p. 1.

③ 资中筠：《中美建交十周年与二十周年》，《美国研究》1999 年第 1 期，第 1 页。

④ 肖洋、柳思思：《论有偿推车战略与中美合作》，《现代国际关系》2009 年第 12 期，第 10 页。

大国之间相互依赖程度日益加深、全球化进程迅猛发展的国际背景下，国际公共物品匮缺问题表现得尤为明显。

谈到公共问题，就不得不追溯到经济学研究领域的"公地悲剧"（the tragedy of the commons）和"集体行动"（collective action）问题上来。亚里士多德（Αριστοτέλης，Aristotélēs）曾言："最大多数人所共有的物品却得到最少的关照，每个人主要关心的他自己的东西，而极少考虑公共的利益。"① 这是古代哲人在公共物品领域思考的结论。1968 年，英国生物学家加雷特·哈丁（Garrett Hardin）在美国《科学》杂志上发表了《公地悲剧》这篇颇有影响力的文章，系统阐述了一个类似的观点：那些多个行为体均能获得并可以服务于私利的自然资源有被过度使用或错误使用的倾向。② 加雷特·哈丁认为，一块所有牧民均可自由使用的公用牧场（即"公地"），最终将导致牧民们无节制的放牧和公地的毁坏。加雷特·哈丁警告说，在资源有限的世界里，自由使用未加管理的公共物品将对所有人造成损失。

对"公地悲剧"现象的关注引发了人们对"集体行动"问题的思考，要理解"免费搭车"理论，首先要明确"国际公共物品"概念的内涵。公共物品（public goods）指一经产生则可被全体社会成员无偿共享的物品。③ 公共物品的出现是一种市场失灵的表现，并且公共物品具有四种特殊的属性：非分割性、非竞争性、非排他性及"搭便车"问题。其中，公共物品最具代表性的两种特性为非竞争性和非排他性。查尔斯·金德尔伯格（Charles Kindle-Berger）把公共物品理论引入到国际关系学。他认为国际经济秩序的稳定需要某个国家来提供公共物品。这一观点后来被罗伯特·吉尔平（Robert Gilpin）发展成"霸权稳定论"，即在政治、经济、军事和科技等各方面占据绝对优势的霸权国家，通过为国际社会提供稳定的国际金融体制、开放的贸易体制、可靠的安全体制和有效的国际援助体制等国际公共物品，来获得其他国家认同霸权国建立的国际秩序，从而实现体系内的稳定和繁荣。

国际公共物品的内容大致划分为五个方面：（1）国际自由贸易体系；

① Elinor Ostrom, *Governing the Commons*: *The Evolution of Institutions for Collective Action*, New York: Cambridge University Press, 1990, p. 2.

② Garrett Hardin, "The Tragedy of the Commons", *Science*, Vol. 168, No. 1, 1968, pp. 1243 – 1244.

③ 赵鼎新：《集体行动、搭便车理论与形式社会学方法》，《社会学研究》2006 年第 1 期，第 1 页。

(2) 稳定和开放的国际金融体系；(3) 稳定且和平的秩序；(4) 国际的可持续发展环境；(5) 非传统安全的公共物品供给。罗伯特·鲍德温（Robert Baldwin）认为：霸主作用使大多数其他国家增加了经济福利。[1] 吉尔平在《国际关系政治经济学》中分析说，因为国际社会存在"免费搭车"的现象，霸权国往往在很长时期内为保持国际公共物品的供应而付出远远超过它应该承担的费用，令其蒙受巨大损失，加速霸权的衰败。[2] 曼瑟·奥尔森（Mancur Olson）认为，霸权国必须提供国际公共物品的动机会随着它在世界经济中重要性的相对减小而减弱。因此，霸权稳定论的核心命题是：国际公共物品的成本应由"某一"而非"某些"国家来承担，只有一个霸权国的国际体系才是稳定的。由此得出的逻辑结论则是：霸权国独自承担提供国际公共物品成本的根源在于独享最大化的利益。霸权的不可分割性导致了国际公共物品匮乏和大国争霸的必然性。

如果每个人都想"免费搭车"，那么，就没有任何物品能被提供，任何人想"免费搭车"都是不可能的，所以需要国际理论的革新。倘若所有公民都采取"免费搭车"策略，那么国家预算也就没有了资金来源，也就没有了共同利益。采取"免费搭车"策略的人总是假定其他人仍在承担公共产品提供的成本。这样，在所涉及的人数很大，而且在自愿支付的情况下，人们采取"免费搭车"策略就会使纯公共产品供给的均衡数量低于其效率数量，换言之，纯公共产品成本的自愿分担制将导致公共产品的数量不足。"我们周围有大量的公共物品，其数量很可能比我们根据'免费搭车'倾向理论所预期的要多——而且也有许多集团和个人不会隐藏他们对公共物品的偏好。"[3]

"免费搭车"最终导致霸权的周期转移和国际秩序的治乱兴衰，其根源取决于经济成本。霸权国家之所以愿意承担稳定国际体系的责任，是因为"保持自由贸易、外国投资和一个功能完善的国际货币体系"[4] 给霸权

---

① Robert Baldwin, "Adapting the GATT to a More Regionalized World: A Political Economy Perspective", in Kym Anderson and Richard Black-Hurst, *Regional Integration and the Global Trading System*, New York: St. Martin's Press, 1933, Chapter 18, Bruno S. Frey, International Political Economics, p. 1.

② ［美］罗伯特·吉尔平著，杨宇光等译：《国际关系政治经济学》，北京：经济科学出版社，1989 年版，第 106 页。

③ Leif Johansen, "The theory of public goods: misplaced emphasis?", *Journal of Public Economics*, Vol. 7, No. 1, 1977, p. 148.

④ 严建生：《美国霸权终结及中国的应对》，《武汉大学学报》2007 年第 2 期，第 190 页。

国所带来的收益高于相应的成本。当前霸权体系陷入了一种困境，即霸权国为保护霸权体系所担负国际义务的支出，比其国民储蓄和生产性投资增长更快。也就是说，由于长时期免费"搭便车"，使霸权国的国内经济剩余的积累远远少于支付国际公共物品的成本。因此，当霸权国的国力相对下降时，它倾向于减少国际公共物品的供给，而更愿意利用其霸权地位去获取经济利益。只要霸权国主导的霸权体系没有崩溃，那么它就会将其作为一种资源为霸权服务，20 世纪末霸权国利用不平等的国际贸易机制和规则削弱他国实力，增强本国力量。"霸权国从慷慨的霸主变成了掠夺的霸主。"① 因此，霸权稳定论的根本逻辑是霸权更迭的冲突性，而其中必然存在着衰落的霸权国与新崛起国之间不可调和的矛盾。在国际公共物品的提供中，存在着主导权之争，这不仅要考虑国家在其中的经济收益，还要考虑它的政治地位，即在国际政治认同结构中的地位。一个国家"搭他人便车"的代价是处于较低的国际政治地位。选择"免费搭车"的国家能较大程度地节约本国的发展成本，这符合经济理性原则，但由此造成国际社会对它们较低的评价，却不符合政治理性原则——国家追求在国际政治结构中较高地位的需求，对于大国来说更是如此。

三、欧盟气候治理的内外评价与解读

国内外学者普遍认为，在当前国际气候治理领域，欧盟及欧盟成员国占据优势和主导权。傅聪指出："欧盟环境领域的政策与措施值得其他国家学习。"② 傅聪从欧盟应对气候变化治理实践、气候治理转型及其对外部世界的影响三方面入手，依循实证主义的研究思路，通过将个案研究与对策研究相结合，较为系统地归纳和分析了欧盟气候治理的内容、性质和发展趋势，通过对欧盟政策内外效果评估，阐释欧盟在全球气候变化合作机制中所承担的角色和发挥的影响力。王伟男也认为："气候变化是人类当前与未来面临的最严峻挑战之一，与同为发达国家的美、日、加、澳等国相比，欧盟作为一个整体在应对这个挑战方面取得了很大成绩，为其他国家

① 张建新：《霸权全球主义和地区主义——全球化背景下国际公共物品供给的多元化》，《世界政治与经济》2005 年第 8 期，第 33 页。
② 傅聪：《欧盟气候变化治理模式研究：实践、转型与影响》，北京：中国人民大学出版社，2014 年版，第 11 页。

和地区提供了宝贵经验。"[1] 李慧明强调："欧盟是国际气候谈判的最初发起者，是事实上的京都进程国际气候谈判的领导者，也是京都模式的坚定支持者。"[2] 而应对全球气候变化的温室气体减排行动最终会深刻影响未来国家（集团）在国际体系中的实力地位并最终决定国际体系的权力分配，对未来影响的考量以及争取成为未来世界重要一极的战略意图是欧盟采取积极主动的减排立场并担当国际气候谈判领导者角色的根本动因。薄燕认为："欧盟、美国在国际气候谈判领域占有重要地位，虽然其谈判策略与政策有所区别，但其重要地位不可或缺。"[3]

卓伊塔·古普塔（Joyeeta Gupta）和英国学者迈克尔·格拉布（Michael Grubb）合编的《气候变化与欧洲的领导地位：欧洲的可持续性角色?》（*Climate Change and European Leadership*：*A Sustainable Role for Europe*?），分析了欧盟气候政策的发展历程以及欧盟在国际气候谈判中发挥领导作用的经验，同时为欧盟领导下一阶段的全球气候谈判提供建议。[4] 欧盟在气候议题上的领导作用分为三类：一是结构型领导力（structural leadership），二是工具型领导力（instrumental leadership），三是方向型领导力（directional leadership）。[5] 麦金·皮特斯（Marjan Peeters）主要考察了欧盟为实现京都目标以及准备更大程度的减排温室气体而实施的政策措施，较高评价了欧盟气候领域的概念标准及其成效。[6]

保罗·哈里斯（Paul Harris）从不同的分析层面运用了多种分析变量阐述了欧洲部分国家和欧盟的气候变化政策，通过这些研究揭示了观念、利益和权力在不同的欧洲国家和欧盟层面上发挥了不同程度的影响，试图对欧洲或欧盟气候变化政策的研究应该把不同的层次和变量结合起来，进

---

① 王伟男：《中国环境科学出版社》，北京：中国环境科学出版社，2011 年版，第 25 页。

② 李慧明：《欧盟在国际气候谈判中的政策立场分析》，《世界经济与政治》2010 年第 2 期，第 50 页。

③ 薄燕：《全球气候变化治理中的中美欧三边关系》，上海：上海人民出版社，2012 年版，第 250 页。

④ Joyeeta Gupta and Lasse Ringuis, "The EU's Climate Leadership：Reconciling Ambition and Reality, International Environmental Agreements：Politics", *Law and Economics*, Vol. 1, No. 2, 2001. p. 1.

⑤ Joyeeta Gupta and Lasse Ringuis, "The EU's Climate Leadership：Reconciling Ambition and Reality, International Environmental Agreements：Politics", *Law and Economics*, Vol. 1, No. 2, 2001. p. 2.

⑥ Marjan Peeters and Kurt Deketelaere eds., EU Climate Change Policy：the Challenge of New Regulatory Initiatives, *Cornwall Edard Elgar Publishing Limited*, 2006, pp. 51 - 52.

行多层次综合分析。①塞巴斯蒂·奥波斯赫（Sebastian Oberthür）把欧盟界定为"规范性力量"（normative power）② 中的"绿色规范力量"（green normative power），作为一种"绿色规范力量"，欧盟在国际气候变化问题上发挥领导作用是其展示规范力量的重要表现，而这种领导作用的显示：一方面，可以进一步加强其外部认同和合法性的建构；另一方面，由于积极的气候立场受到广大公众的接受和广泛支持，这种领导作用的显示也加强了欧盟内部认同和合法性的建构，有力地推动欧盟一体化进程，加强欧盟的共同体化。③ 乔恩·郝伟（Jon Hovi）认为欧盟主导气候政治的领导雄心（leadership ambition）促使欧盟即便在美国退出《议定书》之后依然采取积极的政治立场。④

四、中国气候治理的内外评价与解读

对于中国在国际气候治理中的作用，中外学者有着截然不同的评价。中国学者一般给予正面评价。如陈迎认为："中国是负责任的，为减缓全球气候变暖做出了重要贡献。"⑤ 作为公约缔约方，中国较好地履行了公约和议定书为非附件 I 国家规定的义务，还通过节能、调整产业结构、开发优质能源、新能源、可再生能源、植树造林、人口计划生育等多项政策措施为减缓全球气候变化做出重要贡献，担负起了国际和国内双重责任。张海滨指出："中国在坚持不承担量化减排温室气体的义务的同时，以比过去灵活、更合作的态度参与国际气候变化谈判，尤其是在对待三个灵活机制方面。"⑥ 薄燕、陈志敏强调中国是国际气候合作领域中"积极且谨慎的

① Paul G. Harris, "Explaining European Responses to Global Climate Change: Power, Interests and Ideas in Domestics and International Politics, in Paul Harris ed. ", *Europe and Global Climate Change: Politics, Foreign Policy and Regional Cooperation*, Cheltenham: Edward Elgar Publishing Limited, 2007, pp. 393 – 401.

② Sebastian Oberthür, "The European Union in International Climate Policy: The Prospect for Leadership ", *Intereconomics*, March /April, 2007, p. 81.

③ 李慧明：《当代西方学术界对欧盟国际气候谈判立场的研究综述》，《欧洲研究》2010 年第 6 期，第 76—79 页。

④ Jon Hovi & Tora Skodvin & Steinar Andresen, "The Persistence of the Kyoto Protocol: Why Other Annex I Countries Move on Without the United States", *Global Environmental Politics*, MIT Press, 2003, Vol. 3, No. 1, pp. 1 – 2.

⑤ 陈迎：《中国在气候公约演化进程中的作用与战略选择》，《世界经济与政治》2002 年第 5 期，第 17 页。

⑥ 张海滨：《中国与国际气候变化谈判》，《国际政治研究》2007 年第 1 期，第 35 页。

参与者"①，在"后京都进程"中，中欧在全球气候变化问题上既有共同立场，也有政策分歧，但总体上进行着更为频繁而积极的互动。

于宏源强调："中国在气候议题中起着中流砥柱的作用，在发展中国家阵营起领导者和协调员的角色，中国参与气候变化关键问题上，坚持原则立场，在与欧、美等发达国家的抗衡中，努力争取和保护发展中国家的合理权益。"② 严双伍、肖兰兰指出："中国参与气候议题探讨日益积极，在国际气候变化谈判历程中是不断向前推进的，从被动却积极参与、谨慎保守参与到活跃开放参与。"③ 康晓认为："中国在气候变化问题上强调积极参与应对气候变化的国际合作，原因在于在国际气候合作中获得了实实在在的经济收益，国际气候合作规范在中国已经内化。"④

然而，不少国外学者和媒体对中国的气候政策解读与评价却是负面的，使用了以下术语来描述中国："防守的"（defensive）、"保守的"（conservative）、"不合作的"（uncooperative）等。韩国学者全亨权（Hyung-Kwon Jeon）与尹诚锡（Seong-Suk Yoon）认为："中国在气候谈判中呈现出自相矛盾的态度，在气候变化谈判进程的早期，中国显示出强烈的参与国际机制和遵守国际标准的意愿，并呼吁世界各国支持全球环境合作，但是在1997年《京都议定书》之后，中国在气候变化谈判中呈现出矛盾的态度，与之相应，中国的国家形象也发生了变化，成为这一问题的背离者。"⑤ 美国学者理查德·埃德蒙斯（Richard Edmonds）认为："中国的碳减排政策难见成效。中国环境问题的解决有一定的乐观的空间，但是许多环境问题依然非常顽固，其中有些还在继续恶化。"⑥ 埃多德·弗美尔（Eduard Vermeer）认为："中国几乎没有意识到环境污染的威胁，中国已成为巨大的污染制造者，经济增长仍然在整个发展规划中占据优先地位，环境法的实

---

① 薄燕、陈志敏：《全球气候变化治理中的中国与欧盟》，《现代国际关系》2009年第2期，第46页。

② 于宏源：《中国和气候变化国际制度：认知和塑造》，《国际观察》2009年第4期，第18页。

③ 严双伍、肖兰兰：《中国参与国际气候谈判的立场演变》，《当代亚太》2010年第1期。

④ 康晓：《利益认知与国际规范的内化——以中国对国际气候合作规范的内化为例》，《世界经济与政治》2010年第1期，第66页。

⑤ Hyung-Kwon Jeon and Seong-Suk Yoon, "From International Linkages to Internal Divisions in China: The Political Response to Climate", *Asian Survey*, Vol. 46, No. 6, 2006, p. 847.

⑥ Richard Louis Edmonds, "Studies on China. s Environment", *The China Quarterly*, Vol. 9, No. 156, 1998, pp. 725–726.

施软弱无力，地方保护主义也使企业缺乏减少污染和提高效率的真诚意愿。"[1] 英国学者巴瑞·布赞（Barry Buzan）也指出："西方国家对中国在哥本哈根气候谈判的总体印象是负面的，中国的气候治理行动也被误读，因此中国有必要向世界解释自己的气候治理行动计划。"[2]

挪威学者唐更克（Kristian Tangen）与何秀珍（Grild Heggelund）等人是较早一批对中国参与国际气候谈判立场的变化进行研究的西方学者。在全球气候变化领域，他们认为中国面临的主要长期挑战是中国如何平衡减排的压力与经济发展的成本。中国将会面对越来越大的压力，这些压力要求其做出承诺，这种压力不仅来自发达国家，也来自更多的发展中国家内部、甚至是中国内部，这种压力可能是内部和外部综合力量的反映。这种压力来自于三个方面：一是来自于国际社会的压力。如果中国经济增长得以持续，其国际地位将会改变，作为 WTO 的成员国以及在全球经济中地位的日益提高，也意味着人们将期望中国承担对国际社会更多的义务。二是来自于国内排放量的压力。随着中国经济增长，如果中国国内企业排放量也随之增长，将在一定程度上对大气层中的温室气体浓度负有责任。三是来自于政府间气候变化专门委员会（IPCC）的压力。据政府间气候变化专门委员会估算，如果气候变化趋势继续下去，人类将会为这种人为的全球变暖付出代价，特别是对气候变化最为脆弱的国家（包括沿海低洼地区）。据此，中国应该承诺切实减排。[3]

国外学者的观点以及对中国在国际气候领域的形象也引发了国内学者的探讨。陈岳强调："在西方国家有一种较为普遍的观点，是认为发展中国家加速现代化的过程将会严重破坏人类的生存环境以及威胁人类的安全。"[4] 上述西方学者的逻辑是高速发展的经济必然会使对世界资源和能源的消费量迅速增加，这种大量的资源和能源消耗必然带来严重的环境问题，而这种环境问题将超越国界，对全球环境产生不利影响，周边国家将首当其冲，遭受池鱼之殃。马建英也指出："随着全球气候变化问题的凸显和国际气候博弈在全球治理中日渐活跃，西方的'中国威胁论'已经从

---

[1] Eduard B. Vermeer, "Industrial Pollution in China and Remedial Policies", *The China Quarterly*, Vol. 9, No. 156, pp. 952–953.

[2] 许琳、陈迎:《全球气候治理与中国的战略选择》,《世界经济与政治》2013 年第 1 期, 第 55 页。

[3] ［挪］唐更克、何秀珍、本约朗:《中国参与全球气候变化国际协议的立场与挑战》,《世界经济与政治》2002 年第 8 期, 第 40 页。

[4] 陈岳:《中国威胁论与中国和平崛起》,《外交评论》2005 年第 3 期, 第 93 页。

传统安全领域延伸到了非传统安全领域，西方国家正在国际上制造和传播
'中国气候威胁论'。"[①] 张海滨认为："随着气候变化的影响与发达国家的
媒体渲染，中国负责任的形象以及通过国际合作实现可持续发展的战略就
会受到很大影响。"[②]

五、国际气候制度与国际制度资源

国际气候制度是一种制度资源。资源是整个人类赖以生存和发展的基
本条件。人类对资源的认识也随着国际制度的发展而不断深化。关于资源
的定义也是如此，古今中外，有关资源的定义不下百种。《辞海》对资源
的解释是："资财的来源，一般指天然的财源。"[③] 联合国环境规划署认为：
"资源是在一定时间和技术条件下能够生产经济价值、提高人类当前和未
来福利的自然环境因素的总称。"[④] 随着经济技术的发展，资源所涵盖的范
围也日益扩展，开始将社会及人文性质的资源形态纳入资源概念内涵之
内。王子平先生在其著作《资源论》中所下的有关资源的定义较为全面，
他认为，"资源，是指一定的社会历史条件下存在着，能够为人类开发利
用，在社会经济活动中经由人类劳动而创造出财富或资产的各种要素。"[⑤]
广义的资源不是一个单数，而是一个多元复合概念，一切有利用价值的自
然、经济、社会条件都可称之为资源。据此理解，国际气候制度是一种制
度资源，是行为体气候治理赖以存在和发展的基础。

（一）国际气候制度资源的概念与特性

为了明确国际气候制度资源的概念，首先必须明确国际制度的概念。
关于国际制度的概念及其与国际组织、国际机制之间的关系，学界历来有
所争论。根据笔者的理解，学术界基本接受了斯蒂芬·克莱斯纳（Stephen
Krasner）关于国际机制的定义，即"在国际关系特定领域行为体汇聚而成

① 马建英：《中国气候威胁论的深层悖论——以"内涵能源"概念的导入为例》，《世界经济与政治论坛》2009 年第 3 期，第 5 页。
② 张海滨：《环境与国际关系》，上海：上海人民出版社，2008 年版，第 94 页。
③ 辞书编辑委员会：《辞海》，上海：上海辞书出版社，1979 年版，第 1436 页。
④ 史志良：《工业资源配置》，北京：经济管理出版社，1997 年版，第 8 页。
⑤ 王子平等：《资源论》，石家庄：河北国际制度出版社，2001 年版，第 18 页。

的一整套明示或暗示的原则、规范、规则和决策程序"①。罗伯特·基欧汉关于国际制度的定义基本上也获得了认可，即国际制度包括国际机制、国际组织和国际惯例，是"有关国际关系特定领域的、政府同意建立的有明确规则的制度"②。实质意义上的国际制度理论的发展历程毕竟尚短，没有形成完整的理论体系，甚至在基本概念上还没取得明确的界定。在事实上，学术界对于国际制度概念的界定也是十分的混乱，以至于有人指出："概念的混乱可能使国际制度研究落至毫无意义的地步。"③

　　目前，在国际制度研究的文献中，关于国际制度的概念主要有两大问题：一是国际制度与国际机制的概念混淆不清。人们往往按自己的喜好任意使用，国际制度理论常常又被称为国际机制理论。连研究此领域的理论大家们都各执一词，罗伯特·基欧汉、约瑟夫·奈和约翰·罗杰（John Ruggie）等研究制度，而斯蒂芬·克莱斯纳、奥兰·扬（Oran Young）等则研究机制。二是国际制度和国际组织关系不明。有学者将国际制度等于国际组织，如英国功能主义的代表人物查尔斯·彭特兰（Charles Petland）。也有学者认为国际制度不能等于国际组织，但却包括国际组织，如罗伯特·基欧汉。他就将国际制度定义为"约束世界政治各要素的规则和帮助实施这些规则的组织"④。介于学术界对于国际制度这个核心概念的争论，而基本概念的明确界定又是论文撰写前提条件之一。因此，笔者试图从"制度"的概念内涵入手，对"国际制度"概念的内涵进行探讨，并在此基础上，对国际制度、国际机制、国际组织等概念进行梳理，以期更明确地界定国际气候制度资源，以确定笔者的核心概念。

　　从制度角度认识国际气候制度资源的概念是一条思路。早从 19 世纪开始，西方古典社会学家即开始探讨制度概念的内涵。各学科对制度的概念形成了三种不同的解释：第一，制度是一种规则或规范体系，这是对制度最基本的一种界定。如道格拉斯·诺斯（Douglass North）认为，"制度是一系列被制定出来的规则、守法程序和行为道德伦理规范，它旨在约束追

---

① Stephen Krasner, "Structural Causes and Regime Consequences: Regime As Intervening Variables", *International Organization*, 1982, Vol. 36, No. 1, p. 186.

② Robert Kerohane, *International Institutions and State Power*, *Essays in International Relations Theory*, Boulder: Westview Press, 1989, p. 4.

③ Robert Crawford, Regime, *Theory in the post-Cold War World Rethinking Neoliberal Approaches to International Relations*, Aldershot: Dartmouth Publishing Company, 1996, p. 83.

④ ［美］罗伯特·基欧汉著，门洪华译：《国际制度：相互依赖有用吗?》，《国际论坛》2000 年第 4 期，第 77 页。

求主体福利或效用最大化利益的个人行为。"① 第二，从制度所关涉的主体角度出发，制度是一种特定的组织。康芒斯·约翰·罗杰斯（Commons John Rogers）就直接把制度看成一种运行中的机构。最早将"制度"作为社会学专门术语的赫伯特·斯宾塞（Herbert Spencer），他用制度所指的就是"履行社会功能的机构"②。制度的这一含义至今仍有影响力。早期的社会学家大都把制度理解为已形成的社会规范和规则的集合体。笔者综合关于制度的定义得出，制度指的是为了约束社会单元的行为和相互关系而设置的机构、设施、规则的系统体系。它必须包括两个要素：一是规范系统，包括规定社会主体的规则和运作模式，这是制度的核心要素；二是组织系统，即是为了执行、推动及核查各种规则和模式而设立的组织机构，这是规则的物质承担者。构成健全的制度，规范系统和组织系统两者缺一不可。

在明确了"制度"概念的基础上，我们就可以进一步探析国际气候制度的概念内涵。"国际气候制度"与"制度"相比，多了一个表示范围的限定词"国际气候"，因此，"国际气候制度"从属于制度的范畴。"国际"指的是超出一国的范围而存在于国际社会，"气候"以欧盟的视角从广义层面界定，囊括了气候治理、环境保护、能源升级、低碳经济、低碳社会、碳交易市场等诸多具体领域。前文曾提出，一般意义上的制度是指为了约束社会单元的行为和相互关系所设置的规则、机构、设施的系统体系。在国际社会中的行为主体包括国家行为主体和非国家行为主体，那么，国际气候制度可以定义为：在国际社会中，为了规范国家和非国家行为主体在上述气候领域的行为而设置的规则、机构、设施的系统体系。这个系统体系必须具备一般制度包含的两大要素：一是规定国际社会的各行为主体在气候领域的行为和互动的规则和运作模式的规范体系，这是国际气候制度的核心部分；二是为了执行、推动及监督气候领域各种规则和模式而设立的组织体系，这是国际气候制度的物质承担者。

就国际制度的研究而言，国际政治学界中的三大流派：新现实主义、新自由主义和建构主义都对国际制度进行过诠释。从国际关系理论界的发展情况来看，新自由主义对国际制度的论述最为完整和全面，他们认为国

---

① ［美］诺斯著，陈郁等译：《经济史中的结构与变迁》，上海：上海人民出版社，1994年版，第225页。

② ［美］米切尔著，蔡振扬译：《新社会学词典》，上海：上海译文出版社，1987年版，第176页。

际制度是国际社会机制化趋势的产物，强调国际制度并不是说国家自始至终在一切领域受制于国际制度安排，也并不意味着国家可以忽视自身行为对其它行为体产生的影响，只是强调国际行为应在相当大的程度上取决于国际社会的主导原则和准则。

新自由主义学派认为，国际制度理论的前提是：一是在一个无政府状态下的国际体系中，国家是寻求自身利益的理性行为者；二是国家在寻求自身利益最大化的过程中掌握充分的信息；三是当今世界各国相互依赖日益增大。新自由主义学派认为，世界各国相互依赖的增加产生了对建立国际制度的需求。据此，目前研究国际气候制度的主要成果是：一是国际气候制度存在于国际气候谈判等领域；二是国际气候制度是介于气候目标、利益与行为之间的联系性制度，构成气候制度的原则、准则与规则应符合国际道德或国际法要求；三是国际气候制度的性质在一定程度上取决于气候机制管理体制的性质；四是国际气候制度有正式机制和非正式机制之分；五是国际气候制度的变化和气候话语权、气候利益争夺密切相关。

新自由制度主义流派的代表人物非美国学者罗伯特·基欧汉莫属，他在代表作《霸权之后》一书中运用理性选择理论就国际制度的创制、维护、价值等做了详细且深入的研究，并且引入了微观经济学的相关知识和分析工具，研究理性的行为体如何将想要得到的利益最大化。尤其是在论述国际制度的创建理由时，基欧汉运用功能主义理论来进行解释；同时将新制度经济学的研究方法引入到维持国际制度的研究中，给国际制度乃至国际气候制度理论的构建指明了新道路。

新自由主义制度关于国际制度的论述具有强大的解释力，让人们走出了权力政治的范畴，为国际社会的推进而不是循环提供了全新的思维方式。然而，新自由主义对国际制度的创设和维护仍然有其不足之处。一方面，正如有些学者所指出的，尽管强调物质性资源的现实主义范式自身存在着一些缺陷，它对处于合作大势中的国际关系的解释能力显得有些不足[1]；另一方面，"制度"当然属于国际政治资源之列，但新自由制度主义对"制度"一词的定义过于宽泛和模糊。而"定义一旦过于宽泛则失去分析的精确性"。例如基欧汉在新自由制度主义的经典之作《霸权之后》一书中，就是在同等意义上使用"制度"和"机制"[2]两词的。另外，对于

---

[1] Ethan Kapstein, "Is Realism Dead? The Domestic Source of International Politics", *International Organization*, Autumn 1995, p. 377.

[2] 郑端耀：《国际关系——新自由制度主义理论之评析》，《问题与研究》1997年第12期，第14页。

国际政治资源中的国际制度类资源的创设及其功能，新自由制度主义者目前主要停留在主观论述上，经验和实证研究不多，从而限制了该理论的解释和检验能力。不过近年来，新自由制度主义者正在扭转这一不利局面，力图在案例研究上为其观点提供更加充分的证据。

新自由制度主义过多地纠缠在制度类资源的"功能"上。未能跳出制度来分析制度，因而限制了该理论的增殖能力。新自由制度主义的产生，部分受到当时风行的以罗纳德·科斯（Ronald Coase）、道格拉斯·诺斯（Douglass North）、奥利弗·威廉姆森（Oliver Williamson）等人为代表的新制度经济学（New Institutional Economics）的影响，新自由制度主义者注意到新制度经济学的分析工具在解释国际关系中的意义，但是他们对新制度经济学的研究成果的关注还远远不够。如果他们更多地坚持这一研究取向的话，新自由制度主义的创新能力可能更为强大。

国际制度的概念与国际机制和国际组织的概念是有区别的。关于国际机制最权威的定义是克莱斯纳1983年在《国际机制》一书中提出来的。他认为国际机制是"一系列隐含的或明确的原则、规范、规则以及决策程序，行为者对某个既定国际关系问题领域的预期围绕着他们而汇聚在一起"[1]。根据克莱斯纳的定义，无论是原则、规范、规则还是决策程序实质上都属于规范的范畴。因此，国际机制实际上是行为体按照预期，在特定的国际关系问题领域设立的各类规范的总和。由此可见，国际机制的概念应当是小于并且从属于国际制度的概念。国际组织的定义是"国际社会的两个以上的行为主体基于特定的目的和任务，以一定协议的形式而设立的各类机构"[2]。国际组织是国家或集团之间协议的结果，设置是为了执行、监督和核查国家或集团之间所制定的协议或规则。而协议和规则都属于规范范畴，即国际机制。因此，国际组织的产生是国际机制安排的结果，其目的是为了执行、推动、监督和核查国际机制。因此可见，国际气候机制与国际气候组织是相区别的，国际气候机制是国际社会中的气候规则，是用来约束行为体气候领域互动的框架。国际气候组织是国际气候制度的组织系统，是国际气候制度的物质承载体。而国际气候组织一旦产生，它内部运行的原则和决策程序又成为国际气候机制的补充。作为规范系统的国际气候机制和作为组织体系的国际气候组织共同构成国际气候制度。

---

① 门洪华：《国际机制理论的批评与前瞻》，《世界经济与政治》1999年第11期，第17页。
② 朱建民：《国际组织新论》，台北：台北中正书局印行，1976年版，第3页。

国际气候制度属于资源的一部分。判断国际气候制度是否属于资源的关键在于国际气候制度是否具有资源的一般特性。资源的一般特性表现为"一是具有使用价值；二是具有可配置性；三是具有稀缺性"。[①] 首先，国际气候制度具有使用价值，各种国际气候机制、组织、惯例对于国际气候治理的维持和发展是必不可少的。其次，行为体通过对国际气候制度资源的合理配置有助于实现其目标和维护利益。最后，根据现代制度经济学的观点，国际气候制度也是一种稀缺性资源（体现为国际气候制度体制的不完善性或缺失性）。

我们就此开始具体分析：首先，国际气候制度具有资源的特性——具有使用价值。国际气候制度以其现实性和可操作性，成为调节当代国际气候谈判的经常性规范模式，日益受到各国的青睐。国际气候制度在某种意义上改变了国际气候治理的发展方向与进程，使得国际气候治理渐渐地处于一种制度化的相对有序状态中。与此同时，国际气候制度的作用发挥也受到各种因素的限制。但是，这不能成为我们否定国际气候制度的原因，而应成为改革和完善国际气候制度的切入点。只要人类追求和平与发展的决心不变，国际气候制度必将逐步走向完善，国际气候治理由此走向制度化的发展前景是乐观的。

其次，国际气候制度具有资源的特性——可配置性。国际气候制度资源配置的方式很复杂，我们可以概括为以下几种主要方式：一是纵向继承性配置方式。谈判过程中存在着非常丰富的气候制度资源。其中一些国际气候制度资源被重新发掘出来，加以改造，使之复活，完全可以灵活运用，配置于气候治理，并整合进现代国际气候制度体系中。例如，"双轨制"。二是融合交汇配置方式。除了纵向继承配置，也可以将各国的国际气候制度整合协调。当然，这里有一个取长补短、消化吸收的过程。三也是非常重要的，就是要实现国际气候制度资源配置的综合创新。实行"拿来主义"，古为今用、洋为中用固然必要和重要，而立足现实、面向未来、革故鼎新则更为必要和重要。为此，在进行国际气候制度资源优化配置过程中，要善于综合，敢于创新，按照各国的现实需要和理想追求，着力建构既有创新性又符合客观实际需要的国际气候制度蓝图。

国际气候制度资源优化配置的价值标准主要有以下三方面：第一，要看国际气候制度资源配置是否有利于国际物质资源的合理、优化配置。社

---

① ［美］康芒斯：《制度经济学》上册，北京：商务印书馆，1997年版，第298页。

会的发展尤其经济的发展，有一个对生产要素如资本、技术、劳动、生产资料、自然资源等如何安排的问题。国际物质资源的合理安排，离不开国际气候制度的合理安排；国际物质资源的优化配置，依赖于对国际气候制度的优化配置。经济发展要素需要与国际气候制度要素协调发展，这里可参见"低碳经济"作为范例。第二，要看国际气候制度资源配置是否有利于国际气候制度本身运作的有序、稳定和高效，是否有利于国际气候制度体系内部的自我协调、调整与更新。第三，要看国际气候制度资源配置是否能够节约国际气候谈判成本，是否能够兼顾公平与实现效益，是否能够调动行为体参与的积极性。

国际气候制度的成本包括国际气候制度建立过程中所花费的成本和国际气候制度确立后正常运作时所消耗的成本。国际气候制度效益包括国际气候制度所带来的直接经济效益与间接社会效益。气候效益最大化既包括直接的、眼前的、局部的利益最大化，如各国短期内的所得，又包括间接的、长远的、全局的利益最大化，如"人类命运共同体"的实现。这就需要我们以辩证的态度来处理。一种优化配置的国际气候制度，必定是运行效率较高、交易成本较低、所带来的经济效益与社会效益也较好的。如果情况相反，那么这种国际气候制度的配置肯定不是最优化的。还看国际气候制度资源配置是否有利于国际社会的可持续发展。国际社会的可持续发展需要物质资源和国际气候制度资源共同支撑，两种资源都达到优化配置，才能实现社会可持续发展。一个社会所采取的财产权国际制度规定了国际竞争的方式，它们可用以解决因稀缺引起的利益冲突，但经济发展不能以牺牲环境作为代价，选择正确的发展道路以减少污染、实现人类长远发展的目标，这实际上是一个选择正确的国际气候制度的问题。

最后，国际气候制度具有资源的最根本的特性——稀缺性。稀缺性的概念来源于经济学，指的是经济生活中的基本事实：人力资源和非人力资源的数量都是有限的，相对于人类对国际气候制度的需求而言，国际气候制度供给总是相对不足的，因此国际气候治理总是存在许多各国不合作的现象，各国有众多难以解决的矛盾。国际气候谈判之所以难以达到"帕累托最优"（Pareto Optimality）①，关键在于国际气候制度资源的稀缺。在国际气候治理中，各行为主体尤其是国家之间的利益需要协调，各国之间需要

---

① 帕累托最优（Pareto Optimality），也称为帕累托效率（Pareto Efficiency），是指资源分配的一种理想状态。

气候制度提供保障来促成合作，因而提升了对国际气候制度需求的迫切性。

然而国际气候制度存在着严重的稀缺性，具体体现在如下几个层面：第一，国际气候制度供给的有关约束条件决定了气候制度的稀缺性。国际气候制度变迁的条件及成本限制了人们的选择空间，而国际气候制度的创设成本要求更高，如从《京都议定书》到《巴黎协定》经历了漫长的过程。且国际社会缺乏权威组织，国际气候制度的创设肯定需要各方的妥协。国际气候制度一旦创设后，形成了严重的路径依赖作用，以致现存的一些国际气候制度安排不仅难以达到最优的水平，在一定条件下还会阻碍国际气候合作。第二，南北矛盾决定了国际气候制度的稀缺性。发达国家与发展中国家在国际气候治理领域立场、观点、态度差距巨大，无论基于何方立场生成的国际气候制度在全球范围内推广时，一些国家出于利益的考虑或是意识形态的原因会自觉地对部分国际气候制度产生抵触，尽量不融入国际气候制度的控制当中，使得一些需要更多国家参与的国际气候制度的效力范围无法扩展。在国际社会中，由于国际气候制度覆盖的不完全性使得国际气候制度资源进一步稀缺。

除此之外，国际气候制度发展滞后于国际社会发展的需要也体现了气候制度的稀缺性。人类社会工业化历史数百年，造成气候污染的历史也有数百年。而国际气候谈判形成过程尚短，国际气候制度的种类、涉及的领域，国际气候制度的精确性等方面远未能如国内气候制度那样完善，因此国际气候制度的稀缺性更强。总而言之，国际气候制度资源属于国际政治资源的一部分。国际气候制度资源看起来是无形的，其实是有形的，其具体表现形式就是国际政治主体在国际气候竞争中用来实现自身利益、贯彻战略目标而主导或参与的国际气候机制、国际气候组织和国际气候惯例。国际气候制度资源的定义是：国际政治行为主体在国际气候治理互动过程中，为了实现自身利益或贯彻自身目标而所使用的气候制度类来源。

（二）国际气候制度资源的特性

1. 主观性与客观性的统一

国际气候制度资源首先是建立在参与者主观的基础之上的，其基本存在方式是主观的。判断是否存在国际气候制度资源的关键，就看在气候具体问题领域中，各参与主体是否达成了共识。只有达成了共识，国际气候制度资源才具备了产生的条件和发挥作用的基础。而这些共识又往往要借助于一定的客观载体表现出来，例如国际气候组织、国际气候协定等，这就是国际气候制度资源的具体形式了。由此可见，国际气候制度资源体现了主观性与客观性的统一。斯蒂芬·克莱斯纳曾经在研究国际机制时指出："利益、政治权力、规范与原则、惯例与习俗、知识是国际机制生成的基本变量。"① 这五个变量就很好地体现了主观性与客观性的融合，很难严格地区分哪个变量是纯粹主观的，哪个是纯粹客观的。同理主观性与客观性的统一是国际气候制度资源的基本特征之一。

2. 权威性

国际气候制度是国际社会中的制度，是权力分散状态下的规则，所以不可能像国内社会法律那样有强制性。但是，国际气候制度是国际社会成员认可的行为准则。当国家将国际气候制度约束视为战略需要时，国际气候制度资源就确定了对国家在气候领域如何行为的期望，如果国家不这样做，就要遭受困难或付出代价。参与国际气候谈判的国家在确立自己的国家利益时，必须将国际气候制度资源考虑在内，在国际气候制度约束的范围内实现国家利益最大化。尽管国际气候制度资源本身没有多少强制性，但是在相互依赖的国际气候治理中，作为理性行为体的国家要实现自己的利益，必须依靠国际气候制度资源才能达成。诚然，是否创建或者加入国际气候制度资源是国家的选择行为，但是国家一旦参与了某一国际气候制度资源，则必受其约束。国际气候制度资源在赋予成员国权利的同时，也规定了相应的义务和责任，甚至明确规定了某些强制执行和惩戒措施。积极参与国际气候制度资源的国家就会在国际社会中获得更多的机会和长远的利益，而孤立于国际气候制度资源之外的国家更容易被各国指责。遵守国际气候制度的国家会拥有良好的声誉和广泛的合作伙伴，而违反国际气候制度的国家则会遭到国际社会成员的同声谴责甚至报复。因此，国家要想在已经建立起国际气候制度资源网络的当今国际社会谋取一席之地，必须使自己的行为符合国际气候制度的要求，依照国际气候制度制定和执行本国的对外政策，实现国际气候制度范围内的国家利益最大化。

3. 约束性

国际气候制度资源首先表现为规范与约束行为的"游戏规则"。国际气候制度资源提供一系列规则以约束行为体之间的相互关系，从而减少不

---

① Stephen D. Krasner, "Stuctural Cause and Regime Consequences: Regimes as Intervening Variables", *International Organization*, Vol. 36, No. 1, 1982, p. 194 – 204.

确定性，减少低碳交易的成本费用，保护绿色产权和权益，促进生产与再生产活动。国际气候制度资源提供的一系列规则由国际行为体规定的正式约束、社会认可的非正式约束两个部分构成。正式约束是指行为体有意识创造的气候政策法规，包括气候政治规则和经济规则，以及由这一系列气候规则构成的一种结构，它们共同约束着行为体的气候行为。正式约束和正式规则具有强制性。非正式约束是行为体在长期交往中无意识形成的行为规则，具有持久的生命力，并构成世代沿袭传承的文化的一部分。气候领域的非正式约束主要包括价值信念、道德观念、风俗习惯等，而其中价值信念处于核心地位。价值信念对于一个民族或国家来讲，以指导思想的形式构成正式国际气候制度资源安排的"理论基础"和最高准则。一般来说，非正式约束并不具有强制性，然而，它一旦与国家政权结合起来，变成统治者的意志工具，便具有一定的强制性。

4. 权利与义务的综合性

从权利的角度看，国际气候制度资源就是允许行为者可以做什么及怎样去做，它们的目的是扩大行为者在国际范围内的自由；从义务的角度看，国际气候制度资源就是禁止行为者在气候领域做什么，它们的目的在于约束行为者在国际范围内有损本国环境或全球环境的行动。行为者选择加入国际气候制度，就意味着它决定在未来涉及某项特定议题时，约束对自身利益的追求。一项国际气候制度资源的成员如果破坏了其中的规则，它就会发现其声誉也受到了损害，这种损害比它没有加入该项国际气候制度时还要大。一个"不可靠的伙伴"的声誉，妨碍一个国家政府在未来达成有利可图的协议。但是，当重大的共同利益能通过气候协议来实现时，忠实履行协议的名声所具有的价值，就超过了始终接受国际气候规则的约束而付出的代价，追寻自我利益并不需要最大限度地获得行动自由，相反，"明智而富有远见的领导者明白，要达到他们的目标，无不依赖于他们对制度的承诺，而正是这些制度，才使得合作成为可能"①。

况且，国际气候制度资源所提供的收益一般只限于其成员才能享有。例如，只有国际气候机构的成员才有权利在共享机制下获得气候援助，另外，只有国际货币气候组织的成员才能够从中借贷。还有国际气候制度的绿色贸易机制也是以这样的方式建立起来的，拒绝接受国际气候规则的国

---

① ［美］罗伯特·基欧汉著，苏长和等译：《霸权之后：世界政治经济中的合作与纷争》，上海：上海人民出版社，2001年版，第308页。

家就不能获得这个机制所提供的收益，即面临绿色贸易壁垒。显然，在国际制度资源网络密集的当今国际社会，国际气候制度资源的这一特点是促使各国让渡主权，融入国际气候制度资源的重要原因。

5. 相对的平等性

在当前的国际气候格局中，行为体还不能指望国家间的绝对平等。但是，大多数国家在开发与利用国际气候制度资源时，相较于权力政治还是相对平等的。至少在国际气候事务的决策程序上，在投票权和制定规则权等方面，大国和小国程序上是相对平等的。国际气候制度资源要想有效地发挥其功能，必须获得尽可能多的有关国家的认同和支持，而且这种认同和支持不能建立在强制、暴力的基础上，而必须是有关国家基于维护权利和利益而主动地参与。任何国家要开发与利用国际气候制度资源都必须签订契约，在享受应有的权利的同时，必须承担必要的义务和接受相关的行为规范。每个国家都要按照统一的气候规则行事，大国也不能完全公开无视这些气候规则，至少它们必须在名义上、在气候规则的范围内，利用气候规则来增进权利和利益。这些又保证了国际气候制度资源具有一定程度上的合法性和稳定性。

6. 效力范围的特定性

国际制度资源几乎存在于国际关系的每一个领域，哪里有国际行为发生，哪里就需要国际制度。但是，任何单一的国际制度都无法囊括全球问题。特定国际制度资源的作用范围一般局限于特定的国际关系领域，或称"问题领域"，基本上不存在可以通用于任何领域的国际制度资源，国际气候制度资源的作用范围也是集中于国际气候领域。尽管联合国作为当今世界上最具普遍性的国际组织，通过其下属的各专门性机构在诸多领域极具影响力，但我们通常意义上也只是把联合国归入政治性国际组织的范畴，而其下属的各专门机构一般被归入相应问题领域的国际组织的行列。不同问题领域往往具有不同的政治结构和组织结构。例如，在气候问题领域，欧盟及其成员国具有非常大的影响力，但在军事领域，美国的地位几乎无法撼动。同样，"石油问题上，澳大利亚这样的粮食大国或瑞典那样的重要贸易国，也不会起什么重要的作用"①。

尽管总而言之，某个或某些国家被视为霸权国或综合国力强大的国家，但到具体的问题领域，它们就不一定有这样的地位。例如，世界军事大国俄罗斯经常能够在政治、安全领域举足轻重，而在纯粹经济、贸易，

---

① 王逸舟：《当代国际政治析论》，上海：上海人民出版社，1998年版，第389页。

特别是货币、金融等领域，俄罗斯的声望就相对更弱。同样，在气候问题领域拥有主导决策权并不必然意味着对其他问题领域也可以施加有效的控制。即使某大国拥有总体霸权地位，当使用强制力或强制力威胁不再奏效时，它也难以运用并非属于某问题领域的特定资源来影响该领域的政策。1973—1974 年的石油危机就展现了这种困难性。①

（三）国际气候制度资源的学界探索

针对如何看待国际气候制度资源问题，基于不同的理论流派，可以总结出不同的认识。任何理论都是特定时代条件的产物，现实主义虽受过战争的打击，但二战却让现实主义独领风骚数十年。20 世纪 70 年代以后，又使它经过短暂的消沉后以新现实主义的面貌出现。现实主义之所以沉沉浮浮却经久不衰，就是因为它的观点确实是历史长期的科学写照。同样，随着冷战的和平结束，经济相互依赖关系的增长、各种非国家行为主体的出现并发挥作用、资源能源问题等现实主义无法解释的现象纷纷出现，以多元价值和解决国际问题为中心的自由主义渐趋活跃，而新自由主义对制度合作的强化，使对国际制度资源的追求开始受合作、秩序的约束。约瑟夫·奈则提出了内容包括社会联系、经济相互依赖和国际制度对国家的影响的"软权力"观。而冷战后全球范围的民族主义新浪潮，非洲大陆的部落、种族仇杀，国际恐怖主义的泛滥等现实主义与自由主义难以解释清楚的现象给建构主义的发展提供了理论空间。综观三大理论的发展过程，不同的理论流派都有一定的解释效力，但谁都不能独立解释国际问题，必须在相互的争鸣中共存、互补。

1. 学界对于国际制度资源的初步认识

肯尼思·沃尔兹（Kenneth Waltz）在《国际政治理论》一书中通过科学简约的方式把汉斯·摩根索（Hans Morgenthau）的古典现实主义上升为结构现实主义。在沃尔兹看来，国际体系的特征是无政府状态，也就是说在主权国家之上没有共同的最高权威。这种无政府状态的国际体系决定国家之间互不信任，一方追求安全的扩展军备的行为被另一方视为威胁，从而"安全困境"不可避免。国际体系的结构就是大国之间实力的分配，国际体系结构决定国家行为。在无政府状态下，国家间的合作尽管是可能

---

① ［美］罗伯特·基欧汉、约瑟夫·奈著，门洪华译：《权力与相互依赖》，北京：北京大学出版社，2002 年版，第 50 页。

的，但却仅仅是权力政治的补充，要依靠国家实力作为支撑。国家的生存主要依赖的是权力、国家实力而不是国际制度资源的安排。总之，新现实主义对合作和国际制度资源所持的是悲观的态度。

对于新现实主义来说，体现国际合作的国际组织不过是国家谋取国家利益和实现国家目标的工具，而且仅仅反映了国际体系中霸权国的需求。正是由于国际体系内的霸权国创建和安排了国际制度资源，并以此来维持其在世界权力关系中的地位。因此，国际制度资源的安排，说到底还是一种大国实力分配的关系。在20世纪70年代末80年代初，国际关系领域中的新现实主义者提出了对国际机制的基本理解模式，即社会中的权力配置才是理解集体结果的关键所在，因此，像国际机制这样的制度资源安排，反映的只是社会体系中的权力整合的现实，特定的制度资源安排，只是在那些拥有充分实力的国家长期必要的步骤去创造它们时才会有存在的可能。

这种"霸权稳定论"体现了新现实主义的国际制度资源观，它把权力分配和国际制度资源联系了起来。依此种理论而言，国际制度资源的创建需要霸权国家的支撑，国际制度资源的维持需要霸权国家提供公共产品。国际制度资源之所以能够提供某种公共产品，如国际安全、世界政治、经济秩序和市场经济的自由贸易，是因为霸权国家有实力并且有意愿提供。霸权是国际制度资源形成和维持的充要条件。因此一旦霸权国家衰落，国际制度资源也将随之瓦解。实力是决定国际制度资源的核心。国际制度是大国角逐的场所。总之，从新现实主义的角度看，国际制度资源为国家权力所掌控，国际制度资源反映的只是国际系统内部的国家权力配置。

从国际关系理论的发展情况来看，新自由制度主义对国际制度资源的论述最为完整和全面，这也是新自由主义得以能够向现实主义发起挑战的最关键之处。新自由制度主义的代表人物首推罗伯特·基欧汉。他在《权力与相互依赖》中阐述了国际制度资源在世界政治中的作用，认为相互依赖可以改变权力关系的性质，而国际制度则决定着国家之间的行为。在《霸权之后》一书中，他基于新现实主义的基本假设，即从国家是世界政治中理性的、主要的、自利的行为体出发，通过运用新制度经济学的理论工具，分析了行为体之间合作仍然能够实现。

罗伯特·基欧汉认为，在无政府的国际政治领域内实现国际合作，可以通过国际制度资源这一中介能够实现。虽然在国际社会中行为体之间存在各种分歧，但同样拥有广泛的共同利益。共同利益的存在并不一定意味着合作自然会产生，这就迫切需要国际制度资源的出现。尽管霸权有助于我们解释当代国际制度资源的创设问题，但是霸权的衰落并不必然对应性地引起这些国际制度资源的毁灭。"随着霸权的衰落，一个缓慢的从霸权合作到霸权后合作的转化就可能发生。"① 基欧汉指出："为了使世界政治中的合作不只是在临时的基础上进行，人类必须使用规则。"② 从经济学的角度看问题，个体利益的最大化并不一定导致集体利益的最大化，因为存在集体行动和个体行为之间互动的困境。国际制度资源的出现与缓解国际冲突和促进国际合作密切相关。

在上述学者的理论基础上分析国际气候制度资源，可以得出如下要点：第一，国际气候制度资源的建立可以缓解气候谈判过程中的欺诈问题。尽管国家之间认识到气候合作符合共同利益，但由于无政府状态下互不信任的存在，国家之间的彼此欺诈的风险就会存在，如何避免这种欺诈的风险而使国家之间的合作能够顺利进行就变成一个非常重要的课题，国际气候制度资源的出现就一定程度上在重复博弈的过程中解决了这一欺诈问题。第二，国际气候制度资源的建立降低了国家间气候合作的成本。由于国际体系的无政府状态，这样国家之间交往的不确定性和信息的非对称性使得国家之间的气候谈判成本很高，影响了国家间的气候合作。而气候制度资源能够提供较充足的信息和稳定的预期，它虽然不能排除国家在充满非确定性和信息非对称的背景下采取投机主义的行为，但可以减少这种行为可能性。作为理性的国家可以进行成本收益的长期计算，通过建立国际气候制度资源更好地实现长远利益最大化。

总而言之，对于新自由主义而言，国际气候制度资源的产生是因为国家在气候谈判过程中成本过高而导致的，国际气候制度资源可以满足国家降低交易成本的需要。即国际气候制度资源具有促进彼此利益和合作的功能。新自由主义的国际气候制度资源观认为：在自利的无政府状态下，各国际行为主体为了实现共同的利益可以建立国际气候制度资源。实际上，这些气候规范和制度资源在当今的地区和全球变化的过程中的众多领域内都发挥着重大的作用。

2. 学界对于国际气候制度资源的进一步分析

尽管新现实主义和新自由主义在国际气候制度资源方面存在着不同的

---

① ［日］星野昭吉、刘小林：《冷战后国际关系理论的变化与发展》，北京：北京师范大学出版社，1999 年版，第 56 页。

② ［美］罗伯特·基欧汉著，苏长和等译：《霸权之后——世界政治经济中的合作与纷争》，上海：上海人民出版社，2001 年版，第 23 页。

看法，但它们基本上都可以归属于理性主义的旗帜之下，因为它们都以微观经济学的理性选择理论为基础。建构主义则认为无政府状态与国际行为主体互相建构，把国际气候制度资源看成是一种社会规范或社会规则，是一种主体间的社会事实，内涵上可以变化发展的。国际气候制度资源可以被看作是行为体之间相互作用的背景环境，这种环境并不是行为体理性计算的结果，而是一种由各行为主体的互动过程所建构的气候共同体。国际气候制度资源的核心是共有的知识和主体间的理解或共享的文化，在一定的意义上就是指气候规范。气候规范具有两类，分别是构成性规范和行为规范。规范可以建构行为体的认同，或者规定行为，或者两者兼有。国际气候规范结构不仅约束行动者的行为，而且还建构行为体的身份（如"气候共同体"的身份），塑造行为者的利益。

国际关系的建构主义学者对国际气候制度资源的研究主要借鉴了社会学制度主义的理论框架。社会学制度主义主要是从社会学的角度探讨文化和制度的关系。在建构主义看来，国际制度资源不只像新现实主义所理解的那样，是国家在权力基础上追求利益的工具，也不像新自由主义所认为的那样，仅仅是国家在既定偏好的情形下为了降低交易费用，克服集体行动困境，满足国家功能需而实现合作的安排。国际气候制度资源改变的不仅是国家的行为选择，还影响了行为者既有的气候认知和观念，重新建构了行为体的利益。国际气候制度资源在国际政治领域具有独立且重要的作用。

从以上的分析过程，我们可知国际制度资源观的视角不断扩展。古典现实主义对于国际制度资源的视角主要集中关注军事安全方面的制度，并认为只有拥有强大的军事权力才能保障在国际制度资源中的地位。新现实主义主要关注包括军事、经济在内的安全制度。认为经济安全与军事安全同样重要，同理，认为经济和政治类型的国际制度资源同样重要。理想主义与新自由制度主义虽然强调国际组织、国际制度资源的重要作用，但关注的焦点仍然停留在传统安全制度。随着冷战后国际局势的变化，建构主义强劲的发展势头则把国际制度资源观的关注焦点拓展到气候安全等非传统安全制度。

古典现实主义认为国家获得国际制度资源中的主导权来源于强大的军事实力，这样才能威慑对方，有效地保障安全。新现实主义认为在无政府社会里提升包括经济实力在内的整体实力是获得国际制度资源中主导权的必要途径。新自由制度主义认为通过国际会议协调能解决分歧，获得理解和安全，这是维持和发展国际制度资源的重要途径。建构主义认为更重要的维持和发展国际制度资源的因素取决于国际文化。从"霍布斯式的文化"到"洛克式的文化",再到"康德式的文化",国际关系越来越和谐。根据以上理解,现实主义气候谈判对应的是霍布斯式的无政府状态,将国际行为体之间的关系定位成敌人之间的关系,它定义的国际气候制度资源观是对主导权的相互斗争,国际气候制度资源的作用有限且依靠霸权国支撑,即悲观的国际气候制度资源观。新自由制度主义气候谈判对应的是洛克式的无政府状态,将谈判行为体之间的关系定位成竞争对手之间的关系,所以它定义的国际气候制度资源观是相互竞争又相互合作,允许对手生存。建构主义对应的是康德式的无政府状态,将谈判行为体之间的关系定位成朋友之间的关系,所以它定义的国际气候制度资源观是相互合作,即乐观的国际气候制度资源观,也使"气候命运共同体"成为可能。

(四) 国际政治资源与国际气候制度资源的关系

国际政治资源指国际政治主体在国际竞争中用来实现自身利益、贯彻战略目标所使用的物质和精神来源,亦即国际政治主体所能发挥、利用、调动的各种能力、手段与工具的总和。国际政治资源的占有状况决定了一个国家在国际社会的地位和发挥作用的能力。国际气候制度是一种推动气候治理发展的重要力量,势必会对国际政治资源产生巨大的影响,并引发国际关系气候格局的改变。纵览国际社会的发展史,参与和利用国际气候制度资源的国家,势必掌控着大量的国际政治资源,并对国际政治经济秩序产生强大的影响力。在国际竞争异常激烈的今天,国际气候制度资源已成为各国争夺国际政治资源的重要手段和工具。

1. 国际政治经济资源视角下国际气候制度资源的双重属性

一方面,国际气候制度资源本身属于国际政治经济资源的一部分,在国际气候制度资源中占主导地位的国家在国际气候竞争中必然处于优势地位。制度是构成一国综合国力的重要要素,必然对该国对外决策和对外行为拥有重要影响。一国追求国际政治经济资源,目标就是为了获得国际政治经济竞争中的优势地位,而在当今经济全球化和地区一体化的时代,掌握国际气候制度资源则使掌控权力成为可能。国际气候制度资源作为政治经济资源的根本原因在于它是国际行为体在对外目标的选择范围和对外政策的实施手段上的重要参考依据。获得国际气候制度资源的国家,不仅可以在增强综合国力的基础上提高其国际地位和国际话语权,而且可以鼓舞国民士气来增强国家的凝聚力,最终提高和加强本国在国际政治经济格局中的地位和作用，以实现其国家战略目标和维护国家利益。因此，国际气候制度资源政治化是其成为国际政治经济资源的重要动因。

另一方面，国际气候制度资源是开发国际政治经济资源的重要手段和工具。国际气候制度资源不断更新和发展，它的最大特点是动态性和更新性。国际气候制度资源的发展影响着其他政治经济资源的开发。例如，通过大量的气候协定、组织和惯例，使大片荒漠变成世界中心和交通要道，使当地的生态环境发生变化，并使这些地区在国际政治中的地位得以提高，有些国家还成为大国竞相拉拢的对象。再如，国际空间站和哈博望远镜的组建，已经成为国际制度资源交流合作迈向更高层次的力证。碳交易、碳配额、碳储存等都是国际政治经济资源，但如果没有国际气候制度资源的发展，它们仍将处于未被开发的"沉睡"阶段，自然不会被各国际行为主体所关注，当然也就无从谈及利用了。因此，将国际气候制度资源转化为对其他资源的开发工具是对国际政治经济资源综合探求和运用的基础。

2. 国际政治经济资源对国际气候制度资源的影响

第一，拥有国际政治经济资源的多寡优劣决定国际行为体在国际气候制度资源中的地位。战后国际气候趋势的演变，已使越来越多的国家政府认识到开发与利用气候制度资源是影响一个国家气候外交成败的关键因素。各国为了发展本国在开发与利用气候制度资源上的实力，纷纷制定对外积极参与的政策。各国纷纷加强气候制度领域的交流与联系，力求加快气候制度资源领域的创新和进步。欧盟作为世界重要的政治、经济体，同时也是开发与利用国际气候制度资源的先驱，凭借其雄厚的财力和对国际气候制度熟悉的人才队伍，早已制定了巩固和扩大目前在气候领域继续保持优势的发展战略，以期进一步加强在气候领域的领先地位。而部分发展中国家因其国内政局混乱，经济崩溃，社会动荡不安，人民流离失所，根本无力谈及在国际气候制度资源占据发言权，更谈不上能有所作为。这些国家国力的衰微使其大大降低了其开发国际政治资源的能力，在国际气候制度资源日益改变人类历史的时代，它们不具有参与和创建先进国际气候制度资源的能力和人才，也就丧失了提高国际竞争力所需要的必要的条件，面临着被国际社会边缘化的危险。

第二，国际政治经济资源分布不均决定了国际气候制度资源政治经济化的发展方向。国际政治经济资源并非是均衡分布的，对于国际行为体来说，国际政治经济资源的分布不均是引发国际竞争的根本原因。而在无政府的国际社会，唯有实力才是确保各国际行为主体在国际竞争中取胜的法宝。开发与利用国际气候制度资源的深度和广度、在国际气候制度资源中的地位和作用、和其他参与者的关系都与国际行为体掌控国际政治经济资源的多少有着密切的联系。参与国际气候制度资源的能力是以经济实力为基础的,在当今世界,西欧、北美等拥有雄厚政治经济实力的国家,在国际政治经济舞台上发挥着重要的影响力,拥有着巨大的国际政治经济资源,它们决定着新国际气候制度资源的创建和发展方向,成为全球化时代当然的"领头雁"。这些国家拥有着广大发展中国家无可比拟的开发与利用国际气候制度资源的实力和迅速将资源的成果转化为财富的能力。诚然,伴随国际政治经济资源分布转移的过程,最终国际气候制度资源的主导权必然会由掌握大量国际政治经济资源的发达国家向新兴工业化国家,再向发展中国家转移的"雁阵"模式,但是这一过程是曲折而复杂的。因此,国际气候制度资源政治经济化是由国际政治经济资源密集区向国际政治经济资源贫瘠区方向发展。

3. 国际气候制度资源对国际政治经济资源的作用

首先,国际气候制度资源优势影响国际政治经济资源优势。国际行为体争夺国际政治经济资源的根本目的是想获得权力。权力分为行为权力和资源权力,而行为权力分为"硬权力和软权力"[①]。无论是经济"胡萝卜"还是军事"大棒",长期以来,诱敌或迫使他者就范一直都是权力的核心要素,即对他国的"控制力"[②]。这其中的涵义包括能控制别国,但不会被别国控制。拥有了权力优势,也就拥有了对他国的"控制力"。非对称性相互依赖是硬权力的重要来源,不轻易受到摆布,或在相互依赖关系中以低成本摆脱控制的能力是一种重要的权力资源。相对地,较容易对他者施加影响,或在相互依赖关系中以较低成本施加控制的能力,也是国际行为体一直追逐的目标。

在国际社会仍然重视硬权力的背景下,各国际行为主体在国际气候制度资源中地位和作用的不对称可以极大地增强相互依赖关系中脆弱性较小一方的能力。国际政治经济资源的不对称分布决定了信息化时代权力中心分布的不均衡,而因为国际气候制度资源发展的惯性和国际气候制度资源发展的厚积性决定了这种不均衡分布的相对稳定,同时也保证了拥有权力优势的国际行为体在国际政治经济资源开发进程中享有优越性的延续。至

---

① Joseph Nye, *Bound to lead: The changing nature of American power*, New York: Basic Books, 1990, pp. 31—32. 转引自罗伯特·基欧汉、约瑟夫·奈著,门洪华译:《权力与相互依赖》,北京:北京大学出版社,2002年版,第263页。

② 马丁·怀特著,宋爱群译:《权力政治》,北京:世界知识出版社,2004年版,第66页。

于那些政治经济不发达且极度缺乏国际气候制度资源人才的国家，不仅没有这种能力，而且连参与开发国际政治经济资源的权利都被剥夺了。

其次，区域性气候制度资源进一步加强了国际政治经济资源的不均衡分布。现在的国际社会，实际上是在广阔的落后人群中分布着少数地区性气候制度孤岛，并由这些制度孤岛向岛外人群进行制度成果梯度转移。这些地区性制度孤岛就是北美、西欧等极少数拥有国际气候制度资源创始能力的发达国家地区群，这些国家拥有着紧密联系气候的低碳生产、流通、销售的制度网络，并以丰厚的待遇吸引着世界各地的人才向之流动，使之进一步增强了开发国际政治经济资源的能力，最终使国际政治经济资源向世界主要参与国际气候制度资源成熟的大国流动。与此相反，广大的发展中国家因为政治经济实力不足，气候治理对外依赖程度过大，也就丧失了在国际气候制度资源领域的主动权和发言权。因此，国际政治经济资源流动的不平衡性在国际气候制度资源时代具有加剧发展的趋势。

其三，国际气候制度资源初创国在国际政治经济资源开发中占据领导地位。国际气候制度资源大国往往是标准的创立者和信息系统的设计者，尽管国际气候制度资源的发展在某些方面帮助了海岛国甚至惠及全球，但由于初创国际气候制度资源的形成和维护通常需要超强实力和巨额资金的投入，在激烈竞争和技术垄断的现实环境里，处于前沿的发达国家无疑处于有利地位。国际气候制度资源霸权，指的是"某个或某些国家利用主导的国际气候制度资源的主导权来推行霸权主义和强权政治的手段和途径"①。正如人们的工作与生活越来越离不开国际制度资源带来的便利一样，国际气候制度资源的霸权国也越来越将国际气候制度资源作为其推行霸权政策的载体。拥有国际气候制度资源霸权的国家，最终将获得对国际政治经济资源的开发优先权和支配权，而处于参与和利用国际气候制度资源落后的国家，只能眼睁睁看着国际政治经济资源被他国开采而自身无能为力。

（五）开发与利用国际气候制度资源的意义

开发与利用国际气候制度资源对于今天的国际关系行为体十分重要，具体来说，其重要意义在如下几个方面：第一，开发与利用国际气候制度资源是构建国际新秩序的基础，有助于世界各国的可持续发展。国际气候制度资源的出现是一种历史的进步，是国际气候治理走向规范化的标志，

① 冯宋彻：《科技革命与世界格局》，北京：北京广播学院出版社，2003 年版，第 125 页。

且为未来国际气候新秩序的建立提供了可能。显然，开发与利用国际气候制度资源与国际气候秩序有着天然的联系，国际气候新秩序的形成是以开发与利用国际气候制度资源为依据和基础的。无政府状态虽然是国际政治的基本特征，但是无政府不等于无秩序。

事实上，从主权国家体系出现以来，人类一直致力于建立某种秩序化的国际社会。国际秩序的形成，一定意义上就是各方妥协的结果。而唯一能促使各国在互动中逐步达成妥协的，只能是相对合理、能为绝大多数国家所认同和接受的国际制度。因此，如果没有国际气候制度资源的存在，则国际社会不只是处于无政府状态，也不会出现任何国际气候秩序。国际社会从无序走向有序的过程，离不开开发与利用国际气候制度资源的作用，可以说，国际气候秩序的建立正是以国际气候制度资源的形成为标志的。

1648 年《威斯特伐利亚条约》的签订，确立了主权国家无论大小，不论是战胜国还是战败国，都有权派出代表参加国际会议，解决国际争端的原则。这就是一种典型的国际制度形式。同时，它也标志人类历史上第一次出现了主权国家间相互承认生存的国际秩序。此后，人类一直在战争与和谈的反复中，谋求构建更稳定的国际秩序。《京都议定书》的成立，可以说是人类建立世界范围的国际气候秩序的第一次尝试。虽然这并不是一次很成功的尝试，但是《京都议定书》在人类对气候秩序的探索中迈出了重要一步。正是这次尝试为 170 多个国家共同达成的《巴黎协定》这一新的国际气候秩序奠定了基础。

事实证明，以《京都议定书》为中心的国际制度安排对国际气候秩序的形成，对避免大规模气候冲突和维护环境起到了关键性的作用。而国际气候秩序的演化，也将借助国际气候制度资源的形式来进行。传统的国际秩序主要是战争中胜利的大国分享果实、在相互的较量和平衡中达成妥协的结果。这与国际气候制度追求"平等互利"的基本价值取向本质上是相悖的。因此长期以来国际制度资源频频在强权的压力下陷入困境。而新时代各国纷纷提出建立"利益共享"型国际气候新秩序的主张，这与国际气候制度资源的价值取向是相符的。因此有理由相信，开发与利用国际气候制度资源在未来的国际气候新秩序的构建中将发挥越来越重要的作用。

第二，开发与利用国际气候制度资源推动了全球化的进程。从本质意义上讲，全球化意味着国际行为体之间的交流与沟通。气候争端的发生，在许多时候就是国家间缺乏理解和沟通所导致的。而开发与利用国际气候制度资源不仅能够为这种全方位、多层次的交流与沟通提供现实的渠道，进而增进理解与合作，且国际气候制度本身也可以在其中发挥居间调停和斡旋的作用，避免矛盾升级为冲突甚至战争。各种政府间国际组织、国际会议成功地为主权国家之间的持续交往提供了广阔的空间，使彼此理解对方的观点和利益成为可能，从而有助于在国际气候领域内减少摩擦和促进国际合作。

诸多非政府间国际气候组织便利了非国家行为体之间的广泛沟通，促成了全球范围的气候合作和交往。还有各种涉及绿色产业的跨国公司，也成为积极推动全球化进程的主要行为体。这就使各国政府对彼此的政策更为敏感，国内政策与对外政策的界限越来越模糊，本国政策与对外政策的关联性越来越强。并且，随着技术控制与环境治理问题的发展，这种趋势还会持续。另外，开发与利用国际气候制度资源还能够相对高效地搜集气候信息，合理地配置其他各种资源，对于督促和帮助人类克服共同面对的气候难题具有非常重要的意义。例如，正是由于环保组织坚持不懈地发布关于世界环境污染情况的报告，全球环境恶化的状况才引起了各国的共同关注。而且，环境保护等全球性问题牵涉到各国的利益，其间潜伏着种种矛盾，国际气候制度资源的信息功能有助于各国认识到世界各国之间特别是工业化国家与发展中国家之间的相互依存程度和问题的紧迫性，从而有力地要求它们放弃短期利益，"强化合作意识并承担相应的义务"[①]。因此，开发与利用国际气候制度资源就对全球化的快速发展起到了推助作用。

第三，开发与利用国际气候制度资源有助于改善当今世界发展不平衡的状况。虽然国际制度通常是由霸权国强制或主导建立的，体现了大国的意愿和要求，但是国际制度一经建立，便有了相对独立性。国际气候制度资源就不再是霸权国手中的工具，也代表了国际社会的整体需要。霸权国主导建立国际气候制度是为了控制和管理其霸权范围，但这些国际气候制度也同时束缚了霸权国为所欲为的手脚，迫使其带头遵循国际气候制度。国际气候制度成为霸权国提供的"公共物品"[②]，如果霸权国不继续提供或率先违反，势必带来动荡。并且，国际气候制度资源培育的合作本身可以缓解国际气候制度中固有的不平等状况。

随着国际气候制度的运转和调整，尤其是不同成员的参与，必然会对国际气候制度资源的发展产生影响，从而使其逐步摆脱大国的控制，越来越多地反映出各成员的普遍要求。国际气候制度资源为各国代表会晤与讨

---

① 王杰：《国际机制论》，北京：新华出版社，2002年版，第218页。
② 门洪华：《和平的纬度：联合国集体安全机制研究》，上海：上海人民出版社，2002年版，第100页。

论问题提供了非常便利的场所，通过对重大国际气候问题的讨论，多数国家的声音足以形成国际舆论的主流，具有权威性。随着国际气候制度资源力量的逐步增强，非主导国家甚至贫弱国家也有可能在国际气候体系中享有相应的地位并承担一定的责任。在召开或争取召开一系列国际气候会议的过程中，发展中国家团结起来的战略态势逐渐成型。这对于改善当今世界各国间政治经济发展不平衡的状况具有不可忽视的意义。例如，在气候大会方面，生态能力最为脆弱的海岛国家得到了反映共同意愿的论坛，海岛国家可以通过联合起来的力量争取权益，甚至也能够挫败大国的挑衅，这不能不说是一种历史的进步。在经济领域，国际气候制度有一项主要原则就是对发展中国家进行气候方面的经济援助。同时，它还把为发展中国家提供技术援助和培训作为一项重要职能。这就使发展中国家可能获得更大的收益，对于提高全人类的气候治理水平具有积极意义。

总体而言，在国际气候制度的参与数量上，中国后来居上，成为参与程度较高的国家之一，已经从游离于国际气候制度外的国家转变为国际气候制度的维护者与支持者。但就大多数全球性国际气候制度而言，中国不是首创者。中国参与程度在加深，但在议程设置能力、利用国际气候规则的技巧等方面显然有待提高。国际气候制度资源是一种无形的社会性资源。资源一词本来意味着生产资料或生活资料的天然来源。这种天然来源经过人的改造和开发就转化为社会性资源。由于国际气候制度是国际行为体创建并用来提供交换的激励结构，本身是为消除或减缓交换中的不确定性，因而国际制度本身便成了重要的资源。行为体的社会属性便决定了制度这种由行为体创建和参与的重要资源天生就是一种社会性资源，像其他资源一样，气候制度资源在被开发和利用的过程中，营造了人类生活的基本环境氛围，满足了国家交往的需要，成为人类生存与发展的重要组成部分。经济的增长，社会的发展，人类的进步与国际气候制度资源的开掘和充分利用有极其密切的关系。

国际气候制度资源是影响国际政治、经济的重要因素。引入国际气候制度作为国际政治、经济变化的重要变量，并探究国际气候制度启动国际政治、经济变化的内在机制，是笔者研究的兴趣点。国家内部气候制度与国际气候制度的磨合影响着行为体对外开发与利用国际气候制度资源的深度和广度，从而影响其在气候领域的国际地位和国际话语权。行为体在开发与利用国际气候制度资源过程中存在着诸多影响因素，积极的制度参与和制度创新是行为体开发与利用国际气候制度资源的必由之路。这既是过去的经验总结，也是未来的发展展望。

第三章
欧盟气候话语权的建构之路

气候变化是全球最重要也最紧要的公共议题之一。人为因素造成影响的证据不断增加，行动的紧迫性日益提高。2014 年 11 月，政府间气候变化委员会（IPCC）第五次评估已经在大气和海洋的变暖、全球水循环的变化、积雪和冰的减少、全球平均海平面的上升以及一些极端气候事件的变化中检测到越来越多的人为影响。[1] 自 1992 年签署《联合国气候变化框架公约》（以下简称公约）以来，国际社会在公约框架下已走过 20 余年艰辛的气候变化谈判历程。这其中堪称里程碑式的成果：首先是《京都议定书》，这是国际气候谈判的基础性文件，也是唯一一份确定了具有法律效力的量化减排指标和国家集体目标的文件。其次是《巴黎协定》。2015 年，近 200 个国家在巴黎达成历史性协定，确定了"自主提交 + 审查"的减排模式和 2℃警戒线的温控目标，成功为"后巴黎进程"定调。

欧盟是国际气候谈判的最初发起者，是全球减排最主要的动力，也是从京都大会到巴黎大会的进程中最积极的参与者之一，并希望担当谈判领导者的角色。[2] 联合国气候大会谈判从通过《京都议定书》开始，经过起伏波折，经过"巴厘路线图"、德班平台等京都进程中的重要成果后，终于在 2015 年达成《巴黎协定》，此后又经历了美国退出《巴黎协定》的挑战。回顾这一演化过程，自上而下的减排模式转变为自下而上，减缓、适应、资金等领域都得到了细化，欧盟是推动这些变化的重要力量。笔者通过考察从京都气候大会到哥本哈根气候大会，再到巴黎气候大会，欧盟取得的成果以及面临的挑战，旨在从话语权建构的角度，一窥欧盟逐步建立国际气候话语权的过程。

欧盟建立了全球首个碳排放交易体系，积极通过制度和政策创新减少温室气体排放，率先推行市场化减排机制，借示范作用号召更多国家采取

---

① 政府间气候变化专门委员会：《第五次评估报告：第一工作组报告》，《决策者摘要》2014 年，第 15 页。

② 崔大鹏：《国际气候合作的政治经济学分析》，北京：商务印书馆，2003 年版，第 103 页。

行动，并首先将温室气体的减排目标量化为 2℃警戒线。欧盟除了出于对气候变暖的忧虑，也是因为气候议题可以充当让欧盟一致对外的粘结剂角色，对成员国有凝聚作用，同时也帮助欧盟在外交上取得更大话语权。回顾京都第 3 次缔约方大会到巴黎第 21 次缔约方大会，可以发现欧盟和国际气候谈判的进展联系紧密。气候谈判并非一蹴而就，而更多是螺旋式的过程。欧盟也曾因激进的减排目标饱受批评，在哥本哈根会议上更是受到重大打击，但在调整气候政策和谈判策略后，欧盟在坎昆会议、巴黎会议上都取得了明显的胜利，成功按照己方立场建构了会议达成的最终协议。

一、欧盟促成且挽救《京都议定书》

《京都议定书》的签订是欧盟争取气候变化谈判领导权的第一步。当时的美国政府质疑减排的合理性，认为减排会带来很大经济负担，转而强调国际气候大会谈判仅仅旨在机制建设，而回避强制性减排。与之相反，欧盟及其成员国是坚定支持减排的重要力量。欧盟成员国挪威率先提出了"2000 年碳排放达到峰值"[1] 的目标，德国、荷兰、丹麦之后也很快提出了类似的目标。在京都召开的缔约方大会上，欧盟正式承诺在议定书第一个承诺期，即 2008 年到 2012 年间，温室气体排放量将在 1990 年的程度上减少 8%。最后通过的议定书在文本层面规定了有法律约束力的量化减排指标，主要内容包括：要求附件一国家（发达国家）在 2008 年到 2012 年期间减排 5.2%，基准是 1990 年的排放量，并规定了各国的减限排指标；三种灵活的市场化减排机制，分别为国际排放贸易、清洁发展机制、联合履约机制；建立适应基金，以帮助附件二国家（发展中国家）应对气候变化带来的负面影响。

但由于议定书必须在得到占二氧化碳排放量 55% 的国家同意后才能生效，"当占 36.1% 的美国于 2001 年声明退出后，只占 24.2% 的欧盟必须说服包括日本、俄罗斯在内的其他发达国家同意签署"[2]。欧盟由此展开了为《京都议定书》的艰难游说过程。欧盟代表团多次访问日本、俄罗

---

① Steinar Andresena, Shardul Agrawala, "Leaders, pushers and laggards in the making of the climate regime", *Global Environmental Change*, Vol. 12, No. 1, 2002, p. 45.

② Miranda A. Schreurs and Yves Tiberghien, "Multi-Level Reinforcement: Explaining European Union Leadership in Climate Change Mitigation", *Global Environmental Politics*, Vol. 7, No. 4, 2007, p. 1.

斯，欧盟首先从《京都议定书》的"京都"两字着手拉拢了日本，又以批准俄罗斯加入世界贸易组织为条件赢得了俄罗斯最终同意签署《京都议定书》。2005 年，《京都议定书》最终正式生效，在澳大利亚于 2007 年巴厘气候大会上宣布加入议定书后，至今没有签署议定书的发达国家就只剩下美国。欧盟的行为实质上挽救了《京都议定书》，在后来的京都进程中也是实际的领导者、最积极的建构者，这也奠定了欧盟气候话语权的开端。

二、欧盟成为全球气候议题的主导者

虽然《京都议定书》顺利达成，但包括履约机制、核算规则在内的许多技术性细节还需要进一步充实和完善。后京都时代在初期因为第一大排放国美国的缺席以及南北矛盾而陷入低潮，发达国家总体的消极态度更是令发展中国家失望。谈判从 1998 年开始，由初期的"布宜诺斯艾利斯行动计划"，2000 年海牙会议出人意料的失败，到 2001 年 6 月召开波恩续会，协商和谈判持续到该年年底才通过了《马拉喀什协定》①，一揽子地解决了当中错综复杂的问题。2007 年，经过两年的酝酿期，国际气候谈判进入"巴厘路线图"阶段，开启《京都议定书》低潮期以来的新阶段。巴厘气候大会的主要目标是"为在议定书 2012 年到期后达成新协议确定谈判'路线图'"②。当时各国的共识是在 2009 年前达成约束发达国家的"减排新目标"③，因此巴厘大会的结果越是有力、精确，之后召开大会讨论时就会越高效，未来取得重大成果的可能性也越大。

（一）欧盟推动巴厘大会谈判

在巴厘气候大会上，发展中国家督促发达国家履行既有承诺；马尔代夫代表最不发达国家集团强调应将适应基金应用于清洁发展机制之外的灵活减排机制，包括国际航空、海运。葡萄牙代表欧盟发言："要求未来 10 到 15 年全球温室气体必须停止增长，督促在 2009 年之前达成广泛的全球

① 张晓华、祁悦：《应对气候变化国际合作进程回顾》，http：//www.ncsc.org.cn/article/yx-cg/yjgd/201508/20150800001509.shtml，访问日期：2017 - 04 - 27。
② Margaret M. Skutsch and Eveline Trines, "Report from the UNFCCC meeting in Bali", http：//onlinelibrary.wiley.com/doi/10.1111/j.1365 - 2028.2008.00943.x/pdf，访问日期：2017 - 04 - 27。
③ Peter Christo, "The Bali roadmap: Climate change, COP 13 and beyond", *Environmental Politics*, Vol. 17, No. 3, June 2008, pp. 466 - 472.

协定。"[1] 欧盟对于大会的立场与重点为：确定包括 2℃警戒线、2050 年温室气体排放减少一半的计划，为在哥本哈根大会上达成新的全面协定确定协商和行动路线图，确定减缓、技术、减排、毁林等八大基础构件，并建立相关机制。欧盟认为"发达国家需要表现更大的减排决心，并暗示发展中国家也应做出可量化、带有积极意义的贡献"[2]。而美国提倡灵活的自愿减排机制，一直阻挠强制量化减排。

欧美之间原本一直存在激烈的气候变化话语权竞争，但美国在巴厘气候大会上已经越发失去政治影响力。究其原因，一是美国没能提出可商讨的替代性方案，二是在大会上"伞形集团"（Umbrella Group）[3] 表现松散，没有坚定地绑在一起，提出的方案也并不一致。巴布亚新几内亚代表直接指责美国代表干涉会议，并获得其他与会代表的拍手称赞。德国代表则威胁称："如果美国不支持减排将抗议美国领导的'经济大国'进程。"[4]

会中，欧盟联合发展中国家，尤其是"77 国 + 中国集团"，推动会议在既定大方向上前进。美国坚持发展中国家也应有所行动，承担减排责任，并要求在文本上"去掉 2020 年前减排 25%—40% 的目标和其他具体规定"[5]。后者是欧盟的主要立场之一。各方在谈判中因侧重和观点不一而几度陷入僵持。最后，美国、欧盟、发展中国家均有所妥协。欧盟同意在决议中去掉发达国家集体减排目标和 2050 年碳排放量减半等内容，美国也不再要求发展中国家承担减排责任。

（二）巴厘气候大会的最终成果

最终巴厘气候大会的成果主要为形成"双轨机制"。"双轨机制"有两层意义：一是两个特设工作组（"《京都议定书》第二承诺期谈判特设工作

① "Summary of the Thirteenth Conference of Parties to the UN Framework Convention on Climate Change and Third Meeting of Parties to the Kyoto Protocol", 2007, *Earth Negotiations Bulletin*, Vol. 12 No. 354, http：//www. iisd. ca/climate/cop13/，访问日期：2017 - 05 - 01。

② "Statement by Portugal on Behalf of the European Community and its Member States", https：// www. consilium. europa. eu/uedocs/cmsUpload/ST-AWG%204-Open%202. pdf，访问日期：2017 - 05 - 01。

③ "伞形集团"是一个区别于传统西方发达国家的阵营划分，特指在当前全球气候变暖议题上不同立场的国家利益集团，具体是指除欧盟以外的其他发达国家，包括美国、日本、加拿大、澳大利亚、新西兰、挪威、俄国、乌克兰。因为从地图上看，这些国家的分布很像一把"伞"，也象征地球环境"保护伞"，故得此名。

④ Jonathan Lash, "The Road From Bali", December 18, 2007, http：//www. wri. org/blog/ 2007/12/road-bali，访问日期：2017 - 05 - 01。

⑤ "Deal agreed in Bali climate talks", http：//www. theguardian. com/environment/2007/dec/15/ bali. climatechange4，访问日期：2017 - 05 - 25。

组"和"长期合作行动特设工作组")的双轨安排;二是"巴厘路线图中对于附件一国家减排承诺"和"附件二国家国家适当减缓行动的双轨安排"①。大会确立了四大构件(building block),即减缓、适应、资金和技术,以及共同愿景;大会明确气候变化行动的可测量、可报告和可核证原则(measurable,reportable,verifiable),该原则不仅约束发达国家,也适用于发展中国家。

巴厘气候大会最主要的成果是通过"巴厘路线图",作为京都进程的谈判基础,并建立"《公约》框架下的长期合作行动特设工作组"(AWG-LCA),工作组向公约和议定书的所有缔约方开放,基本职能是在每年的缔约方大会间隙进行谈判。② 以上最终成果基本与欧盟最初的设想相符。但总体而言,由于缺少具体细则,大会结果失之宽泛,既没有制度化规定,也没有表现出足够的政治决心,而且没能明确最终成果的法律形式。另外,双轨谈判还模糊了附件一国家和附件二国家的明确界定,协议的决策和设计思路已经显露出由自上而下的方式向自下而上演化的端倪。

表3—1 巴厘气候大会之前的会议进程及最后政治结果③

COP1	柏林授权	启动强化附件一国家承诺的进程
COP2	《日内瓦宣言》	
COP3	《京都议定书》	设定有法律约束力的附件一 国家减排目标和时间表
COP4	《布宜诺斯艾利斯行动计划》	
COP6	《波恩协议》	美国宣布不会签署《京都议定书》
COP7	《马拉喀什协定》	
COP8	《德里宣言》	重申发展和脱贫是发展中国家的优先议题,强调适应的重要性

① 张晓华、祁悦:《应对气候变化国际合作进程回顾》,http://www.ncsc.org.cn/article/yx-cg/yjgd/201508/20150800001509.shtml,访问日期:2017 – 04 – 27。

② 谷德近:《从巴厘到哥本哈根:气候变化谈判的态势和原则》,《昆明理工大学学报(社会科学版)》2009年第9期,第30—36页。

③ UNDP, "The Bali Road Map: Key Issues Under Negotiation", http://www.undp.org/content/dam/undp/library/Environment%20and%20Energy/Climate%20Change/Bali_ Road_ Map_ Key_ Issues_ Under_ Negotiation.pdf,访问日期:2017 – 05 – 01。

续表

COP1	柏林授权	启动强化附件一国家承诺的进程
COP10	《布宜诺斯艾利斯行动计划》及应对措施工作项目	讨论发达国家后 2012 减排目标，通过《马拉喀什协定》，建立全球长期合作论坛
COP12/CMP2	内罗毕计划的影响及适应工作项目	通过有关资金流动的决议
COP13/CMP3	"巴厘路线图"	巴厘行动计划以及双轨谈判，为预计于 2009 年达成的未来新协议协商过程划定路线

注：本表由笔者绘制。

三、欧盟气候领域领导地位遭遇挑战

（一）欧盟在哥本哈根气候大会被边缘化

2009 年，世界目光聚焦于哥本哈根。根据前文所述的"巴厘路线图"的规定，哥本哈根大会各国将协商达成 2012 年后气候变化进程的最终成果，取代《京都议定书》的新协议将诞生。大会召开前三个月，主要大国似乎都表现出了主动合作的迹象。在欧盟的示范领导下，日本也承诺了高达 25% 的 1990—2020 年减排目标；美国承诺在 2005 年至 2025 年间减排 30%，并在 2030 年前提高到 42%。中国、印度也宣布了类似的碳减排动向。[①] 然而，过高的政治预期并未能带来理想的结果。随着会议临近，会前谈判形势不容乐观，谈判进展缓慢，且远未达到足够在哥本哈根形成一致意见的水平。欧盟在会前的内部和公开协商中曾设想过哥本哈根大会四种可能的结果：一是达成有法律效力的完整协定；二是仅达成部分重要决议；三是仅形成政治宣言；四是没有结果。两个特设工作组提前在波恩、曼谷、巴塞罗那进行了多次会面，但当巴塞罗那的会议结束，各国的态度仍不积极，似乎已经预示着不可能在哥本哈根达成具有法律效力的协定。

欧盟在哥本哈根谈判中被边缘化。哥本哈根会议谈判中各方的讨论焦点集中于四点：首先是《京都议定书》的未来。包括欧盟成员国、日本、加拿大等在内的附件一国家不愿意执行新一轮的减排目标，除非美国、中国等排放大国也接受约束，发达国家希望达成能代替《京都议定书》的新

① Radoslav S. Dimitrov, "Inside Copenhagen: The State of Climate Governance", *Global Environmental Politics*, Vol. 10, No. 2, 2010, pp. 18–19.

协议，而不是延长第二期，而发展中国家则坚持保留《京都议定书》。其次是全球温升的最大值，确定为2℃还是1.5℃或更低，以及碳集中量和集体减排目标。其三，在减排和决策途径上，各国气候行动目标的决策方式是应该自上而下还是自下而上，有关耕地、森林政策所致排放量等问题。最后，也是一个尤其棘手的争论点是发展中国家的减排行动是否也应受到前文提到的"三可原则"的约束。

欧盟也意识到达成理想结果的困难，因此把目标从达成有法律约束力的全面协议降低为达成部分重要决议，希望涵盖"巴厘路线图"中的关键因素，并尽可能争取气候协议的升级。欧盟认为最后通过的哥本哈根气候大会协议应该包括如下四个重点：一是减排指标和资金承诺。发达国家在1990—2020年间减排30%，发展中国家在2020年前应比目前的温室气体增长率降低15%—30%，建立快速启动资金，助力发展中国家应对气候变化的能力建设（Capacity Building）。二是关键架构组建。其具体细节包括：（1）建立审查发达国家和发展中国家减排的架构；（2）构建统一行动框架；（3）建立发展中国家减少毁林、森林退化所致排放量并促进可持续发展（REDD＋）的框架；（4）确定发达国家用地和林业所致排放量（LU-LUCF）的核算细则；（5）碳市场框架；（6）加强技术合作框架。三是快速启动协议。为了便于立即执行《哥本哈根协议》的关键内容，欧盟希望各国达成协议后立即迅速执行。四是对后续进程的规划和要求。应达成具有法律约束力的新协议，涵盖《京都议定书》的核心要素，并确定约束所有发达国家（包括美国）的新的减排承诺，同时要求发展中国家展开减排行动，而且协议应该得到普遍签署。

从上述欧盟的立场和设想来看，欧盟可以说是踌躇满志，对达成《哥本哈根协议》有很大信心，不仅希望弥补《京都议定书》的缺憾，还要向前一大步，并将美国拉回气候变化谈判的主流进程。欧盟还明确表示："在已承诺1990—2020年间减排20%的基础上，若其他工业国也能采取可比较的行动，欧盟将进一步将排放量削减到30%。"① 然而，实际发展与欧盟的计划大相径庭。大会前一周半，两个特设工作组的会前讨论几乎毫无进展。大会期间，不仅谈判几度陷入僵持乃至停滞，而且最后谈判进程基本脱离了欧盟的既定方向，被他国主导。欧盟理想化的政策倡议在南北僵

---

① "The Copenhagen Climate Conference：Key EU Objectives"，http：//europa. eu/rapid/press-re-lease_ MEMO-09-534_ en. htm，访问日期：2017－05－01。

持、矛盾激化的大会上显得不切实际，导致其被其他缔约方否定或忽视。最后几天，协议达成仍遥遥无期，大会急遽转变为美国同基础四国私下达成协定，促成了《哥本哈根协议》[1]，而长期以来自命为"气候治理领军人"的欧盟则在谈判中被边缘化。

（二）哥本哈根会议的最终结果

《哥本哈根协议》的最终内容包括：（1）共同愿景。各国同意大幅削减排放量，确定 2℃或 1.5℃警戒线封顶以及到 2050 年温室气体排放减半的长期目标。（2）发达国家减排。允许附件一国家自己决定减排目标、基准年和核算规则，依照公约规定的统一格式提交减排目标即可，附件一国家可以选择单独或联合落实排放指标，以国际可衡量、可报告、可核证的方式。（3）发展中国家减缓。附件二国家（发展中国家）在可持续发展的背景下执行缓解行动，根据本国可衡量、可报告、可核证的方式，并通过国家信息通报每两年报告一次。

由于上述内容在很大程度上主要由包括所有主要经济体在内的 25 国私下协商达成。[2] 尼加拉瓜、玻利维亚、巴基斯坦等 7 国坚持反对协议，抗议大国不遵守程序民主，最终大会没能正式通过协定，而是这样的一句结论："缔约方大会注意到 2009 年 12 月 18 日的《哥本哈根协议》"[3]。这导致《哥本哈根协议》仅仅作为政治宣言，而变成一纸空文，对公约进程造成沉重打击，也是欧盟自确立气候外交战略以来直面的第一次重大挫折。但就其实质内容而言，《哥本哈根协议》涵盖了一些共识：如"2℃或 1.5℃警戒线、2050 年温室气体排放减半、双轨安排"[4] 等内容，而这些其实也是《坎昆协议》中的重要组成。

《哥本哈根协议》的主要问题不在于文案，而是程序的问题。原因一是各方立场分化，而两个特设工作组陷入重复累赘，没能有效和充分地进

---

① 冯存万、朱慧：《欧盟气候外交的战略困境及政策转型》，《欧洲研究》2015 年第 4 期，第 99—100 页。

② Daniel Bodansky，"The Copenhagen Climate Change Conference：A Post-Mortem"，http：// www. fao. org/fileadmin/user_ upload/rome2007/docs/Copenhagen_ Climate_ Change. pdf，访问日期：2017 – 05 – 01。

③ "Report of the Conference of the Parties on Its Fifteenth Session，Held in Copenhagen From 7 to 19 December 2009. Part Two：Action Taken By the Conference of the Parties At Its Fifteenth Session"，http：//unfccc. int/resource/docs/2009/cop15/eng/11a01. pdf，访问日期：2017 – 05 – 01。

④ 张晓华、祁悦：《应对气候变化国际合作进程回顾》，http：//www. ncsc. org. cn/article/yx-cg/yjgd/201508/20150800001509. shtml，访问日期：2017 – 05 – 01。

行协商；二是协商一致原则与大国主导间的矛盾。以往大会分歧往往集中于南北矛盾之上，但在哥本哈根大会上其他矛盾也开始凸显，以往的南北格局有所松动。至于内容，《哥本哈根协议》将减排目标大而化之，回避了 2012 后国际气候进程成果的法律形式。《哥本哈根协议》还正式确定了自下而上的减排途径，为未来"自主提交＋审查"的自愿减排模式奠定了基础，在这一意义上，可以说谈判进程已明显偏离了欧盟坚持的强制减排轨道。

哥本哈根大会让欧盟遭受重挫，但对美国而言，却是其在气候治理领导队伍的再次回归。此外，中国在谈判中的影响力也越来越大。哥本哈根大会之后，欧盟针对大会的失败进行了认真反省。2009 年 3 月，欧盟委员会发布文件："承认哥本哈根大会结果没能达成欧盟的目标，但认为至少协议展示了主要大国愿意为气候变化付出更大努力的决心。"[1] 而且，哥本哈根会议的结果，如 2℃或 1.5℃警戒线、主要大国加入协议等，也算是向未来达成具有法律约束力的全球协议更进一步。在此之后，欧盟调整了气候政策和气候外交策略，更加注重内部气候治理的对外示范意义，与此同时，欧盟高调的气候话语权建构进程也变得更加务实而低调。

四、欧盟借《巴黎协定》重新掌控话语权

（一）欧盟调整气候政策迎接德班大会

欧盟在气候政策上，在保持 2℃警戒线等核心目标的同时，欧盟还加入了环境完整性（Environmental Integrity）的概念，而在强制减排上则已经有所松动。外交上，欧盟力图弥补之前因要求发展中国家履责、忽略脆弱国家而导致的失误。因此欧盟除在加强与主要经济体沟通的同时，欧盟还与小岛屿国家联盟、拉丁美洲与加勒比海国家等结成"气候自愿联盟卡塔纳赫论坛"。[2] 欧盟内部经过激烈争论，决定在是否延长《京都议定书》第二期上持欢迎协商的开放态度，可以有条件地接受，改变了原本一定要以新协议取代《京都议定书》的态度。这样一来可以安抚最不发达国家集团

---

① European Commission, "International climate policy post-Copenhagen: Acting now to reinvigorate global action on climate change", http://eur-lex.europa.eu/LexUriServ/LexUriServ.do?uri=COM: 2010:0086:FIN:EN:PDF, 访问日期：2017－07－01。

② 冯存万、朱慧：《欧盟气候外交的战略困境及政策转型》，《欧洲研究》2015 年第 4 期，第 99—113 页。

与小岛屿国家等与欧盟的关系，也不会与中国、印度等要求延长第二期的新兴经济体产生直接冲突。事实证明，正是与小岛屿国家等气候变化积极力量的联盟有力地推动了欧盟德班目标的实现。

德班气候大会的目的在于三点：首先是巩固前期气候协议的成果；其次是决定《京都议定书》到期后是延长还是换之以新协议；最后是明确气候大会的整体协商进程方向并确定最终目标。[①] 对于德班大会，欧盟的主要立场为：一是不反对延长《京都议定书》第二承诺期。呼吁发达国家加大减排力度，划定温室气体排放达峰的时间，同时指出新兴经济体也应当承担气候责任。二是建立绿色气候基金、技术机制及适应气候变化委员会机制运行规则，并增加可衡量、可报告、可核证原则的透明度和条款细节。三是帮助发展中国家能力建设（Capacity-building），动员公共和私人基金提供气候适应与减缓的资金，商定长期融资的具体计划，确定融资来源，提高科技研发投入，推行可持续发展。欧盟的核心目标之一是通过"德班路线图"，为达成 2012 年后全面、有雄心和法律效力的协定明确行动路径和协商平台。

（二）德班平台的诞生

推动建立"德班路线图"展现了欧盟战略的灵活性，该倡议得到了主办国南非和其卡特纳赫论坛盟友的支持。欧盟也说服了巴西等拉美大国加入，后者将美国也拉了进来，在中国表示愿意承担国际责任后，余下的国家便只有印度站在对立面，坚称不能迫使发展中国家承担责任。最后，欧盟与印度的分歧集中在 2012 年后协定的法律形式上。欧盟明确要求达成"议定书"或"法律文书"，而印度认为目前的阶段应该对此保持开放选择。[②]

德班气候大会最终通过决议，其文本内容大体与欧盟的立场符合，尤其是德班行动平台的建立，这也是德班大会最主要的成果。实质上，最终协议就是欧盟联合小岛屿国家联盟、最不发达国家集团等共计 120 个国家联合推出的"欧盟路线图"。[③] 作为回报，欧盟也正式宣布支持《京都议定

---

① The Climate Group, "Durban: Post-COP17 Briefing", http://www.theclimategroup.org/_assets/files/COP17—Post-COP-briefing—Dec23.pdf, 访问日期：2017 – 07 – 01.

② Louise van Schaik, "The EU and the progressive alliance negotiating in Durban: saving the climate?" http://cdkn.org/wp-content/uploads/2012/10/WP354_DIGI_MASTER.pdf, 访问日期：2017 – 07 – 01。

③ 袁越：《地球之殇——德班气候谈判大会纪实》，《三联生活周刊》，http://www.lifeweek.com.cn/2011/1220/36073_7.shtml，访问日期：2017 – 07 – 01。

书》于 2012 年到期后延长到第二期。① 德班平台巩固了公约框架和协商一致原则，将几乎所有国家纳入一个全新的、具有法律意义的减排框架协议谈判进程中。虽然如此，大会没能如欧盟期待的那样确定最终成果作为"有法律约束力"的形式，而换成了言辞更模糊的表达。②

此外，德班气候大会也没有规定具体的减排目标。大会的干扰因素也很多，双轨谈判制将于 2012 年结束，而发达国家对第二期的参与力度减弱。最明显的变化是，附件一国家与附件二国家间的"防火墙"有所弱化，不仅由南北格局逐渐转化为排放大国和排放小国之分，而且原 77 国集团内部也出现越来越多的分歧。此外，俄罗斯、日本、加拿大反对延长《京都议定书》，宣布不加入第二承诺期，成为德班进程的不和谐因素之一。

（三）国际气候谈判走进巴黎进程

在进入决定 2012 年后进程最终结果的 2015 年巴黎大会前，各国在多哈、华沙和利马会议召开了三次气候大会。多哈大会通过了《〈京都议定书〉多哈修正案》，正式结束了双轨制，并开始为缔结新协议展开工作。华沙大会上提出了"预期的国家自主贡献"（Intended Nationally Determined Contributions，INDCS），在"减少森林砍伐和森林退化导致的温室气体排放"（Reducing Green house gas Emissions from Deforestation and forest Degradation in developing Countries，REDD＋）协商近 9 年之际终于确立了"基于结果的支付"方式（Results-Based Payment）③，并建立了损失和损害机制。利马大会通过《利马气候行动倡议》，附件涵盖了 2015 协议草案的基本要素，发达国家承诺向"绿色气候资金"（Green Climate Fund）注资1000 亿美元以上，并对国家自主贡献及相关内容做出了明确规定。三场大会虽然没能在减排等紧要问题上取得明显进展，但基本按照德班平台和"欧盟路线图"的目标前进，为巴黎气候大会的成功奠定了基础。

---

① John Vidal, Fiona Harvey, "COP17 climate talks: Durban text follows EU roadmap for new global deal", http://www.theguardian.com/environment/2011/dec/09/un-climate-talks-durban-text, 访问日期：2017－05－02。

② "Report of the Conference of the Parties on its seventeenth session, held in Durban from 28 November to 11 December 2011, Part Two: Action taken by the Conference of the Parties at its seventeenth session", https://www.ctc-n.org/sites/www.ctc-n.org/files/09a01.pdf, 访问日期：2017－05－02。

③ The Climate Group, "Post COP19 Briefing", http://www.theclimategroup.org/_assets/files/POST-COP19-v4.pdf, 访问日期：2017－05－02。

至此，气候变化多边机制逐步向灵活疏松型演变。从《联合国气候变化框架公约》和《京都议定书》使用的"承诺"，到《坎昆协议》的"允诺"，再到华沙大会上决议里提出"国家自主贡献"①，一定程度上，大会文本措辞的变化体现了这一演化趋势。多边机制对大国的牵制作用在逐渐弱化，自下而上的减排路径随着国家自主贡献的逐步确立而日渐清晰。虽然自下而上已成为主导思路，但由于自主贡献灵活度较大，缺乏明确规范，过度的自下而上会使得 2015 年巴黎大会的成果大打折扣，更别说能确定达成 2℃温控警戒线的长期核心目标。

欧盟在此期间仍承担着世界主要的减排任务，若其他发达国家采取行动就将 2020 年前的减排目标提高至 30% 的承诺仍然有效。欧盟在"2012年已经达成了其 20% 的减排目标，比预计的 2020 年提前了 8 年"②，因此30% 的承诺是其在多哈大会上的重要筹码。与此同时，虽然面临经济增速放缓等挑战，欧盟仍在 2012 年前投入了 71 亿欧元的气候减缓和适应资金，几乎达成其 72 亿欧元的承诺。期间，欧盟因强行征收国际航空碳税还带来一阵纠纷，引起外界的强烈反弹。但从欧盟自身看来，"如果不加入航空业，就无法有效履行减排任务"③。

同时，欧盟自身因经济危机而负担日益加重，减排空间看似就要触顶。传统产业增长乏力，难以提供新的经济增长点，低碳发展则有望成为倒逼经济转型、技术创新的渠道，同时也能开辟减排的新空间。为达成低碳目标，欧盟继续调整其气候政策，2015 年提出能源联盟战略，确定新的节能减排目标，同时通过加大配额缩减力度、提出应对"碳漏洞"新招、建立利于发展低碳经济的财政激励机制等推动碳排放交易体系改革，并设定相应的减排目标。京都大会召开过去十余年，世界经济形势和分布已发生较大变化，气候政治经济图景已今非昔比。2015 年，德班行动平台即将走向尾声，巴黎大会将决定能否实现达成 2012 年后全面协议的目标，以及商定 2020 年后新协议的可能。

---

① 张晓华、祁悦：《"利马会议"成果评述》，http：//www.ncsc.org.cn/article/yxcg/yjgd/201506/20150600001478.shtml，访问日期：2017 - 04 - 27。

② Luc Bas，"COP18：Europe's Doha goals"，http：//www.theclimategroup.org/what-we-do/news-and-blogs/cop18-europes-doha-goals/，访问日期：2017 - 04 - 30。

③ Luc Bas，"COP17：EU Leadership Diminished but still Key to Progress at Durban"，http：//www.theclimategroup.org/what-we-do/news-and-blogs/COP17-EU-leadership-diminished-but-still-key-to-progress-at-Durban，访问日期：2017 - 09 - 29。

（四）达成《巴黎协定》

在环保组织和各国的翘首以盼下，第 21 次缔约方大会于 2015 年 12 月如期召开。欧盟和成员国在大会前做了很大努力，希望借主场外交的优势达成重大成果。东道主法国在会前邀请各国元首为《巴黎协定》达成注入政治推动力，"既让领导人对谈判进程有充分的参与感，又避免了领导人直接参与谈判的尴尬局面"[①]。中法、中欧、中美在会前纷纷发布《气候变化联合宣言》，为许多重要议题提前定下基调，提供了会谈关键点。

欧盟的核心气候目标一直以来变化不大。在其率先于大会召开前公布的"通向巴黎路线图"中，欧盟明确了 2℃ 温控警戒线、2050 年排放减半以及 2100 年实现零排放的目标，并陈述了谈判立场：一是欧盟希望达成的最终结果。欧盟希望达成适用于所有国家的法律框架，形成对各国均有实际约束力的减排协定。二是审查国家在碳减排领域的真实贡献。按照当今的世界经济分布和各国国情制定各国碳减排额度，并成立中立机构对各国在碳减排领域的自主贡献目标每五年进行一次审查。三是欧盟希望达成的协议目标。欧盟希望达成协议涉及资金、技术发展和转让、加强减排能力和行动透明度等，各国如何适应国际气候变化的方案也应作为协议的中心内容。四是在各经济领域落实减排。尤其是航空、海运和含氟气体排放等需要国际监管的领域的减排亟待落实。

最终的《巴黎协定》基本围绕欧盟的谈判立场展开，《巴黎协定》的内容主要包括：一是长期目标领域：最终确定了 2℃ 温控警戒线，要求排放量尽早从峰值逆转，在 21 世纪下半叶实现零增长，21 世纪末实现 100% 非化石能源替代现有能源结构。二是减排领域：确立国家自主贡献和自下而上的减排新框架，建立五年为周期的评审机制，缔约方汇报减缓气候变化和资金使用情况时必须遵守可衡量、可报告、可核实的原则。三是资金领域：发达国家提供资金支持，鼓励发展中国家自愿出资（主席议案中包括发达国家在 2025 年前提供 1000 亿援助美元的内容）。《巴黎协定》再次强调了"共区"（共同但有区别的责任，Common but Differentiated Responsibilities）、"公平"（Equity）、"各自能力"（Respective Capabilities）原则，正式确立"自主贡献＋审评"的减排路径。

---

① 李俊峰、王田、祁悦：《从巴黎气候大会成果看"多边主义下的大国推动模式"》，《世界环境》2016 年第 1 期，第 27—30 页。

表3—2　从巴黎气候大会起回溯历届气候大会的主要成果（2015—2007 年）

2015	COP21	巴黎	达成《巴黎协定》，确立"自主提交＋审查"的减排模式
2014	COP20	利马	发达国家承诺为 GCF 注资超过 100 亿美元
2013	COP19	华沙	提出国家自主减排概念
2012	COP18	多哈	通过《〈京都议定书〉多哈修正案》
2011	COP17	德班	建立德班行动平台，实施《京都议定书》第二期
2010	COP16	坎昆	达成《坎昆协议》
2009	COP15	哥本哈根	形成《哥本哈根协议》（非正式，是政治宣言）
2007	COP13	巴厘	通过"巴厘路线图"

注：本表由笔者绘制。

自下而上的减排框架降低了达成协议的难度，但也放松了各国的减排决心。虽然在巴黎会议结束时，大会 195 个缔约方已经有 188 个国家提交了"国家自主贡献"①的目标，但实际承诺的减排总量却远低于能够在 21 世纪末将温升控制在 2℃警戒线目标的减排量。② 此外，《巴黎协定》在资金、技术等构件上缺乏细节和具体规则，国家自主贡献的界定也过于模糊。由于没有对减排的强制约束力，未来是否能达成长期目标尚未可知。

（五）《巴黎协定》的意义

《巴黎协定》虽然减排力度有所降低，但该协定是人类走过十余年国际气候谈判以来的重大成果，堪称一次里程碑。《京都议定书》"只限制了 36 个成员，不到全球排放量的 1/4，仅仅完成了第一承诺期，其第二承诺期实际上形同虚设"③。《哥本哈根协议》虽然将几乎所有大国包含在内，却是一纸空文，没有法律效力，更没能在气候大会上正式成功通过。而《巴黎协定》则覆盖了全球近 200 个国家，是第一次成功团结所有缔约方的全球减排协定。更重要的是，《巴黎协定》意味着"2℃温控警戒线"和"21 世纪末实现零排放"的目标正式得到了所有缔约方的承认，不仅以成文形式确定，还得以正式通过，构成有法律效力的文件，为未来减排注入

────────

① 李俊峰、王田、祁悦：《从巴黎气候大会成果看"多边主义下的大国推动模式"》，《世界环境》2016 年第 1 期，第 27—28 页。

② 韩一元、姚琨、付宇：《巴黎协定评析》，《国际研究参考》2016 年第 1 期，第 37—38 页。

③ 王田、李俊峰：《巴黎协定后的全球低碳"马拉松"进程》，《国际问题研究》2016 年第 1 期，第 120—121 页。

很大动力。德班平台在巴黎正式结束使命，而会上成立的"巴黎特设工作组"（APA）将为准备协议在 2016 年正式生效而展开工作。

大会对欧盟来说也是一次超乎预期的胜利。欧盟的核心目标也成为大会最重要的成果，五年审查机制等也令欧盟将影响力贯彻到了最后协议的细则之上。欧盟在建构气候大会谈判上的一个重要特点是，善于为谈判定下早期和整体的目标，但往往难以左右最终成果（除了德班平台）①。意即，欧盟善于制定整体目标，但在具体细则及关键议题上缺少战略灵活性。但这一次，欧盟不仅建构了大会的整体谈判方向和最终结果，也借助会前会上外交和灵活的气候政策摆脱了以往只管大局，无力细节的短处。继哥本哈根的失利之后，欧盟终于推动达成了一份全面、有决心和法律效力的新协定，并将所有国家都纳入到这个减排新框架中。但诚如联合国秘书长潘基文所言："我们应该为协定达成而骄傲，但更应把团结精神带到执行环节上。"② 会议虽然顺利落幕，但未来执行以及诸多细则的完善及漏洞填补上，仍需欧盟和其他缔约方的共同努力。

表 3—3　《巴黎协定》中主要内容与欧盟的关系

名称	欧盟首先倡议	其他	欧盟同意并推动
2℃温控警戒线	√		
21 世纪末实现零碳排放	√		
国家自主贡献			√
五年审查	√		
可衡量、可报告、可核证			√
绿色气候基金			√
提高透明度			√
德班平台	√		
巴厘路线图	√		
损失与损害机制			
减少毁林与森林退化所致排放量			√

注：本表由笔者绘制。

---

① Thomas Spencer, IDDRI, "COP21: What's in it for Europe?", http://www.ttc2015.com/sites/default/files/EUTT_ what%20is%20in%20it%20for%20Europe_ IDDRI. pdf, 访问日期：2017 - 09 - 15。

② Sophie Yeo, "Paris agreement on climate change: What happens next?", http://www.carbonbrief. org/paris-agreement-on-climate-change-what-happens-next, 访问日期：2017 - 09 - 15。

在国际气候谈判的数十年进程中，在很多重要节点上欧盟都是最积极和最关键的议程设置者。从开始气候谈判至 90 年代，欧盟和美国共同领导着气候治理的方向和路径[①]，一同推进国际气候治理。但这一良好的合作态势在 2001 年布什政府宣布退出《京都议定书》后戛然而止。此后欧盟继续推动着气候谈判，寻求成为气候谈判的真正领袖。但长久以来，欧盟激进的气候变化诉求在多方牵制、处处掣肘的国际气候谈判格局面前显得颇为理想化，令欧盟时常陷入单边行动的失衡境地，而国际气候治理的进程则迟滞拖沓，前景不确定。示范引领作用也未能带来明显成效。

哥本哈根会议的失利凸显了欧盟这一经久的气候外交困局，也成为欧盟气候政策的转折点。此后欧盟越来越注重政策的灵活性，也更为务实。从京都到巴黎，欧盟展现了卓越的领导能力，对公约框架下各大气候制度的达成具有不可撼动的作用。从表 3—3 可以看出，从《京都议定书》阶段到最终的《巴黎协定》，欧盟首先在舆论上塑造了几大重要概念并将其写进了最终协定中，完成了对气候治理的制度建构。从这一角度来说，欧盟确实是"在设定温室气体减排目标方面具备领导力的行为体"[②]。欧盟的领导能力一部分是结构性的，来源于欧盟的实际政治力量及其在环保领域的名望；另一方面，欧盟的领导能力也是工具性的，体现在欧盟有效运用了谈判技巧，巧妙设计出包容成员国不同需求的气候政策。此外，欧盟还成功改变了其他国家在应对气候减排上的观点，这是其指导性领导风格的表现。[③]

2015 年 12 月，《联合国气候变化框架公约》近 200 个缔约方在巴黎气候变化大会上制定出《巴黎协定》，该协定于 2016 年得到缔约国的确认并于当年 11 月正式生效。《巴黎协定》的签署国达成一致，要致力于把全球平均气温升幅控制在工业革命前水平以上低于 2℃ 之内，并尽可能将气温升幅限制在工业化前水平以上 1.5℃ 之内。有专家学者指出，即使是 2℃ 的最低目标也并实非轻易就能够促成，想要达成这一目标，就需要各方立即大幅减少化石燃料造成的有害气体排放。

---

① Christer Karlsson, Charles Parker, Mattias Hjerpe, Björn-Ola Linnér："Looking for Leaders：Perceptions of Climate Change Leadership among Climate Change Negotiation Participants"，*Global Environmental Politics*，Vol. 11，No. 1，2011，pp. 89 – 107.

② 冯存万、朱慧：《欧盟气候外交的战略困境及政策转型》，《欧洲研究》2015 年第 4 期，第 99—100 页。

③ Miranda A. Schreurs and Yves Tiberghien，"Multi-Level Reinforcement：Explaining European Union Leadership in Climate Change Mitigation"，*Global Environmental Politics*，Vol. 7，No. 4，November 2007，p. 1.

　　此外，支持《巴黎协定》的各发达国家将向发展中国家提供资金以完成能源转型，并承诺在 2020 年之前为此每年出资 1000 亿美元，以增强抵御气候变化的能力。目前的气候变化以及全球变暖问题，已然成为了全球各个国家都需要面对的重大问题之一。在这个领域内，《巴黎协定》是继《京都议定书》之后的一项关乎全球性治理的重大举措。该协定秘书处执行秘书，帕特里夏·埃斯皮诺萨（Patricia Espinosa）和摩洛哥外交与合作大臣、马拉喀什气候变化大会主席萨拉赫丁·迈祖阿尔（Salaheddine Mezouar）共同签署了一份公报，这份公报强调《巴黎协定》"是迄今最复杂、最敏感也是最全面气候谈判的结果，是人类在抵御气候变化威胁上的一个重要历史转折"[①]。

　　值得注意的是，气候政策和欧盟自身的能源战略构成互补关系，实际上促进了欧盟低碳经济的转型。首先，欧盟希望成为气候治理领导者的心理刺激着内部减排政策的出台和实施。其次，气候战略还促进了欧盟的技术创新。乌克兰危机影响了欧洲的能源供应，对欧盟来说，"既无法保证能源的自给自足，也难以保持产品的价格优势，更没有地缘政治上的硬实力"[②]。在竞争日益激烈的能源市场，欧盟必须提高技术效率，在创新上下功夫，并通过合作确保自身利益。借助气候治理，欧盟实现了大范围的碳排放交易，在能源技术创新上也走在前列。仅 2007 年，"欧盟国家在全球清洁能源技术专利上就占了 32%，高于美国的 19% 和中国的 7%"[③]。

　　欧盟未来能否继续担当或提高其在气候谈判中的领导性参与角色，在很大程度上取决于国际气候话语权角逐形势的变化及其气候话语权政策的继承创新。随着社会经济背景的转变、能源系统的革新以及世界气候政治格局的变动，各国对气候变化的重视度将会不断提高。对拥有气候治理领导者野心的欧盟而言，话语权的竞争会愈加激烈，加上其内部的经济、难民和民众分化等问题，其未来面临的挑战也将越来越大。

　　[①] 新华社：《联合国发布公报庆祝〈巴黎协定〉生效》，http：//world. people. com. cn/n1/2016/1104/c1002-28835725. html，访问日期：2017 - 09 - 15。

　　[②] Thomas Spencer，IDDRI，"COP21：What's in it for Europe?" http：//www. ttc2015. com/sites/default/files/EUTT_ what%20is%20in%20it%20for%20Europe_ IDDRI. pdf，访问日期：2017 - 09 - 15。

　　[③] Glachant, M.（2013），"Greening Global Value Chains"，OECD，http：//www-wds. world-bank. org/external/default/WDSContentServer/IW3P/IB/2013/05/30/000158349 _ 20130530083155/Rendered/PDF/WPS6467. pdf，访问日期：2017 - 09 - 15。

五、欧盟气候话语权的新挑战与机遇

（一）美国退出《巴黎协定》

2017 年 6 月 1 日下午，美国唐纳德·特朗普（Donald John Trump）总统在白宫宣布退出《巴黎协定》。此消息一出，无疑是在全球气候治理方面扔下了颗重磅炸弹。而他的这一宣称，也招致了国际社会的众多不满之声。美国此举令其盟友欧盟大失所望。长期以来，欧盟始终活跃于推动国际气候领域规则的制定，渴望借助《巴黎协定》在国际气候领域进一步发挥主导作用以巩固和提高其话语权，保持其领导地位。特朗普在欧洲访问期间，欧洲领导人均劝说特朗普总统不要退出《巴黎协定》。特朗普总统退出《巴黎协定》的宣告一出，比利时政府称这一不负责任的决定有损美国信誉。法国总统埃马纽埃尔·马克龙（Emmanuel Macron）更是认为特朗普代表的美国背叛了世界，他还在演讲中使用英语，把特朗普"使美国重新强大"的竞选口号修改为"我们要使地球重新强大"。日本环境相山本公一当日就此指责称特朗普的举动令人非常失望，这与终于走到这步的《巴黎协定》这一人类智慧背道而驰。

欧盟各国对美国总统特朗普退出《巴黎协定》的行为都表示十分愤慨与失望。其实，特朗普的这一行为早就有迹可循，可以利用层次分析法来进行分析。从美国的领导者个人来看，特朗普是共和党人，共和党在社会议题上有保守主义倾向，在能源方面强调化石能源。一是特朗普上台后，商务部长、财政部长、副总统皆希望美国退出《巴黎协定》。二是特朗普本人在竞选总统时便强调美国优先，并在相关方面做出了承诺：在上任后 100 天内取消《巴黎协定》以支持美国的石油和煤炭工业。如今退出《巴黎协定》，对于特朗普个人而言，实际上也是兑现竞选承诺的表现。

从美国自身来看，在经历了 2008 年全球性经济危机后，美国的经济如今呈现温和复苏的趋势，而《巴黎协定》中的所规定的减排控温，被特朗普称作是以美国工人和美国纳税人失业、降低收入、关闭工厂以及大幅减少经济产出为代价的。美国早在 2001 年，就因为与本国利益不符放弃了《京都议定书》，可以说美国在全球气候治理领域中已有退出相关协定的先例，所以此次特朗普退出《巴黎协定》也不会惧怕他国对美国的负面评价。

从世界体系的角度来看，国际社会仍然保持在"一超多强"的局面，美国仍是唯一的超级大国。由于特殊的超级大国身份，美国本身不会受制于其他国家，因此能够在类似的协议无法满足本国需求时选择退出，且目前全球正在经历逆全球化浪潮，不少国家为了更多地满足本国利益而退出多边组织或协议，美国也是其中之一。另外，从新自由制度主义代表人物罗伯特·基欧汉（Robert Keohane）的理论观点来看，协定属于国际制度的一种形式，而国际制度倾向于不断的演化。国际制度的适用条件发生变化后，需要尽力发展革新当前的制度。从这一角度出发，美国退出《巴黎协定》也从侧面说明了目前全球气候治理的制度本身很可能存在着缺陷，这些缺陷导致当前的国际气候制度无法满足美国的需要。换言之，美国做出如此选择也反映了国际气候制度的不完善。

退出《巴黎协定》，实际上是美国在对外政策上向现实主义的回归，也可以看作是美国"孤立主义"重新抬头的一个信号。特朗普宣布退出时同样宣布，不会加入一项惩罚美国的协定。在发言中，特朗普明确表示，《巴黎协定》的内容对美国存在消极影响但是却对其他国家有利。特朗普认为《巴黎协定》使美国的财富流失到其他国家，这导致美国优质工作岗位减少，美国的经济发展也因此受挫。[①] 同时特朗普也表示会考虑重新谈判并加入相关的协定，只是其内容要公平，不损害美国经济。从这一点来看，特朗普更加重视的是经济等国家的硬实力，与贝拉克·侯赛因·奥巴马（Barack Hussein Obama）政府以及希拉里·黛安·罗德姆·克林顿（Hillary Diane Rodham Clinton）所推崇的以"巧实力"（Smart Power）来傲视国际社会的政策选择有所不同，美国正在渐渐的从"巧实力"的道路上重新回到发展硬实力的道路上。

（二）对欧盟气候话语权的影响

国际行为体在气候领域或气候事务上的话语权的构建以及后续的巩固是一个长期的过程。建立国际气候话语权，需要行为体同时具备实力与威信。国际行为体实力的增强本身就可以吸引国际社会上的广泛关注，而其长期的政策落实与阶段性的成果报道，甚至是在相关领域中展现出的自身作用，则是能够为国际行为体逐步的在领域内建立起威信。当欧盟在国际气候领域实力与威信都足够的时候，便能够扩大发声的影响力，掌握住在国际气候领域的话语权。

---

① 张永香、巢清尘、郑秋红等：《美国退出巴黎协定对全球气候治理的影响》，《气候变化研究进展》2017 年第 13 期，第 407 页。

　　欧盟现在作为当今"一超多强"格局中最重要的国际行为体之一，其本身的气候治理能力与低碳科技实力是毋庸置疑的，在国际气候谈判领域也有足够的威信。现在美国退出《巴黎协定》，对于欧盟建立和巩固自己的国际气候话语权究竟能不能从挑战转化为机遇？笔者认为，欧盟当下的境况可以类比 2001 年布什政府退出《京都协议书》后欧盟在国际气候领域的处境，以此作为参考。

　　美国未将《京都议定书》提交国会审议，因为其中内容与美国政府利益有相悖之处。《京都协议书》的谈判进程最初由欧盟和美国共同策划推动，2001 年被美国单方面宣布放弃实施该议定书的具体事宜，这使欧盟一度陷入困境，但最终还是欧盟成功挽救了《京都议定书》。美国的缺席反而塑造了欧盟在国际气候话语权领域的声望。如前所述，欧盟不仅呼吁各发达国家和发展中国家实施该议定书，而且还在 2011 年举办的德班气候大会上倡议提出并推行了"德班路线图"，进一步推动了其气候话语权的建设。由此看来，此次的美国退出《巴黎协定》同样不会为欧盟气候话语权建构带来过多的干扰，也可以是欧盟的又一机遇。在此前的美国历史中，美国尤其看重软实力的输出与影响。在国际气候治理领域，奥巴马签署了《巴黎协定》，并承诺将提供 30 亿美元支持欠发达国家的清洁能源开发使用。而如今，美国退出《巴黎协定》，曾经承诺过的援助资金也成为空头支票。由于减排会影响到美国的某些行业以及美国整体的经济发展，出于重振美国经济的考量，美国必须削弱自身在气候领域的国际参与。

　　诚然，美国对于国际气候领域的此种态度对于一直渴求在该领域取得更强势的领导力的欧盟来说是一个重要机遇。美国退出《巴黎协定》之后，欧盟可以通过适当运用自身已经建立起的话语权，在各国共同减排应对气候方面起到不可忽视的领导作用。当欧盟能够成功的在缺失了世界第一大经济体的情况下带领签署国完成协定中的减排任务时，欧盟便已经发挥了自己在气候合作领域的影响力与领导力，建立起了在足够的威信，完全能够继续发展和巩固其在气候方面的话语权。

　　然而，美国退出《巴黎协定》同样是对于欧盟气候话语权的一个挑战。首先，一旦《巴黎协定》的内容无法很好地完成，那么作为促成《巴黎协定》的主要推动者的欧盟必然会丧失其在气候领域的威信，进而对其气候话语权产生若干负面影响。其次，美国退出《巴黎协定》，对于欧盟是机遇，但是对于其他想要在国际气候领域建立话语权的国家而言也是一个机遇。"中国与全球化智库"主任王辉耀指出中国将协同其他签约国，坚持原有立场，尽最大可能支持和落实《巴黎协定》，积极推进这方面的国际合作，为应对气候变化和促进全球化治理做出应有的贡献。[①] 从 2007 年举办的巴厘岛气候大会起就开始重视参与全球气候治理的"基础四国"（巴西、南非、印度、中国），近年来在倡导全球应对气候变化这一议题上活跃度不断提升，其作用亦不断凸显，未来很可能会在气候治理方面做出更大的贡献。如此情形下，欧盟借美国退出《巴黎协定》巩固自身的气候话语权的行动会有一定的难度。其三，美国作为一个超级大国和仅次于中国的全球第二大温室气体排放国，退出《巴黎协定》的举措无疑是为其他国家树立了一个糟糕的榜样。美国一旦完成退出程序真的不再参与践行《巴黎协定》或是降低了自身的排放目标，都可能导致近年来世界各国在控制甚至降低全球气温上升幅度的努力付之东流。若其他国家群起效仿，单靠欧盟自身的力量也是孤掌难鸣，无法承担相应的责任，对其话语权的构建也会造成不小的困难。此外，当下的欧盟与 2001 年的欧盟相比已有很大不同，体现在欧盟面临移民潮、经济低迷、恐怖主义、民粹主义等多重危机的共同威胁。

（三）欧盟如何化挑战为机遇

此前，欧盟在国际气候话语权方面的构建，主要依赖于如下的几个层面：巧妙地设置篇章框定以把气候治理问题引申为国际领导力的象征；在国际社会建立欧盟形象；恰当设置句式框架以加强其气候政策的公信度；在气候领域的概念创新与词汇定义；采取复合型推广模式以促进欧盟制定的气候话语在世界范围内被接纳。[②] 欧盟在持续保持这几个方面的基础上，可以借此次美国退出《巴黎协定》，转化挑战为机遇。

当前的国际社会，由于全球问题的增生，有很多问题需要的不再是某个国际行为体的单打独斗，而是需要国家与国家的通力合作。此次美国退出《巴黎协定》，使美国招致了不少来自国际社会的不满，欧盟可以借此以行动表明自身在气候领域的坚定立场：一方面加强与已有的气候合作伙伴的合作，包括经济与技术的交流与支持，增加在气候领域的双边甚至是多边的对话与沟通；另一方面可以寻求与各国，尤其是发展中国家更加深入地开展气候领域合作关系。虽然类似"基础四国"的发展中国家一直以来也致力于在气候方面发挥自身的作用，提升话语权，然而相比之下仍然处在较为被动的

---

① 杨璨：《美国退出不会逆转〈巴黎协定〉》，《文汇报》2017 年 6 月 4 日。
② 柳思思：《欧盟气候话语权构建及对中国的借鉴》，《德国研究》2016 年第 2 期，第 31 页。

局面。欧盟增加应与这些发展中国家的对话，推广自己所创造的气候话语概念与标准规范，甚至可以在美国退出《巴黎协定》后的新时局下创造能够满足绝大多数国家利益的新气候概念，并向世界做出具有强号召力的概念解释。

欧盟作为国际气候治理领域的领先者，想要进一步发展巩固自身的话语权，要意识到当今的全球气候治理需要在制度层面上有所创新。此次美国退出《巴黎协定》实际上也是在提醒欧盟乃至世界：随着各国的国力发展，《巴黎协定》会无法满足所有缔约国的利益诉求。根据新自由制度主义的相关理论，国际制度的适用条件发生变化后，及时地改革制度才是理性的选择。如前所述，美国退出《巴黎协定》意味着《巴黎协定》本身，以及当今国际气候领域在制度层面需要有所变革，有所创新。欧盟若能够牵头进行国际气候领域的制度改革与完善，大胆探索全球气候治理的新模式，便有望推动美国重新回到气候全球共治的谈判桌上，届时，欧盟便成为国际气候领域的"领头羊"，其气候话语权必将更加具有世界影响力。

另外，已经相对走在气候领域前端的欧盟也需要关注他国，而不是一味地推行自己的减排方案。早先，根据欧盟委员会的研究，欧盟要稳固其在国际气候话语权方面的领导地位和突出作用，就必须确保欧盟能够达到更高的量化减排目标。目前，欧盟官网已经放出了将目标细化到每个行业部门每年的减排标准，足见欧盟自身在这方面的领先程度。但是欧盟所提出的全球排放总量到 2050 年减少为 1990 年的 50% 的减排方案不可能对于每个成员国家来说都是易于执行的，各成员国也不可能都按照欧盟模式（如设置 1990 年为基准，规定各部门的阶段性减排任务）进行减排。欧盟各成员国会根据自身的发展现状，经济水平等多方面考量出台最适合本国的减排方案，欧盟在推广自己制定的方案的同时应该以包容友好的心态与成员国多多交流，互相协商，达成共识。

美国的退出并不意味着《巴黎协定》的失效，欧盟在《巴黎协定》方面的贡献还是值得肯定的。《巴黎协定》是凝结全球人类智慧的结晶，更是当今时代人类应对共同挑战探索出的一条值得期待的治理模式，联合国也对其有着很高的赞誉。基于《巴黎协定》的特殊意义，欧盟可以尝试着创造与《巴黎协定》相关的新气候概念，并给出官方的概念解释。这些新概念必须体现出《巴黎协定》在人类历史和气候共治方面的重大意义，也要表达出欧盟对于坚决执行《巴黎协定》的决心，同时也可以适当地将欧盟自身已有的气候政策与《巴黎协定》的内容进行结合。

第四章
欧盟气候话语权建构的子课题研究

笔者在第三章中从实证领域考察了欧盟气候话语权的建构过程，第四章则计划从气候话语权与低碳科技、气候话语权与议题设置、气候话语权与语用策略、气候话语权与气候外交、气候话语权与公众引导与新媒体推广五个层面对欧盟气候话语权的影响要素与运作机制进行深入解析。

一、气候话语权与低碳科技

国际话语权可以视为国际政治主体用来影响国际政治的手段和财富。国际气候话语权已经成为各国竞相争夺的焦点。本书试从科学技术的双重属性入手，剖析科学技术与国际话语权的相互联系，以期寻求高科技时代下国际气候话语权开发的有效途径。国际气候话语权指国际政治主体在国际气候领域的竞争中用来实现自身利益、贯彻战略目标所使用的话语权力，亦即国际政治主体在气候领域所能发挥、利用、调动的各种能力、手段与工具的总和。国际气候话语权的占有状况与运用状况决定了一个行为体在气候变化谈判中的地位和发挥作用的能力。

科学技术是一种推动历史发展的革命性力量，势必会对国际话语权产生巨大的影响，并引发国际关系格局的改变。所谓的低碳科技，指的是那些能够消减温室气体排放的科技，能够以区域性实施带动全球性环境的改善。纵览人类社会的科技发展史，拥有低碳科技能力的国家，势必掌控着国际气候话语权，并对国际政治经济秩序产生强大的影响力。在国际竞争异常激烈的今天，低碳科学技术已成为各国争夺国际气候话语权的重要手段和工具。

（一）气候话语权视角下低碳科技的双重属性

1. 低碳科学技术是国际气候话语权的重要支撑

科学技术本身就是一种国际话语权的背后支撑力量，掌握先进科技的国家在国际竞争中必然处于优势地位。科学技术通过对构成一国综合国力的诸要素的影响来实现对该国对外决策和对外行为施加作用。国际行为体追求国际气候话语权,目的就是为了获得"话语权力",而在信息化时代,其对低碳科技的掌握则使此目标成为可能。

低碳科学技术作为国际气候话语权的重要支撑在于,它是国际政治主体在气候治理目标的选择范围和政策实施手段上的重要参考依据。拥有低碳高科技的国际行为体,不仅可以极大地提高自身低碳实力,加快低碳科技装备的更新换代和竞争力的提升,在增强低碳实力的基础上提高其在国际气候领域的地位和国际影响力,并以此鼓舞民众士气来增强内部的凝聚力,最终提高和加强在国际政治格局中的地位和作用,以实现其战略目标和维护利益。因此,低碳科学技术政治化是其成为国际气候话语权的重要动因。

2. 低碳科学技术是开发国际气候话语权的重要手段和工具

发展低碳科技是应对气候变化的关键所在。科学技术是不断更新和发展的,它的最大特点是动态性和更新性。科学技术的发展影响着其他权力的开发。例如,科学技术的发展扩大了自然资源的范围,苏伊士运河的开凿以及阿拉伯半岛石油的开采,使中东大片荒漠变成世界能源中心和交通要道,并使这一地区在国际政治中的地位得以提高,有些国家还成为大国竞相拉拢的对象。再如卫星和航天飞机的发明,使外太空成为大国争夺的新的领域,国际空间站和哈博望远镜的组建,已经成为国际科技交流合作迈向更高层次的力证。国际气候领域的重要概念,如温控警戒线、气候峰值年、低碳经济、低碳社会、碳交易、碳排放、碳关税、碳金融等都是国际气候话语权的组成部分,但如果没有相关科技的发展,它们不可能被提出,自然不会被各国际行为主体所关注,当然也就无从使用了。因此,将科学技术转化为对国际气候话语权的开发能力,是对国际气候话语权组成要素综合探求和运用的结果。

(二) 气候话语权对低碳科技的影响

1. 拥有气候话语权的多寡优劣决定行为体对低碳科学技术的应用程度

战后科技革命特别是信息技术的发展,已使越来越多的国际行为体认识到科学技术是一个兴衰成败的关键因素。各国际行为体为了发展自身科技实力,纷纷制定对外科技政策以加强国际科技交流与联系,力求加快科技领域的创新和进步。欧盟作为当今世界拥有重要经济和科技实力的行为体，凭借其雄厚的财力和科技人才队伍，早已制定了巩固和扩大目前低碳科技优势的发展战略，以求得进一步加强在低碳信息技术领域的领先地位。而最不发达国家，因其国力弱小或国内政局混乱、社会动荡不安，根本无力研发低碳科学技术，更谈不上能有所作为。这些国家国力的衰微使其丧失了开发气候国际话语权的能力，在低碳科学技术日益改变人类历史的时代，它们不具备掌握和应用先进科技的能力和人才，也就丧失了提高国际气候竞争力所需要的必要物质条件，面临着被国际气候谈判边缘化的危险。

2. 国际气候话语权分布不均决定了低碳科学技术政治化的发展方向

国际气候话语权并非是均衡分布的。对于国际政治主体来说，国际气候话语权的分布不均，是引发国际气候谈判竞争的根本原因，而在无政府的国际社会，唯有实力才是确保在国际竞争中取胜的法宝。低碳科技是信息化时代的标志，人才流动、科研机构的实力和数量、科研成果转化为生产力的速度等都与国际政治主体掌控国际气候话语权的多少有着密切的联系。科技的发展是以经济实力为基础的，在当今世界，拥有雄厚经济实力的国际行为体，在国际气候领域发挥着重要的影响力，拥有着巨大的国际话语权，如先进的低碳科研实验室、庞大的科学家队伍和各国的科技移民等，它们决定着低碳新科技的研究和发展方向，成为信息化时代当然的"领头雁"。这些国家拥有着广大发展中国家无可比拟的科技实力和迅速将科技成果转化为财富的能力。当然，伴随着技术转移，低碳科学技术最终将由掌握国际话语权的发达国家向新兴工业化国家再向发展中国家转移的"雁阵"模式，这些发达国家在低碳技术转移的过程中必然会附加种种政治条件，使技术输入国不得不妥协退让，遭受剥削和掠夺。因此，低碳科学技术政治化是由国际话语权运作的结果。

（三）低碳科技对气候话语权的作用

1. 低碳科技优势决定权力优势

国际政治主体争夺国际话语权的根本目的是想获得权力。权力分为行为权力和资源权力，而行为权力分为"硬权力和软权力"[1]。无论是经济"胡萝卜"还是军事"大棒"，长期以来，诱敌或迫使他者就范一直都是权

---

① Joseph Nye, *Bound to lead: The changing nature of American power*, New York: Basic Books, 1990, pp. 31 - 32.

力的核心要素，即对他国的"控制力"。这其中的涵义包括：能控制别国，但不会被别国控制。① 拥有了权力优势，也就拥有了对他国的"控制力"。非对称性相互依赖是硬权力的重要来源，不轻易受到摆布，或在相互依赖关系中以低成本摆脱控制的能力是一种重要的权力资源，相对地，较容易对他者施加影响，或在相互依赖关系中以较低成本施加控制的能力，也是国际行为主体一直追逐的目标。在国际社会仍然重视硬权力的背景下，科技实力的不对称可以极大地增强相互依赖关系中脆弱性较小一方的能力。

低碳科技实力的不对称分布决定了信息化时代权力中心分布的不均衡，而因为科技发展的惯性和科技研究的厚积性决定了这种不均衡分布的相对稳定，同时也保证了拥有科技优势的国际行为体在国际话语权建构进程中享有优越性的延续。国际气候话语权由于开发这些资源所需条件的限制，只有少数拥有完整工业体系和雄厚经济实力的国际行为体才能对其进行开发和利用，也就当然拥有了相对于弱小国家的权力优势。至于那些经济不发达且极度缺乏低碳科技人才的国家，不仅没有这种低碳科技能力，而且连参与开发国际气候话语权的权利都被剥夺了。

2. 高科技研发的区域性进一步加强国际话语权的不均衡分布

现在的国际社会，实际上是在广阔的落后人群中分布着少数高科技孤岛，并由这些孤岛向岛外人群进行科技成果梯度转移。这些科技孤岛就是北美、欧盟、日本等极少数拥有高科技研发能力者，它们不仅是历次科技革命的发起地，也是当今世界低碳科技成果聚集地和技术输出者。这些国际行为体拥有着世界一流的科研实验室和庞大的科学家队伍，并以丰厚的待遇吸引着世界各地的低碳科技人才向之流动，使之进一步增强了开发国际气候话语权的能力，最终使国际气候话语权向世界主要低碳高科技强者流动。与此相反，广大的发展中国家因为经济实力不足，在过往的历史中无法投入大量财力去进行低碳科技研究，也就丧失了在低碳高科技领域的主动权和发言权，只能依赖发达国家淘汰的技术进行生产力改造，从而为发达国家的科技殖民打开了国门。因此，国际气候话语权流动的不平衡性在低碳高科技时代具有加剧发展的趋势。

3. 高科技增强了科技初创者在国际话语权中的领导地位

科技强者往往是标准的创立者和信息系统的设计者，尽管科技的发展

① ［美］马丁·怀特著，宋爱群译：《权力政治》，北京：世界知识出版社，2004年版，第66页。

在某些方面帮助了发展中国家，但由于初创科技的研制和生产常常需要巨额资金投入，在激烈竞争和技术垄断的现实环境里，处于前沿的新科技成本高于所有低碳科技产品的平均成本，即使小国通过商业途径获得曾经昂贵的技术成果，但问题仍在于它是否有能力将这些昂贵的硬件和系统整合为一种气候治理的能力，并能确保这种能力确实可以用于国际竞争。从此方面讲，欧盟保持领先地位。发展到信息革命的科学技术并没有极大地分散或平衡国际力量，相反，却在某些方面强化和巩固了现有国际气候话语权开发过程中行为主体的的等级格局，而低碳科技霸权则是这种格局的基础。

科技霸权指的是某个或某些国际行为体利用高科技推行霸权主义和强权政治的手段和途径。[1] 正如人们的工作与生活越来越离不开低碳科技带来的便利一样，科技强者也越来越将科学技术作为其推行霸权政策的载体。国际行为体干预高科技公司企业，加强对最新科技的控制和使用，这方面不乏先例。如全球90%以上的电脑均使用微软公司的视窗软件，而美国国家安全部门则协助微软在其电脑操作平台上安装秘密程序，以便获取用户资料。再如碳交易标准的制定、碳标识的确定、碳足迹的追踪、碳储存的实现只是技术强国的专利，与技术落后国无缘。国际气候话语的权力来自其拥有的先进低碳科学技术，而低碳技术落后国则是国际气候话语权力角逐中的失败者，只能任人摆布。[2] 低碳高科技基础和雄厚的财力，已成为国际行为体利用技术手段推行霸权的物质保证。最终结果是拥有低碳科技霸权的国际行为体，将获得对国际气候话语权的优先发声权和支配权，而处于科技落后地位的行为体，只能眼睁睁看着国际气候话语权被他国占据。

（四）低碳科技时代的国际气候话语权争夺

1. 低碳科技时代占据国际气候话语权的主体

传统话语权主体是主权国家。传统意义上来说，国家具有对内最高统治权，即可以对其领土内的一切人和事物以及领土以外的本国人实行最高统治权。[3] 当然，国家也就拥有了个人组织和企业无可比拟的经济、人力、物力优势。国家利用立法、行政、军事等手段防止人才外流，同时利用大

---

① 冯宋彻：《科技革命与世界格局》，北京：北京广播学院出版社，2003年版，第125页。
② 赵桥梁：《知识经济与国际关系》，北京：社会科学文献出版社，1999年版，第172页。
③ 陈岳、宋新宁：《国际政治概论》，北京：中国人民大学出版社，2001年版，第96页。

学、科研院所、向海外派遣留学生等培养本土人才，利用军队、情报机构等对科技人才和科研成果进行保密和保护，并对他国进行情报刺探和搜集。正因为国家的这种绝对权力，使其具有研制开发科学技术并将其成果转化为先进生产力以提高综合国力的能力。在低碳科技时代，国家仍是强大的国际话语权行为体。拥有低碳领域高科技研发、应用能力的国家获得了额外的权力，而另外一些贫困落后的国家则丧失应有的权利，从而造成了权力分配的两极分化，也就最终决定了国际气候话语权主体的两极分化。

当前气候话语权影响力增大的国际行为体是国际组织与跨国公司。在信息化时代的今天，国际组织、跨国公司之间的竞争领域逐渐由资本密集型产品向低碳科技附加值产品转移。① 低碳科技水平越高的国际组织、跨国公司，也就越能在国际竞争中取得优势地位以提高经济实力，从而加强自身低碳科技机构的更新和升级。国际组织、跨国公司几乎统治着各个技术产业领域，尤其是低碳科学技术领域，国际组织、跨国公司的数量尤为突出，对国际气候话语权的影响深远。拥有低碳科技优势的国际组织、跨国公司不但对国家经济和人民生活产生影响，而且成为获取国际气候话语权的重要主体。正是因为国际组织、跨国公司的跨国际活动，使其在低碳技术贸易中隐含的技术霸权和政治企图具有极强的隐蔽性，使低碳技术输入、输出过程的政治条件不易觉察。技术垄断是国际组织、跨国公司的惯用手段，不仅导致国际间权力的倾斜，甚至会侵蚀一些国家的主权。如欧盟掌控了国际气候话语权；欧盟碳交易市场拥有决定配额分配和碳价的权力；欧盟碳关税从航空碳税延伸到海运碳税；欧盟各成员国的跨国公司借此低碳壁垒获取相对于发展中国家的优势。这些国际组织、跨国公司在攫取大量经济利润的同时，也为借获取国际气候话语权推行对外战略打开了方便之门。从某种程度上讲，国际组织、跨国公司的低碳技术垄断为国际话语权向发达国际行为体流动起到了推波助澜的作用。

2. 高科技时代国际话语权的使用特点

第一，开发软性权力是国家利用高科技的新目标。在传统的硬权力受到更多限制的同时，软性权力却开始发挥越来越重要的作用。事实上，正是观念软权力结束了冷战。国际气候话语权就是一种软性权力。硬权力的行使者只有政府，而软性权力的行使者则更加多元化。而作为硬权力大

---

① 庄起善：《世界经济新论》，上海：复旦大学出版社，2001 年版，第 153 页。

国，一些国家已经注意到了硬权力的局限性，这才试图先行一步开发软性权力，尤其是国际气候话语权。国际气候话语权等软性权力在当下的崛起，并非单纯的权力转移和扩散，而是有着更丰富的内涵和更深长的意味。与硬权力主要依赖于军事实力或政治势力不同，国际气候话语权等软性权力以低碳领域高科技作为支撑，注重提升行为体的影响力。

第二，科技政治化向技术强权发展。拥有低碳领域高科技能力的国际行为体，必然会通过全球化进程向广大低碳科技落后国家进行技术征服。在低碳技术贸易过程中，技术输出方垄断着某些高科技成果，输出己方已趋于淘汰的技术，并获得一定的经济补偿。而无力自行研发而只能对外购买科技的技术输入方，不得不承担以下四点后果：（1）产生对低碳技术输出方的依赖；（2）进一步约束自身的低碳科技进步；（3）必然出让部分低碳市场给技术输出方；（4）在低碳技术贸易领域处于"跟着别人跑"的被动局面。低碳技术征服的本质就是利用低碳科技优势达到重新控制他者政治资源的目标。

此外，低碳技术输出方利用低碳技术输入方迫切需要引进低碳技术以实现产业升级的心理，将隐含条件附加在低碳技术转移的政治条件里，利用低碳技术转移影响他国人民生活的方方面面，以获取低碳技术输入方人民对其制度、意识形态、价值观念的全面认同。利用低碳科技交流和技术贸易，潜移默化地俘获别国民众的心理倾向，即获得了国际气候话语权。

第三，信息革命加快政治全球化进程，但国际气候领域的交流合作仍具有有限性。所谓"信息革命"，指的是计算机、通信和软件等技术的迅速进步，它导致了信息加工和传递成本的剧降。[①] 信息传递速度的迅捷，使世界各地的人们都能尽快了解国际气候形势变化，以增强民众对环境问题的了解程度，加快信息民主化进程。普通民众利用网络表达个人意愿、了解低碳社会、反映个人对低碳领域的态度，甚至与政府官员进行现场交流，都有利于民主化和人权建设。这一切国际气候领域的交流都与低碳科学技术的进步密不可分。信息革命的标志就是低碳领域高科技的发展，低碳领域高科技的发展不仅拓宽了国际气候话语权的主体范围，更为国际政治行为体增强国际气候话语权提供了便捷的途径和工具。

信息革命促使世界政治中传播渠道数量的几何增长，这些处于现有政

---

① ［美］罗伯特·基欧汉、约瑟夫·奈著：《权力与相互依赖》（第3版），北京：北京大学出版社，2002年版，第259页。

治结构背景下的渠道，对不同种类信息流动的影响也迥然有异。例如互联网不仅极大地加深了国与国之间在通讯、信息交流、情报互换等领域的合作，而且带给广大民众的政治心理以前所未有的视觉冲击。而低碳领域的战略信息则被采取信息加密技术而受到保护，商业信息则依赖政府及国际组织在保护知识产权的合作程度。国际社会的无政府性使得国家仍以自保为首要安全考虑，各类信息的全球流动和国家间安全依赖关系的脆弱导致了低碳领域的国际信息交流与合作的有限性。尽管信息革命使世界联系达到空前紧密的程度，但在国际社会仍然缺乏权威治理下的和平的大环境里，国际气候话语权仍将处在单边多于多边，独行甚过合作的状态。各行为体之间的互不信任和对话语权力的渴望决定了国际气候话语权的非对称性。

综上所述，现代科学技术尤其是低碳领域的高科技，是国际气候话语权变迁的主要动因，也因其无所不在的公众注意，使其不可避免地成为国际行为主体的对外策略实施过程中的主要影响力。科学技术作为信息化时代的显著标志，使传统气候话语权主体日益受到挑战与威胁。从某种程度上讲，低碳科技差异导致国际权力分配不平衡，也必然造成国际气候话语权占据结果是过程的不公平。权力倾斜的根源是科技与经济的差异，只有致力于消除这种差异，才能维护国际气候话语权的公平。

二、气候话语权与议题设置

国际气候话语权的重要影响因素是议题设置。议题设置最早见于沃尔特·李普曼（Walter Lippmann）的研究，他早在《舆论学》中就曾经感叹议题设置对于信息传播的重要性与必要性。正如李普曼所说，我们对世界的了解何其间接，我们总是把新闻报道所描述的情景当成事实本身，它们告诉我们什么是事实，我们就相信了什么是事实。麦克斯威尔·麦库姆斯（Maxwell McCombs）和唐纳德·肖（Donald Shaw）以总统选举为案例，实证分析了议题设置过程对塑造的最终投票结果有高度相关性[1]，即议题设置里关于哪位总统候选人的讨论越多，使用的赞美性语言描述越多，采用的亲民性议程框架越多，越能引导人们投票支持该位总统候选人。

---

[1] Maxwell McCombs, Donald Shaw, "The Agenda- Setting Function of Mass Media", *The Public Opinion Quarterly*, 1972 – 36 – 02, p. 176.

议题设置被引入国际关系学是始于罗伯特·基欧汉（Robert Keohane）与约瑟夫·奈（Joseph Nye）的研究。他们在《权力与相互依赖》一书中提出了要重视议题设置的观点。[1] 约瑟夫·奈认为设置议程能够塑造新的世界结构，能够让他者做你希望他做的事，即让行为体拥有"软实力"。"这种能力不是源自军事实力或武力威胁，而是依赖议程选择与议程框定。"[2]史蒂芬·利文斯顿（Steven Livingston）更是直接指出"议题设置是行为体掌控与巩固权力的首要工具"[3]。约翰·金登（John Kingdon）分析了议题设置的选择与控制问题，即为什么某些议程能进入讨论的中心被重点关注，而另外一些议程却被束之高阁且逐渐被遗忘？他将议程界定为"在特定时期内行为体着重关注的主题或问题清单"[4]，而行为体议题设置的过程就是选择研讨主题与聚焦问题的过程。此后，杰夫·耶茨（Jeff Yates）、杰弗里·皮克（Jeffrey Peake）等学者研究了国外各机构（最高元首、媒体、议会、法院等）议题设置的不同能力。[5] 上述成果为笔者进行气候领域的议题设置研究奠定了基础。

由于国际议题的多元化与复合相互依赖的存在，国际气候领域的议题设置过程也显得更加微妙且需要智慧来经营。国际气候领域的议题设置是行为体在国际气候舞台上表达自身的关注点，通过议程的扩大或缩小来追求优势的最大化，最终实现自身战略目标的过程。在国际气候领域的议题设置过程中有三个十分重要的现象引人深思：一是行为体的整体权力并不能保证它在所有议程领域内的全部掌控力，行为体在具体议题领域内的议题设置能力才能决定它在该领域内的发言权大小。因此，行为体要高度重视提升在具体议题领域内的议题设置能力，尤其是在水资源危机、碳减排、可持续发展、气候安全、反对环境污染等议题领域内的能力。

---

① Robert Keohane , Joseph Nye, *Power and Interdependence*：*World Politics in Transition*, Boston：Little, Brown and Company, 1977, pp. 23.

② Joseph Nye, "The Changing Nature of World Power", *Political Science Quarterly*, Vol. 105, No. 2, 1990, p. 181.

③ Steven Livingston, "The Politics of International Agenda-Setting：Reagan and North-South", *International Studies Quarterly*, 1992 – 36 – 03, p. 313.

④ John Kingdon, *Agendas, Alternatives, and Public Policies*, New York：Addison -Wesley EducationalPublishers, 2003, p. 5.

⑤ Jeff Yates, Andrew Whitford, William Gillespie, "Agenda Setting. Issue Priorities and Organizational Maintenance：The US Supreme Court, 1955 to 1994", *British Journal of Political Science*, 2005 – 35 – 01, p. 369；Jeffrey S. Peake, Matthew Eshbaugh Soha, "The Agenda- Setting Impact of Major Presidential TV Address", *Political Communication*, 2008 – 25 – 01, p. 113.

二是与行为体内部较为正式的官方议程不同，在全球层面由于不存在明确的绝对权威，行为体在全球层面进行议题设置获得话语权更难、对标准的要求更多、可操作空间更大、灵活性更强。行为体在国际气候领域议题设置的过程中，要研究议题设置的话语权获得策略，投入更大的精力，借助现有资源，分析哪些议题是行为体关注的重要议题且引入气候谈判的议程，打造议题切入的合理渠道，最终推动全球治理的发展与命运共同体目标的实现。

三是在国际气候领域谈判过程中，即使单一行为体的权力与所掌控的资源不变，跨国界、跨党派行为体对于议题设置的影响力在不断提升。鉴此，行为体气候外交的对象从国家扩大到国际组织与跨国公司，需要高度关注欧盟等国际组织在国际气候领域议题设置的过程。下文中，笔者就国际气候话语权领域内的几个重要议题："碳责任""碳实力""碳革命""碳外交"开展深入解析。

（一）"碳责任"

随着环境形势日益严峻，和低碳有关的表达也逐渐走进了我们的生活，如现在倡导发展低碳技术，流行低碳生活方式，通过减少碳排放，降低碳浓度，逐步建设低碳社会等话语在各大媒体频频出现。"碳时代"的世界秩序表现为责任政治与实力政治之间的相对均衡。①"碳时代"的责任政治主要体现在《京都议定书》所确定的"共同但有区别的责任"的原则。发达国家关注"共同"，而发展中国家则关注"有区别"，双方的交集在于"责任"。

发展中大国政府一直都坚持做一个负责任大国，所以在世界舞台上，必须承担与自己的地位相适宜的责任。但为什么发展中国家会有责任？这个问题的前提是预先设定了发展中国家与世界存在着紧密的关联性，确立了发展中国家在世界秩序中的地位与作用。发展中国家的责任来自于认同，即对世界秩序的理解与接受，同时也表示出世界秩序对发展中国家的认可。只有在做出这个定性的评判之后，才能进一步讨论合作方式及层次等议题。

责任政治的核心是责任分配。分配问题存在着两个争论不休的命题：到底是给不平等的人以不平等的待遇，还是给平等的人以平等的待遇？因

---

① Anthony Giddens, *The Politics of Climate Change*, Polity Press, 2009, p. 162.

此，分配总是与正义相联。反思哥本哈根会议难以取得实质性进展的原因，我们不难发现，历史原则与即时原则之争、总量原则与人均原则之争的背后，都是对何谓正义的探究。[1] 当然，在这些争论的背后隐藏着对国家实力及利益的诉求，但最终还是凸显了责任政治的内在力量。责任而不是分配方式才是各国合作的目标，也是求同存异、和而不同，防止分歧滑向战争的安全阀。

"碳时代"的实力政治则表现在不同国家对碳问题的不同态度，并由此产生对原有国际秩序容忍度的差异。[2] 尽管将国际社会划分为发达国家与发展中国家有助于简化分析国际问题的模式，但在二者内部，仍然存在着由于国家利益差异而带来的对处理碳问题的意见分歧。例如，俄罗斯、美国等能耗大国反对立即采取减排措施，这与提倡采取较为激进的减排措施的欧盟区别开来。在发展中国家内部，小岛国受气候变化影响最大，与欧盟观点相似，而产油国则担心严格的减排措施会影响自身的能源出口。此外，美国力图让中国、印度、巴西等国从发展中国家的群体中分割出来，承担较高的减排义务，却避而不谈补偿问题。因此，"碳时代"的实力政治使传统的"南北问题"变得更为复杂多变，以经济发展水平为标准定义国家身份，已显现出与时代主题不相符的弊端。[3]

于是，构建"碳时代"的国际秩序的核心在于如何做到维持责任政治与实力政治的相对均衡。在当今国际社会，从技术层面来说，有关环保的知识将责任落实到人类的活动，而在国际合作层面，则将责任落实到广义的国际行为体，即国家和国际组织身上。从对文本的二次解读不难发现，"共同"与"有区别"之间的争执，不仅体现了各个行为体对责任的不同解读，更体现出责任与实力之间存在着如何均衡化的内在需求。"碳时代"责任政治最大特点就是可协商性。"碳责任"的定义及分配原则体现出较强的可协商性，其本质是和平，基础是共同利益，形式是措施，原则是实事求是与相互尊重，重点则是国际合作覆盖面的全球化。论述至此，我们可以逐渐发现，正是隐藏在规定责任内容与明确责任主体背后的碳实力，使得对"碳责任"的协商变为可能。

---

[1] Steve Vanderheiden, Atmospheric Justice: *A Political Theory of Climate Change*, Oxford University Press, 2008, p. 124.

[2] Hugh Compston and Ian Bailey (ed.), *Turning Down the Heat: The Politics of Climate Policy in Affluent Democracies*, Palgrave Macmillan, 2008, p. 133.

[3] J. Timmons Roberts and Bradley C. Parks, *A Climate of Injustice: Global Inequality, North-South Politics, and Climate Policy*, MIT Press, 2007, p. 187.

（二）"碳实力"

"碳实力"是"碳责任"的基础。欧盟最早发现了"碳实力"的内涵，其最初指的是碳的排放量，即"碳实力"="碳排放量（工业制造能力）"，这也是表明欧盟试图获得全球意义上的领导地位。随着全球气候的变暖，欧盟要求国家增强其"碳减排能力"，以缓解日趋严重的生态危机。于是，"碳实力"的内涵增加了一项环保性的指标——"碳减排能力"，即"碳实力"="碳排放量"+"碳减排能力"。

然而，在化石燃料仍然作为各国工业化主要动力来源的今天，经济发展决定了碳排放量的持续增加，而"碳减排能力"则依赖于低碳产业的技术创新与传统工业化规模的缩减及环保化，但我们发现，"碳减排能力"也是一种基于科技、资金、市场、管理之上的"硬能力"，这对国力迥异的各国来说，仍是一种物质层面的操作。从哥本哈根会议的过程中可以知道，即使是那些拥有资金、技术等优势的后工业化国家之中，对待减排能力的立场，也不尽相同。防止全球气候进一步变暖已经在相当程度上成为了一种共识，减排意愿成为超越经济发展水平、科技开发能力的一种决定性因素，也是各国在气候问题上能达成共识的关键性节点。[1] 因此，当"碳责任"日益成为国际争论的焦点的时候，综合意义上的"碳实力"则显现出其支配性的力量，并决定着各国"碳责任"分配的可协商性的大小。"碳实力"具有一种综合性的内涵，其中包括"碳排放量""减排能力"与"减排意愿"，即"碳实力"="碳排放量"+"减排能力"+"减排意愿"。

"碳排放量"应高于"减排能力"。"碳排放量"体现了一国的国家实力和经济规模，是一国发展的物质容量。"减排能力"则是一种道德性原则指导下的承诺，意味着降低经济发展速度或是进行节能性的产业升级。"碳排放量"是负向的实力，而"碳减排能力"则是正向的实力。此外，"减排意愿"也是非常重要的一种变量，它直接决定着"碳责任"的分配。可以说，正是由于存在着"减排意愿"的差异，才导致了各国"碳实力"的评估不再仅仅依靠工业规模、科技创新力等硬性指标，而是进一步丰富了"碳实力"的内涵，使之与"碳时代"赋予国家的"碳责任"联系起

---

① Bert Bolin, *A History of the Science and Politics of Climate Change*: *The Role of the Intergovernmental Panel on Climate Change*, Cambridge University Press, 2008, p. 175.

来，使能力与意愿有机地结合起来。真正做到无论国家大小强弱，都可以为环境保护担负起一份力所能及的责任。因此，"碳实力"不仅包括产业规模、科技创新、经济发展等物质性因素，更包含着深邃的国际伦理与道德的内涵。对于大国来说，进行优质的"碳实力"较量则是在"碳时代"的国际政治格局中新的博弈规则。

从这个公式中可以清楚地看到不同的"游戏参与者"的身份。欧盟具有减排能力，其碳排放量在呈现出下降趋势，拥有较为强烈的减排意愿。这使得欧盟占据了碳议题的道德高地。美国具有强大的碳排放量和产业升级的科技创新能力，但由于国内利益集团的掣肘，使之减排意愿较欧洲为低。对于发展中国家来说，增强自身"碳实力"的关键在于找到保持碳排放量和减排能力相对均衡的机制，这就必须坚持《京都议定书》规定的"共同但有区别的责任"的原则。此外，还应表现出保护环境的积极意愿。为减排而担负的成本则应通过合理的碳交易的方式主要由发达国家分担，而不能为了增加减排责任而降低发展中国家的经济发展速度。否则，即使是面临气候变化负面影响最严重的国家，也会因力不能及而付出沉重的代价。在响应加强国际环保合作的前提下，坚持经济发展优先于碳减排承诺，是发展中国家与发达国家进行谈判的根本原则。

虽然目前国际社会对"碳实力"的认识远未成熟，但已超越了欧盟对"碳实力"的自我解读。尽管"碳实力"的内涵，必将涵盖越来越多的道德因素，但与核武器时代的实力政治一样，"碳实力"也具有"威慑性"的特点，只是"碳实力"的威慑性，更具隐蔽性，但从某些国际政治的现实来看，这种潜在力量已初现端倪。例如，美国能够参加但不签署《京都议定书》以及退出《巴黎协定》却无法制裁就表明了这种"碳实力"的威慑性，这不仅反映出国际社会缺乏有力的惩戒权威的现实，还反映出对"碳实力"的展示方式仍存在着核时代的遗风，即仍是一种彰显大国身份及其强权地位的工具。

"碳时代"期望各个国际行为体能够"自愿"做出并履行承诺，这种自愿则是在协商的基础上实现的。自愿承诺的减排量表现的是诚意，"减排能力"的落实则是对承诺的兑现。这是"碳时代"的国际规则中人性化的体现，即国际伦理在国际博弈中所发挥的作用在不断增强。但回到原点我们可以发现，"碳实力"的基础是物质性的因素，这样决定了"碳实力"是可试探、可评估的。"减排能力"与"碳排放量"仍然是对"碳实力"试探的两种主导方向，也是增强"碳实力"的"威慑性"的着眼点。例如，欧盟显示出对减排能力的优越感，美国则同时表现出对碳排放量与减排能力的双重信心。在巴黎会议之后，基于"碳实力"基础之上的妥协与"碳责任"的明确化之间的平衡，将会交错出现。在核时代的今天，基于责任的诚意仍然有待加强，而对"碳实力"的试探则会成为大国博弈新的角斗场。

（三）"碳革命"

为什么说开发替代能源是一场"碳革命"，且具有长期重大战略意义呢？这是因为，以欧盟倡导开发替代能源技术的突破为代表的第四次工业革命——"绿色工业革命"，其实质是能源与环保并重，与之并行的是世界能源供给格局的剧变。进入 21 世纪以来，作为世界最主要能源的石油，其全球总产量一直在 36 亿吨徘徊，"产量峰值"已经提前到来，未来产量难有大幅增加，无法满足全球能源需求。一度被寄予厚望的核电，在 2011年 3 月日本福岛核事故后，德日等国先后出台"弃核日程表"，无法再挑起未来能源供给的重担。而一直作为传统能源的煤炭工业，也面临环保压力与储量下滑的双重困境，日益成为夕阳产业。因此，开发洁净、储量大的替代能源势必成为推动全球经济发展的首选。特别是具开发价值的替代能源，其全球总产量的增长不仅会改变全球能源格局，还将重塑世界工业版图，这直接关系到未来国际经济主导权的转移。

当前国际经济秩序运转的前提是能源的进出口。1974 年美国与沙特等波斯湾国家达成"石油单一使用美元结算"的协议之后，美元与石油形成"绑定"关系。全球石油交易皆以美元结算，而海湾产油国则把石油美元存入欧盟的银行体系，欧盟的银行再以金融投资等方式使美元流回美国，这样美元凭借石油市场逐渐控制了全球经济体系的各种规制安排。例如全球海上贸易路线的主干网就与海上石油运输通道有关，在海上石油运输路线的主要终到港周围，不仅遍布炼化工厂，往往也是国际金融中心和大型城市群。随着油轮而运行的国际贸易合约，也多以美元交易。因此，只要全球还有石油交易，美国就能凭借美元与石油的绑定关系，继续主导世界经济政治秩序。

与日益枯竭的石油资源不同，替代性能源的储量却屡创新高，各国纷纷将其作为传统能源的首选。这除了归功于"碳革命"带来的突破，也与替代性能源适合城市人口消费的特点有关。风能、水能、页岩气既是常规能源天然气的潜在替代能源，也是清洁环保能源。在世界各国快速城市化的大背景下，替代性能源比煤炭、石油更加高效且清洁，因此极具开发潜力。

伴随着替代性能源重要性的上升，国际经济秩序的各个环节都将面临激烈的主导权争夺。不妨从国际经济的上游、中游、下游来分别看待。首先，国际经济的上游面临"海陆之变"。在国际经济的上游，是原材料的生产，其基础是研发。"碳革命"使得传统能源输出国的地位不断下降，而有潜力成为替代性能源重要出口国的国家地位将上升。如今，世界各国对替代性能源产生了浓厚兴趣并开始采取行动。替代性能源出口将主要通过修建跨国管道等陆上运输方式，这与石油贸易更多走海路的情形是不同的。随着替代性能源开发技术的全球扩散，各国成本必将大为降低，直接影响各国的替代性能源使用政策，改变全球碳市场的竞争态势以及世界经济和能源地缘政治格局。

其次，国际经济的中游面临"东西之争"。在国际经济的中游，是原材料加工和工业制造，其基础是为其他行业提供原材料的工业。全球炼化能力的分布，实际上反映出世界产业重心所在。20世纪70年代之前，全球炼油—化工能力基本上都集中在发达国家，欧美石油寡头们从产油国（中东等地）开采原油，用油轮运送到美国、西欧、日本等地，在那里把原油加工为成品油及化工制品，再卖给发展中国家，形成西方主导的全球经济循环。冷战结束以后，世界炼油业出现了一个转折点，即从发达国家转移到发展中国家。以中东为起始，随后亚太和非洲地区的炼油能力高速发展，其中增长最快的是中国和韩国，当前世界上的大炼油厂最多地集中在中国、印度、韩国、印尼，都是东方国家。迄今为止，全球炼油能力约四分之三在发展中国家，只有四分之一在发达国家。由此可以看出，炼化工业布局从西方发达国家转移到东方发展中国家的过程，在时间上与全球制造业大转移基本一致。当炼化工厂不再集中于发达国家，那它们的实体经济优势必将被削弱。然而，替代性能源革命却给欧美提供了改变全球炼化能力分布的机遇。当欧美成为替代性能源的输出国，它就有能力通过调节能源贸易流向等手段，再次影响世界炼化工业的国际分布格局，从而达到扭转全球工业体系重心东移的目的。

第三，国际经济的下游面临"货币之战"。在国际经济的下游，是产品的分销、结算和消费。"货币之战"实际上是对全球财富地图的重新整合。从根本上来说，消费量是最终目的，但决定性的砝码却是结算货币。由于替代性能源定价权尚在争夺中，欧盟、中国、俄罗斯都在致力于交易货币多样化，打破原本石油一统天下的局面，削弱美元与国际能源能源交易的绑定关系。尽管将来哪种货币将成为替代性能源贸易主要结算货币尚属未定，但各大国际行为体围绕替代性能源问题必将出现长期博弈的态势。

综上所述，欧盟倡导并推动了"碳革命"，在其带动下，其成员国纷纷制定替代能源战略，更将能源安全谋划引入到新的博弈边疆，注定成为全球化时代国际政治博弈的核心筹码。因此，对替代性能源的开发，不仅是成员国内部经济问题，更是欧盟跨入国际舞台的重要问题。这将降低传统能源的重要性，改变炼化工业的世界产业格局，并有可能打破货币霸权。从长远来看，每一次工业革命都必将带来国际政治经济版图的解构与重构。在"碳革命"的带动下，未来国际经济秩序的图景很可能被重绘，这种重绘必将颠覆既有国际经济上下游关系网，伴随着的将是长期的、全局性的，甚至有时会是高烈度的多方大博弈，这就是"替代能源战略博弈"的真正内涵。

（四）"碳外交"

"碳外交"是指为了实现国际协同减排温室气体，在既有欧盟倡导的《京都议定书》《巴黎协定》的框架内进行的双边与多边外交谈判过程。"碳外交"的核心目标在于增强自身的"碳实力"，即在一个公平的原则下参与新能源开发行动的同时，增强自身经济竞争力。实事求是地说，发展中国家新能源开发是以降低 GDP 增长速度和提高隐性失业率为代价的。因为，经济发展依赖的是高碳产业，并且，这种产业结构仍然存在着众多高排放、低效能的弊病，而进行低碳产业转型与利用清洁能源，则仍处于方兴未艾的萌芽阶段。"碳实力"对欧盟来说，不仅是一笔政治账，也是一笔经济账。发展中国家依靠高碳产业推动经济增长的发展模式在短期内难以改变，因此，发展中国家碳外交的关键就是要从增强新能源开发能力方面入手。要找到合理的途径，深化清洁发展措施的实际运作，力求保持"可承诺的减排量"与"可承担的碳成本"之间的均衡。

首先，欧盟等发达国际行为体在气候变化谈判过程中力图保持其优势地位，增大对发展中国家的减排压力。欧盟等发达国际行为体认为它们只不过是在时间上较早运用了大气权利，并不存在对发展中国家的历史责任，而且现在的排放权也应该根据传统和习惯基于原来排放权发放，并认为资源的使用和二氧化碳的排放量无需人为干预，只要通过市场就可达到最优状态。① 此种论调的本质就是要让欧盟等发达国际行为体国家继续操作碳交易继而主导国际秩序的控制权。基于这种逻辑，因为发展中国家人口正在或已经进入资源密集型工业化社会，落后的工业生产方式、人口爆炸式的增长、工业化进程的全面展开以及城市规模的迅速扩大都会造成大量温室气体。此外，欧盟也想利用"环境威胁论"作为借口以限制和压制发展中国家的发展，以免西方国家的传统主导地位遭受挑战。

其次，发展中国家在国际气候变化谈判中面临的压力将不断增大。这主要表现为三个层面：一是欧盟不仅要求自愿减排，还力图为发展中国家设限。2009 年 3 月欧盟委员会制订新的方案，要求 2012 年之后大幅削减先进发展中国家的清洁发展机制（Clean Development Mechanism，CDM）规模。欧盟认为对于先进的发展中国家和那些竞争激烈的行业而言，基于项目的 CDM 机制应当让位于行业性的碳市场计入机制，这一方案明确表明了欧盟要求"发展中国家"参与实际减排的态度。但由于发展中国家对土地、资源、市场、和平环境等需求非常强烈，特别渴望有广阔的发展空间，同时参与国际事务在发展中国家外交政策中一直占据着核心地位，这一矛盾促使国际气候谈判迟迟不能取得成果。二是发达国家利用经济手段迫使发展中国家接受减排约束。发达国家以防止气候变化加剧、保护自身产业的竞争力等理由，宣扬对影响碳排放的产品征收碳税或者贸易税。此外，欧盟还准备将 CDM 交易和发展中国家是否减排相挂钩。三是发达国家媒体和领导人还不断强调发展中国家应该尽快承担减排义务。在 2008 年波兹南会议上，"共同但有区别的责任"原则受到了挑战。以往同意这项原则的欧洲国家、日本等均提出发展中国家应做出减排承诺，而美国和欧洲还力图破坏发展中国家团结，把中国、巴西、印度定义为"特殊的发展中国家"，利用其经济与技术优势试图实现气候与经济危机上的双赢。②

最后，发达国家忽视发展中国家经济发展的特殊需要，在资金和技术上提供实质援助的进展缓慢。《京都议定书》中规定了三个灵活机制，分别是"联合履约机制""清洁发展机制"和"排放贸易机制"。其中，"排放贸易机制"是发达国家与发展中国家以项目为基础的排放贸易，发达国

① Peyton H. Young and Wolf Amanda: Global Warming Negotiations: Does Fairness Matter, *The brookings review*（spring），pp. 46 – 51.

② Peter Haldis Chu: *Climater Change Will be a Priority for Obama Administration Global Refining and Fuels Report*, Vol. 13, No. 1, 2009, pp. 24 – 26.

家从中获得温室气体减排量，发展中国家获得资金和技术。但是，发达国家和发展中国家在如何参与全球减排的核心问题上，存在着立场上的迥异差异。① 目前，欧盟通过碳税或气候变化税、美国借由经济体会议、日本寄托按行业减排等形式建立的"软法"性质的气候变化机制，都带有限制发展中国家能源发展空间的色彩。

通过以上分析可以看出，迄今为止，国际气候谈判举步维艰的根本原因在于：气候变暖威胁的全球性与全球气候治理无序性之间的矛盾。目前发达国家已提出各种减排方案，基本掌握了气候谈判的主动权；如果发展中国家选择对抗性措施，则只会导致外交困境。在发展中国家对全球环境影响日益增大的国际大背景下，拓展广大发展中国家的发展空间和内部团结，促使南北合作，积极展示国家在气候变化方面的巨大绩效，是发展中国家碳外交的基本目标。因此，发展中国家碳外交的核心在于：在参与全球协同新能源开发同时促进国民经济和社会的可持续发展。这需要发展中国家的外交谋划既要考虑到国际谈判的宏观基调，又要注重微观策略的可行性。

三、气候话语权的语用策略

（一）气候话语权的语篇预设

1. 语篇的建构作用

语篇是交流过程中的一系列连续的语段或句子所构成的语言整体。从作用角度来看，语篇主要通过框定叙述的内容，实现对话语内容的筛选；通过逐渐把某些事物排除在话语之外，而使其消失于意义体系之外；通过频繁地重复某些内容，而使其进入稳定的话语体系，进而为这些内容逐渐被客观化打下基础。即行为体有意识的对语篇进行筛选、忽视、重复，从而通过这个过程，行为体在话语涉及的事物间框定出一种意义关系。如欧盟参与国际气候谈判前，通过反复重复关于气候安全的语篇内容，基本形成了碳排放会威胁全球气候安全的意义体系。

人们在具体分析语篇时根据所采用的视角和方法主要分为两类：一种是自上而下（top-down），一种是自下而上（bottom-up）。自上而下主要是

---

① 杨洁勉：《世界气候外交和中国的应对》，北京：时事出版社，2009 年版，第254—260页。

从所处的语境出发，通过对语境的理解来指导我们向下分析，为相关解释找到语篇方面的证据。如分析政治话语时，我们会根据政治家们所处的政治环境来分析。如果我们相信选民们被政治家们建构的某种特殊意义所操纵，我们就可以通过话语来分析是如何操纵的。而自下而上的分析主要是从具体的话语开始，如发音、选词、句法等。分析者是寻找一种证据来证明话语是在以一种特殊的方式建构着，如一些关键词被使用得很频繁，而另一些关键词则避而不用，这一行为不是因为话语的字面意义，而是基于使用者背后的动机。分析这种特殊的语言特点会使我们推想言说者的动机，然后得出一些语境的特点。在分析国际政治中的话语形成过程时，我们常常需要密切关注语境，在这种语境中来理解话语的形成过程和意义的建构。

从语篇的叙述内容来看，语篇所涉及的内容会框定出一种意义体系，使其形成一种话语。对于任何一件事物或行为，它都会涉及众多方面，语篇会起到框定意义体系的作用。框定的过程也是一个表述意义、建构意义的非中性过程。在这个过程中，一些内容被涵盖进来，被反复重复，不断被强化；或是被一带而过，或是被忽略不计，甚至从语篇中消失，不再被提及。所以，框定的过程同时也是排除的过程。通过这个过程，语篇把一些内容联系在一起而产生出一个相对完整的意义体系，把某些意义固定下来，使之具有了相关性，同时也会使某些意义从社会上消失。语篇的这种意义体系会直接影响行为体的行为选择，也会对话语对象产生影响。

建构语篇意义的最简单方式是对文字或符号的重复。所以，从语篇内容来看，我们可以来分析不同阶段语篇叙述内容的变化，通过某一内容出现的频率来看其在本阶段是否是主要话语内容。出现频率越高，言说者对其相关意义的强化程度越高。相关的出现频率高的内容联系在一起形成一种相对稳定的话语意义体系，并逐渐被人们作为一种客观现实而接受。例如，在欧盟推动《巴黎协定》的过程中，《巴黎协定》一直是欧盟气候话语中的主要内容。对《巴黎协定》描述最多的是有重大意义的、人类智慧的结晶以及和气候安全的联系等。经过反复重复这些内容，欧盟所表述的关于《巴黎协定》的话语意义体系在谈判前已经相当固定，这些本无明显联系的内容以语篇建构的方式被连接在一起。

诚然，行为体的话语建构过程并不是任意的，还要受到其他话语的影响。新的话语文本通常和以前的话语文本交织在一起，即把以前的话语结合到当前的话语中来而产生新的话语意义，又称为话语的文本间性。所以，以前的气候话语不可能全部被抛弃，它们是现在的气候话语的基础，因为话语是有延续性的。正是基于此，正是在《京都议定书》《坎昆协议》等的基础上形成了《巴黎协定》。

语篇的另一个重要方面是话语的叙述风格。所有的话语叙述形式有一个比较固定的叙述情节，即它们都遵循一定的叙述模式。话语叙述风格主要分为四种：浪漫式（romance）、悲剧式（tragedy）、喜剧式（comedy）、讽刺式（satire），不同的话语叙述方式尽管可能是关于同一个事实，但会呈现给话语对象不同的画面，进而产生不同的效果。不同的话语叙述风格会产生不同的社会效果，代表不同的行动议程，会在话语对象那里产生不同的意义，建构出某种话语意义体系，进而把其他的意义排除。所以，我们可以通过分析气候话语语篇的叙述风格来看语篇与意义建构的关系。

2. 话语预设

话语预设就是行为体在语篇层次建构话语意义的重要步骤。话语权的生成需要从话语主体经过传播链条对话语客体产生影响，其中的环节——"预设机制"至关重要。"预设"（presupposition）亦称为"前设"，是话语建构的核心内容，推广是话语传播的重要内容。预设不但关乎语境，且与发话者的动机或意图密切相关，即预设建构的不只是句子与命题的关系，还是发话者与接受者之间的关系。预设可分为逻辑预设、语句预设与语用预设三个研究维度。逻辑预设主要从语篇层面开展，语句预设主要在句式层面上进行，而语用预设是在词汇层面上，结合说话人的意图及有效实施言语行为的条件下实施。预设是对话题的加工，欧盟通过预设将自身的认知规律和价值取向融入到气候话语的文本结构之中。

国际关系理论"语言转向"① 后，相关的话语权研究得到迅速发展。笔者在具体研究方法上，使用 Concordance 软件创建相关语料库，收集一手气候话语文本材料录入。笔者在文本选择方面遵循三个标准：一是话语文本的观点表达清晰，二是话语文本的影响力强，三是话语文本具有代表性。因此，笔者最终挑选了欧盟应对气候变化的决议、政策与法律文件，作为本文的数据样本。为确保话语文本的准确性、权威性和系统性，笔者从欧盟官方

---

① 孙吉胜：《语言、意义与国际政治》，上海：上海人民出版社，2009 年版，第 7 页。

网站①直接下载上述文本并用于统计过程。笔者收集的文本来源年限从 1999—2017 年，分析这些气候文本的标题、篇章、段落、句式、关键词等。

欧盟气候话语权的逻辑预设。如前所述，预设的第一个研究维度是逻辑预设。欧盟通过语篇叙述方式来实现逻辑预设。逻辑预设是指为文本表述设置一个理所当然的逻辑前提，无论所做出的具体陈述或断言是肯定还是否定，其"预设必然需要具有逻辑性"②。逻辑预设的功能得以存在依赖于两个现实基础：第一，逻辑预设发挥着定位的作用。欧盟通过实施逻辑预设，其气候话语没有必要也不可能面面俱到，只需要强调自身的合理合法之处，以谋求他者的认同。第二，逻辑预设起到舆论引导的效果。欧盟通过逻辑预设与话语诱导，将自身气候话语的逻辑迎合公众的思维规律，让公众顺理成章地接受。概而言之，欧盟气候话语权的逻辑预设分为两个层面：一是将气候议题逻辑预设为安全问题，突出气候话语的安全特性；二是把气候议题预设为领导者问题，强调国际气候领域需要欧盟作为急先锋发挥表率作用。

首先，欧盟气候话语权的安全化逻辑预设。欧盟气候决议的大量语篇涉及气候安全问题。如下图 4—1 所示，欧盟 1999/296/EC 号温室气体监测决议、2001/77/EC 号可再生能源决议、2002/358/EC 号减排责任分摊决议、2003/87/EC 号排放贸易决议、280/2004/EC 号温室气体监测改革决议、2005/32/EC 号能源产品生态标准决议、2006/32/EC 号能源服务国家决议、2009/29/EC 号排放贸易改革决议都有涉及气候安全的大量命题与段落表述。如 1999/296/EC 号决议指出："气候变化的安全问题远远超越人道主义危机，温室气体监测的建立迫在眉睫。"③ 2006/32/EC 号能源服务国家决议规定："气候变化是事关全球整体安全与欧盟子孙后代的大事，欧委会为在欧盟范围内的诸多产品，如计算机、冰箱和电灯泡等，制定最低能效标准并以欧盟立法的形式确立下来，确定 2016 年实现能源效率提高

---

① European Union Law, EUR-Lex Access to European Union Law, http：//eur-lex. europa. eu/ homepage. html，访问日期：2017 - 09 - 15。

② J Nilsson，"On the Idea of Logical Presuppositions of Rational Criticism"，*in Karl Popper's A Centenary Assessment：Volume II：Metaphysics and Epistemology*，Ashgate，Aldershot，2006，pp. 109 - 110.

③ Council of the European Union，"Council Decision Of 26 April 1999 Amending Decision 93/389/ EEC For A Monitoring Mechanism Of Community CO_2 And Other Greenhouse Gas Emissions"，*Decision*，1999，April 26，pp. 35 - 38.

9% 的目标。"① 2009/29/EC 号排放贸易改革决议规定："气候安全是欧盟面对的刻不容缓的重要问题，欧盟将设定统一的温室气体排放上限，具体规定排放贸易的减排目标，以取代各成员各自决定的国家排放许可计划。"②

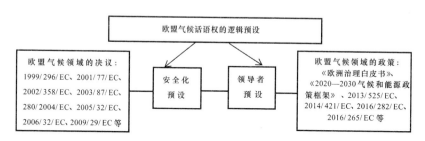

图 4—1　欧盟气候话语权的逻辑预设

注：本示意图由笔者绘制，数据来源于欧盟官方网站，http：//eur-lex. europa. eu/homepage. html，访问日期：2017 - 06 - 20。

其次，欧盟气候话语权的领导者逻辑预设。欧盟除了进行上述安全化预设之外，还将气候议题逻辑预设为其全球领导者问题，强调国际气候领域是欧盟展现软实力与规范性力量的重要领域。《欧洲治理白皮书》赋予了欧委会将欧盟气候领域的善治经验推广到全球治理进程中的任务。2014 年欧盟发布的《2020—2030 气候和能源政策框架》指出："国际气候领域需要先行者，欧盟可以发挥这样的作用。欧盟积累了发展新能源和节能技术的经验，为国际社会应对气候变化起到了示范效用。"③ 欧盟 2013/525

① Council of the European Union, "Commission Decision Of 16 January 2006 Adjusting The Weightings Applicable From 1 February, 1 March, 1 April, 1 May And 1 June 2005 to The Remuneration of Officials, Temporary Staff and Contract Staff of the European Communities Serving in Third Countries And of Certain Officials Remaining in Post in the 10 New Member States For A Maximum Period of 15 Months After Accession (Article 33 (4) of The Treaty of Accession of the 10 New Member States)", *Decision*, 2006, January16, p. 69.

② European Parliament, "Council of the European Union, Directive 2009/29/EC of the European Parliament and of the Council of 23 April 2009 amending Directive 2003/87/EC so as to Improve And Extend the Greenhouse Gas Emission Allowance Trading Scheme of the Community (Text with EEA Relevance), Official Journal of the European Union 52", *Directive*, 2009, April 23, p. 139.

③ European Commission, "Commission Staff Working Document Impact Assessment Accompanying the Document Communication from the Commission to the European Parliament, the Council, the European Economic And Social Committee And the Committee of the Regions A Policy Framework For Climate And Energy in the Period from 2020 up to 2030", *Implementing Decision*, 2014, January 22, p. 1.

号文件规定："欧盟在温室气体减排方面走在世界前列，更为重要的是，
这是欧盟国际气候领导权的关键支撑，为其主导国际气候谈判提供了有利
条件。"① 欧盟2014/421 号文件指出："排放贸易体系是欧盟应对全球变暖
的主要成就之一。欧盟排放贸易规则不断优化，合法性和支持度不断提
升，确立了欧盟在国际气候领域的领先地位。"② 欧盟2016/282 号文件规
定："欧盟在应对气候变化过程中，尽管其航空碳税等政策面临非议，但
欧盟毫无疑问仍然是应对全球变暖的先锋力量。"③ 欧盟2016/265 号文件
指出："欧盟不仅以气候领域的开拓者对全球气候治理做出了直接贡献，
也以话语规则建构的方式间接塑造着国际气候规则的发展，还是推动其他
国际行为体做出减排承诺和行为的重要力量。"④

　　总而言之，欧盟通过在语篇中实施安全化预设和领导者预设，突出了
气候问题的严峻性与国际气候领域需要领导者的重要性。话语权中的预设
研究本是一门研习如何说服他人的技术，在现今语言建构主义研究的影响
下，逻辑预设越来越体现为一种"说服行为"，其具有"言后领域"（Per-
locutionary Realm）⑤ 乃是不言自明的事实。如唐纳德·戴维森（Donald
Davidson）所说："逻辑预设不仅是一个语义结构问题，也是一个语用效果

---

① European Parliament, Council of The European Union, "Regulation (EU) No 525/2013 of the European Parliament And of the Council of 21 May 2013 on A Mechanism for Monitoring And Reporting Greenhouse Gas Emissions And for Reporting Other Information at National And Union Level Relevant to Climate Change And Repealing Decision No 280/2004/EC Text With EEA Relevance", *Implementing Decision*, 2013, May 21, pp. 13 – 14.

② European Parliament, Council of the European Union, "Corrigendum to Regulation (EU) No 421/2014 of the European Parliament And of the Council of 16 April 2014 Amending Directive 2003/87/EC Establishing A Scheme For Greenhouse Gas Emission Allowance Trading Within the Community, in View of the Implementation By 2020 Of An International Agreement Applying A Single Global Market-Based Measure to International Aviation Emissions", *Implementing Decision*, 2014, April 21, p. 177.

③ European Commission, "Commission Regulation (EU) 2016/282 of 26 February 2016 Amending Regulation (EC) No 748/2009 on the List of Aircraft Operators Which Performed An Aviation Activity Listed in Annex I To Directive 2003/87/EC On Or After 1 January 2006 Specifying The Administering Member State for Each Aircraft Operator Text with EEA Relevance", *Implementing Decision*, 2016, February 26, p. 1.

④ European Commission, "Commission Implementing Decision (EU) 2016/265 of 25 February 2016 on the Approval of the MELCO Motor Generator as an Innovative Technology for Reducing CO_2 Emissions from Passenger Cars Pursuant to Regulation (EC) No 443/2009 of the European Parliament and of the Council (Text with EEA Relevance)", *Implementing Decision*, 2016, February 25, p. 31.

⑤ Per de Man, "Semiology and Rhetoric", in Contemporary Literary Criticism, eds. R. C. Davis et al, London: Longman, 1989, p. 253.

问题，需要联系接受者的接受逻辑进行研究。"① 这样欧盟气候话语权的逻辑预设问题实质上也就是话语技巧和话语效果问题。换言之，欧盟通过在文本叙述中实施安全化预设和领导者预设，将其气候话语的文本逻辑与公众的认知逻辑相协调，激发公众脑海中对于安全问题与英雄崇拜主义的认知节点。欧盟在语篇话语技巧上突出其气候文本的合理性与合法性，将公众引入恰当的语境中引发共鸣，打造欧盟与公众的亲和效果，从而实现自身的战略目标。

（二）气候话语权的语句预设

1. 句式层次的意义建构

句式选择（Sentence Patterns）与语篇不同，句式选择也有其自身的特点，句式层次的意义建构主要需要分析言语行为和特殊句式。欧盟在国际气候领域的言语行为是在使用气候话语的过程中，欧盟会根据一定的句法规则把词汇连成特定的句子形式，根据言语行为理论，不同的句法形式、不同的言语行为会影响产生特定的气候话语意义，这在语义学和语用学领域也广为讨论。

体现在句子层次上，首先可以分析言语行为的是"以言行事"。每个言语行为都是一次交流活动，都是建立在行为体有意图交流的基础上。不同的言语可以传达不同的交际意图，达到不同的交际效果。欧盟在气候领域的言语行为可以大致划分为三类："以言指事""以言行事"和"以言取效"。在分析欧盟气候领域言语行为的建构效果时，"以言取效"是最重要的，但在分析"以言取效"的同时，我们还要分析欧盟的意图。不同时期，由于交际者的意图不同，其主要言语行为的类型和言语行为的对象主体也会有所不同。在当前国际背景下，欧盟在气候领域言语行为的意图就是谋求扩大和巩固话语权，借助自身在气候领域的作为以提升其国际竞争力和领导力。

其次是特殊句式与情感。在句子层次，我们需要分析的一个重点是看发话者通过使用何种特定的句法结构来强化情感和某种特殊的意义体系。欧盟在气候政治语篇中经常会使用一些特殊的句式或修辞手段，例如，欧盟通过对比来突出话语主体的区别，使用排比来强化某种特殊情感等。同

① Donald Davidson, "What Metaphors Mean", *Special Issue on Metaphor*, 1978, Vol. 5, No. 1, p. 31.

时，欧盟也会用一些口号式的话语来强化某种概念，用一种术语符号来代替简单的叙述。

句式选择有自己显著的特点，政治口号也是政治家们经常使用的一种策略。重复使用这些口号式的语言在情感上可以鼓舞士气，可以争得听众对自己的支持。例如，欧盟在巴黎气候大会前最常使用以下一些句子，如"我们一定会成功"，"欧盟将坚定决心，直到最后胜利"，"我们的事业是正义的，我们一定会胜利"，"我们今天所做的将决定将来世界的未来，我们绝不会失败"，"我们不断向前、充满信心、意志坚决、毫不畏惧"等。

语句预设是通过"言语行为和句式选择来设置语言意义，利用人们习惯的语言或句式使用规律，激活公众信息系统中的前期认知，最终形成映射关系"①。欧盟就是通过使用各种带有明显倾向性的句式排列，来迎合公众交往的类似情感原则，使公众自然产生一种接受其气候话语内容的顺利感。不难看出，这里所表述的语句预设其实包含了一种以己夺他、循序渐进、化异为同的过程。根据语句预设理论与言语行为理论，发话者说话是在实施三种行为："言内行为"（Locutionary Act）、"言外行为"（Illocutionary Act）和"言后行为"（Perlocutionary Act）②。其中"言内行为"是话语的字面意义，"言外行为"是发话者的意图或目标，"言后行为"是发话者的话语效果。我们根据这三种言语行为来解读欧盟气候话语文本，不难发现，欧盟气候话语文本的言内行为多是节能环保层面的具体解读，欧盟气候话语的言外行为是要实现其气候话语领导权，欧盟气候话语的言后行为是扩张了欧盟的规制影响力与软实力。

结合发话者选择的句式类型，语句预设又可以分为告知型、假设型、承诺型、认可型等。欧盟通过灵活使用上述四种言语行为，强化其气候政策的公众接受力，达到了积极的话语效果。如图4—2所示，欧盟使用告知型言语行为的目标是让人们了解其气候政策的进展，告知公众它在国际气候领域的重要作用。如"欧盟的气候治理正在稳步推进"③，"欧盟的气候

---

① Yafa Al-Raheb, "Pragmatic constraints on semantic presupposition", *in CSLP 06 Proceedings of the Third Workshop on Constraints and Language Processing*, 2006, pp. 25 – 26, http://www.aclweb.org/anthology/W/W06/W06-0404.pdf, 访问日期：2015 – 10 – 01。

② 根据奥斯丁提出的言语行为理论，说话的同时就是在实施某种行为。

③ European Parliament, Council of the European Union, "Directive 2009/28/EC of the European Parliament and of the Council of 23 April 2009 on the promotion of the Use of Energy from Renewable Sources and Amending and Subsequently Repealing Directives 2001/77/EC and 2003/30/EC（Text with EEA relevance）", *Directive*, 2009, April 23, p. 1.

决议得到落实"[1]，"欧盟在气候治理领域获得众多成就"[2]。欧盟也频繁使用假设型言语行为，从现在的作为预判言语对象的未来结果。如"现阶段的欧盟气候治理必将产生长远收益"[3]，"欧盟的气候治理行动并非仅仅拥有眼前利益，而是为了千千万万子孙后代"[4]。

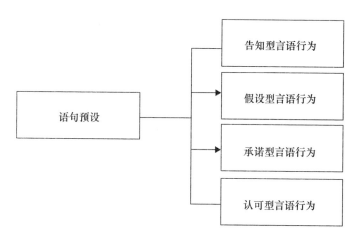

图 4—2　欧盟气候话语权的句式选择

注：本示意图由笔者绘制。

为了增强话语效果，欧盟还频繁使用承诺型言语行为。2007 年 3 月，欧洲理事会通过决议确立中长期气候政策的"20/20/20 目标"："2020 年承诺温室气体排放总量在 1990 年基础上减少 20%，能源效率提高 20%，

①　European Parliament, Council of the European Union, "Directive 2014/94/EU of the European Parliament And of the Council of 22 October 2014 on the Deployment of Alternative Fuels Infrastructure Text with EEA Relevance", *Directive*, 2014, October 22, p. 2.

②　European Parliament, Council of the European Union, "Directive 2010/75/EU of the European Parliament And of The Council of 24 November 2010 on Industrial Emissions (Integrated Pollution Prevention And Control) Text With EEA Relevance", *Directive*, 2010, November 24, p. 17.

③　European Parliament, Council of the European Union, "Decision No 466/2014/EU of the European Parliament And of the Council of 16 April 2014 Granting An EU Guarantee to the European Investment Bank Against Losses Under Financing Operations Supporting Investment Projects Outside the Union", *Decision*, 2014, April 16, p. 1.

④　European Parliament, Council of the European Union, "Decision No 1386/2013/EU of the European Parliament and of the Council of 20 November 2013 on a General Union Environment Action Programme to 2020 'Living well, within the Limits of Our Planet' Text with EEA relevance", *Decision*, 2013, November 20, p. 171.

可再生能源在能源供应中的占比达到20%。"① 此外，欧盟承诺："到2030年将温室气体排放量在1990年的基础上减少40%，可再生能源在能源使用总量中的比例提高至27%，能源使用效率至少提高27%。"② 认可型言语行为主要表现为认可与感谢。如欧盟指出："全球排放总量应在2020年达到峰值，到2050年减少为1990年的50%。"③ "减排离不开每个国家的参与，欧盟感谢成员国的支持。"④

　　总而言之，在语句预设上，欧盟的气候话语经历了不断发展的过程，由气候议题推动科技、经贸、政治等全球战略调整，同时气候政策也从市场经济衍生品的相关解读发展为较为完备的话语体系。从历时性角度看，一是欧盟气候议题范畴的扩大和深化。欧盟出台多个政策文件阐明其对于发达国家减排、发展中国家适当减排、碳交易及监管、碳核查程序、低碳技术转让的技术支持与管理结构等问题的立场。欧盟在言语行为和句式选择上，将其气候议题从最初狭义的环保内容，如治理环境污染、保护饮用水健康、处理危险化学品等，逐步扩展为囊括了气候、能源、碳交易、低碳经济、自然资源、野生动植物保护、生产及消费过程中的一切与气候相关的问题。二是欧盟气候议题指向目标的演进，从仅仅排列在末端的纯粹治理机制逐步发展为日趋完善的气候话语规范。欧盟通过语句预设将自身气候规则融入到国际气候机制的构建中，实现自身气候规则的向外拓展，获得应对国际气候变化的先发优势。在此过程中，欧盟的气候话语影响力不断增强，积极性日趋提高，并将其气候议题推广到经济、政治、外交等领域，影响着贸易和文化。

---

① European Parliament，"Committee on Industry，A New Energy Strategy for Europe 2011 – 2020 European Parliament Resolution of 25 November 2010 on towards a New Energy Strategy for Europe 2011 – 2020"，（2010/2108（INI）），*Own-initiative Resolution*，2010，November 25，p. 9.

② European Commission，"Commission Staff Working Document Impact Assessment Accompanying the document Communication from the Commission to the European Parliament，the Council，the European Economic and Social Committee and the Committee of the Regions A policy framework for climate and energy in the period from 2020 up to 2030"，*Impact assessment*，2014，January 22，p. 1.

③ United Nations Framework Convention on Climate Change，"Information and Data Related to Paragraph 17（a）（i）and（ii）of Document FCCC/KP/AWG/2006/4 and to the Scale of Emission by Annex I Parties，and Views on the Organization of an In-session Workshop on These Issues"，*Submission from Parties*，2008，p. 12.

④ European Parliament，Council of the European Union，"Directive 2010/75/EU of the European Parliament And of The Council of 24 November 2010 on Industrial Emissions（Integrated Pollution Prevention And Control）Text With EEA Relevance"，*Directive*，2010，November 24，p. 18.

（三）气候话语权的语用预设

1. 语用预设的词汇建构

语篇层次是从宏观角度来研究话语的主要内容和整体叙述风格；语句预设是从中观层次分析话语的句式选择和句子特色；在微观层次，发话者的交际意图主要是通过词汇的选择来实现，研究回归到具体的词汇使用，对话语进行更加具体的分析。词汇（word）是构成意义的基础，而谨慎地选择词汇会体现出发话者的战略性和策略性，是建构政治话语的一个重要方面。词汇层次分析主要有以下两个方面：一是谓语分析；二是词汇选择。词是语言表达和建构意义的基本单位，对于一些新出现的事物或现象，对其选用什么样的词汇直接影响人们对它们的认识和理解，这也是词汇层次需要关注的重点。此外，我们还可以看词汇的使用频率和特点。

（1）谓语分析

词汇分析方面，我们可以采用谓语分析（predicate analysis）的方法。在主语、谓语、宾语三者间，建构词汇意义强度最大的首推谓语。谓语的建构能力和人的理性思维能力密切相连，这也是谓语建构的关键所在。正如前文语言建构主义理论所指出的，我们可以通过从指称、分类、实践等角度来更好地理解谓语对意义的建构过程。人们说话时要遵循一定顺序：主—谓结构就构成了一个完整的句子，进而表达一种思想。把各种词汇连接在一起，就构成了句式和语篇。谓语分析主要是把谓语作为分析的中心，即分析和名词相连在一起的动词、形容词及副词等。谓语是对主语动作或状态的陈述或说明，指出"做什么"（do what），"是什么"（what is this）或是"怎么样"（how），谓语动词的位置一般在主语之后，经常用动词和形容词搭配然后用来充当谓语动词。谓语分析是研究文本具体语言的一个合适的方法。

谓语分析中，一个文本不仅指出某类事物的特点而建构了该类事物，还通过和其他事物的比较赋予事物特点以及事物间的相互关系。可见，谓语分析实际不仅是建立某一个话语体系，还同时是一个经验性研究和抽象化进行的过程，即人们根据谓语看是否符合自身经验和理论范畴，进而对这些经验化、理论化范畴进行更新。当然谓语分析并不是唯一的词汇分析方法，除此之外，从经验研究角度讲，研究者主要是把一个社会或群体经常使用的比喻汇集起来感知世界。比喻在国际关系理论研究中应用非常普遍，也使我们对国际现象的感知更加具体，比喻在欧盟气候话语文本中也十分常见。

（2）词汇选择

在词汇选择方面，笔者分析的一个重点是欧盟气候文本中"我""我们""他"身份的差异性词汇。根据后结构主义的建构观点，对身份最重要的建构是基于表述突出"我""他"差异性和相关性的词汇，直接影响建构话语主体的身份，而身份又和政策相互建构，既体现政策又建构政策。通过谓语分析可以看出话语的变化和建构意图，看行为体对主要的话语主体都使用了什么具体名词、动词、形容词和副词等。例如，在欧盟的气候话语中，对于环境破坏者的"他"的建构词汇，用的最多的是"自私的""自利的""短视者""不顾他者的"等；对于欧盟自身"我"的建构词汇，最主要的有"优秀的""正义的""可持续的""长远的"等。除此之外，还需要分析对其他身份表述的词汇特点，即居于次要地位的词汇等。话语有自己的内部结构，我们可以在一个更大的系统中来分析这些话语建构出的差异性和相关性，以及相互身份之间的程度差异。

词汇的选择对于建构身份非常重要，尤其是那些能够清楚地突出"我""他"的词汇，对于新的事物和现象的命名还将对建构的事实产生深远影响。例如对于一场气候战争的描述，一方使用"占领"（occupation）或"入侵"（invasion），而另一方使用"解放"（liberate），这些词的所产生的效果完全不同。可见，词汇并不是中性事物，而是带有一定的价值色彩。对政治话语进行分析时，一个分析的重点就是关注对新的事物所使用的特殊词汇。

除命名外，在一定的社会语境下，可以通过利用词汇之间的密切关系构建新事物，建构与之相关的特殊意义想过，如类比、比喻等。这也是言语者对语言使用的巧妙之处。政治家们经常会选择一些感情色彩丰富的词汇。可以分析不同阶段的词汇频率情况，看不同阶段出现频率最高的是哪些词汇。对某种特殊话语的重复第意义建构非常重要。词汇使用的频率越高，对相关意义的建构意图越强。针对不同阶段语言的使用频率的变化分析，可以帮助我们理解发话者的交流和建构意图。

2. 语言预设的使用

语用预设是发话者在语用环节所做的具体设置，主要是使用词和短语在实际应用过程中进行预设，并借助交际双方所共有的知识背景，设置便于交际的文本概念和特征。[①] 从语用预设的推断来说，预设寓于发话者的词汇和短语之中，从特定词汇短语的形成来看，话语意义又建筑在预设的基础之上。语用预设是一种动态的、开放的话语建构模式，发话者在这一预设行为中具有主导地位，它主要是发话者通过词汇或短语形式对新概念进行提议，其中包含了对交际意图的设计，即发话者通过具体的语用预设来推动社会交往的顺利进行。[②] 欧盟正是在此基础上，进行大量气候领域的概念创新，实施其气候话语的语用预设功能。

欧盟在语用预设领域，倡导了如下耳熟能详的气候概念。如"2℃警戒线""2020 峰值年/转折年""欧盟 MRV"等。其中，"2℃警戒线"是人类和地球系统能够避免气候变化的灾难性后果的临界温度变化（1990 年基础上）。"2020 峰值年/转折年"是全球温室气体排放总量在 2020 年达到峰值后就应调头向下，2050 年降低到 1990 年排放水平的一半左右，到 21 世纪末实现零排放。"欧盟 MRV"（Measurable，Reportable，Verifiable）是欧盟在低碳领域的三可制度，涉及可测量、可报告与可核查三个方面，是欧盟碳交易监测制度的基础，具体包括碳排放的可测量，碳交易行为的可报告与碳排放过程的可核查，涵盖一系列监测量化标准和核查管理指南。如 ISO14064 系列标准。[③]

表 4—1 语用预设与欧盟气候话语权的概念创新

语用预设与概念创新	1990 基准线	2℃警戒线	2020 峰值年	欧盟 MRV	低碳经济	低碳社会	碳交易	碳金融	碳泄漏	碳标签	碳捕获	碳封存

注：本表由笔者绘制，数据是笔者构建的欧盟气候话语文本语料库；数据来源于欧盟官方网站：http://eur-lex.europa.eu/homepage.html，访问日期：2017 - 11 - 20。

欧盟根据语用预设的目标，还积极倡导低碳系列概念。如上表所示，欧盟及成员国率先提出"低碳经济"（Low-carbon Economy）的概念。"低

---

① C Caffi, "Pragmatic Presupposition", *Encyclopedia of Language & Linguistics*, 2006, Vol. 17, No. 44, pp. 17 - 18.

② BKJ Bock, "The Effect of a Pragmatic Presupposition on Syntactic Structure", *Journal of Verbal Learning & Verbal Behavior*, 2010, Vol. 16, No. 6, pp. 723 - 724.

③ ISO 14064：2006 是一个由三部分组成的标准，其中包括一套 GHG 计算和验证准则。该标准规定了国际上最佳的温室气体资料和数据管理、汇报和验证模式。人们可以通过使用标准化的方法计算和验证排放量数值，确保 1 吨 CO_2 的测量方式在全球任何地方都是一样的。

碳经济"是经济发展与生态保护双赢的发展形态，实质是提高能源效率且获得更高经济产出。欧盟随后提出包括"碳金融"（Carbon Finance）、"碳标签"（Carbon Labelling）、"碳泄漏"（Carbon Leakage）、"碳捕获"（Carbon Capture）、"碳封存"（Carbon Sequestration）、"航空碳税"（Aviation Carbon Tax）、"海运碳税"（Shipping Carbon Tax）等低碳系列概念。"碳金融"是涉及低碳领域各项金融活动的总称，包括碳交易、碳投资、碳项目开发与合作等。"碳标签"是对各种产品的包装上进行碳信息标注，提醒消费者该产品从生产、运输到消费过程中排放的 CO_2 总量，鼓励消费者购买低碳产品。"碳泄漏"是产品生产与运输过程中泄漏的碳总量，成为航空碳税、海运碳税等多种碳关税的征收依据。"碳捕获"是使用新兴科学技术来捕获各类产品的 CO_2，降低产品在生产消费过程中的碳排放量。"碳封存"是将捕获的 CO_2 封存起来避免直接向大气排放。"航空碳税"是欧盟通过相关法案对到其机场起落的航空企业征收碳排放税，核心是碳排放权和碳排放额度的量化。"海运碳税"是欧盟根据碳排放标准拟对达到欧盟港口的海运企业征收相应碳税。

总而言之，通过操纵词汇和短语等要素进行语用预设，是进行话语建构的一种重要形式，也是欧盟能够成功塑造其气候话语权的基础。欧盟通过在气候词汇和短语中灵活使用语用预设，强调其气候话语的信息结构，突出其气候概念的信息中心，创新低碳系列概念的表述形式，并利用大众传媒来影响公众舆论，增强其国际气候话语权。

四、气候话语权与气候外交

国际气候话语权的全球推广过程实质上是一种不公平的竞争。在全球推广过程中，掌控国际气候话语权的强者将会变得更强，弱者稍有不慎便会被同化被说服。有鉴于此，欧盟为了推动其气候话语权的全球化拓展，采取了多种推广模式相结合的方式：一是与各主要国际行为体建立"气候合作伙伴"；二是构建"清洁能源网络"。欧盟气候话语权的推广过程实质上也是一种新标准的建立。正是在欧盟的强势推广下，欧盟的气候话语概念成为默认的国际通用气候类概念，成为各国新闻媒体关注的焦点，成为国际气候谈判中世界各国沟通、商讨、交流的基础。

（一）欧盟作为区域性组织整体的气候话语权与气候外交

自从 20 世纪 90 年代以来，欧盟通过自我强调地面对全球的气候外交战略获得了国际气候话语权领导者的地位。但以 2009 年哥本哈根大会为一个起点,以国际航空碳税政策的失败为标志,欧盟的气候外交战略陷入了一种困境,气候话语权也相应陷入困境。欧盟不仅对于自身在全球的气候外交角色定位不明确,并且出现了行动效率低下、气候外交的模式偏重技术官僚主导、气候话语权存在结构性制约、气候话语权与总体的话语权存在逻辑性冲突等。欧盟为巩固既有利益以及重新获得全球气候谈判领导权,从 2010 年开始制定并实施了若干转型政策。总体来看,转型政策呈现出对长远战略和中期战略的双重重视、对气候治理和能源安全的兼顾发展、从主张单边示范到强调规制主义等特征。这些转型政策将在一定程度上弱化气候外交困境的影响,使欧盟重新看到领导国际气候话语权的期望。

1. 欧盟气候外交的由来与国际背景

欧盟的气候外交,首先要提及联合国气候变化大会框架下的《京都议定书》的谈判与签署。如前文所述,因为《京都议定书》相当于全球范围正式关注气候变化的一个里程碑,虽然后来美国单方面退出该议定书,但也不能否定该议定书的重要意义。《京都议定书》是人类历史上首次以法律形式限制温室气体排放,在《京都议定书》的整个谈判过程中,作为世界两个当时最大的经济体以及温室气体历史排放者,欧盟和美国发挥不可忽视的作用。

相对于欧盟来说,美国的态度更加令人捉摸不透。美国既同意要加强全球气候治理但是又反对《京都议定书》中的一些条款,其对于当时谈判过程制定了一些障碍。当时美国参议院提出如果协议中没有限制发展中国家排放温室气体的条款,那么美国将反对该议定书。与此同时,欧盟反而以更加积极的态度来推动议定书的签署和谈判,欧盟不仅赞成原先协议中免除发展中国家减排责任的部分,并且即使美国拒绝议定书,欧盟仍然努力推动该议定书直至生效,继而接受强制的减排目标。[①] 在签署《京都议定书》的过程中欧盟内部几乎没有任何争议的声音,是虔诚的气候变化"信徒"[②],并一直致力于说服那些立场摇摆的国家加入条约。这也是欧洲掌控国际气候话语权的由来。

2. 欧盟气候外交的演变过程

在 2009 年的哥本哈根会议上欧盟的话语权被边缘化,欧盟其实对最终

---

① 傅聪:《欧盟气候外交取向透视》,《中国社会科学报》2010 年 2 月 4 日版。

② 李俊峰:《全球气候治理加快第四次能源革命》,《环境经济》2016 年第 1 期,第 467 页。

的会议结果是十分失望的。此次会议目的是为了商讨《京都议定书》一期承诺到期后的后续方案，就未来应对气候变化的全球行动签署新的协议，也就是为2012年以后制定一个新的具有法律效应的全球气候治理协议，欧盟在与会期间非常积极并对会议抱有很大期望，但是与会各方在许多方面存在较大分歧，所以最后部分国家绕开欧盟私下达成协议，仅通过了一份不具有法律效应的《哥本哈根协议》①。该协议内容不具有约束力且与欧盟的目标相去甚远，随后欧盟委员会发布题为《后哥本哈根国际气候政策：重振全球气候变化行动刻不容缓》②的政策文件，明确了欧盟后哥本哈根气候变化谈判的战略。

最引人瞩目的是，在这份文件里欧盟细化了"后哥本哈根时代"应实施的具体措施以及如何重获气候话语权的战略。该文件中首先提议欧盟应立即扭转气候话语权可能被边缘化的趋势；其次欧盟制定了下一阶段全球气候治理谈判的一个新路线图和进度表。最终在欧盟的不懈努力下，在2010年底的墨西哥第十六次大会各方谈判取得进展，于2011年在南非第十七次联合国气候变化缔约方大会上达成了《综合性法律约束协议》③，也就是《德班平台协议》。这是欧盟重获气候话语权的一个起点。

欧盟在积极参与使自身成为全球气候话语权领导者的进程中，也出现过困难，比如说欧盟的航空碳税政策。欧盟经过一系列讨论，为了自身的经济利益，也为了推动落实《京都议定书》中的减排目标，欧盟于2011年3月宣布将征收航空碳税。此举在国际层面遭到了中、美、俄、日、巴、南、印等国的强烈反对。与此同时，许多欧盟内部的相关机构和企业也发出了抵制欧盟航空碳税的声音，它们甚至不惜通过诉诸法律的途径来表达抗议。欧盟单方面将全球航空运输业纳入到非全球性的"欧洲碳排放交易体系"，必然会导致利益攸关方之间的冲突，特别是在将航空排放纳入"欧洲碳排放交易体系"的机制设计中也着实存在不尽合理的地方：如"排放额度的分配是否公正与公平""超排额度交易收入的去向"和"使用缺乏透明度"④等。

---

① 《哥本哈根协议》主要是就各国 CO_2 的排放量问题签署协议，根据各国的 GDP 大小减少 CO_2 的排放量。

② C. Egenhofer, M. Alessi. *EU Policy on Climate Change Mitigation since Copenhagen and the Economic Crisis* - 2013；也可参见冯存万、朱慧：《欧盟气候外交的战略困境及政策转型》，《欧洲研究》2015年第4期，第99页。

③ 陈新伟：《欧盟气候变化政策研究》，外交学院博士论文，2012年6月1日。

④ 陈晖：《欧盟航空碳税及其应对措施》，《电力与能源》2012年第2期，第108页。

欧盟如果不解决上述问题，不仅不能顺利地达到遏制全球航空碳排放的目标，且会动摇欧盟的气候话语权地位。国际航空界认为欧盟此举违反国际法、违背《京都议定书》、违背欧盟与各国原本签署的航空协议①和《国际民航公约》（The International Civil Aviation Covenant，习惯称《芝加哥公约》）的规定。不难看出，欧盟贸然宣称征收航空碳税政策，也暴露了欧盟在这个问题上急于求成以及考虑不周，由此引发的一系列国际负面评价。这也可以视为欧盟继哥本哈根会议后在全球气候外交上遇到了新的麻烦，这些困境可以视为对欧盟的挑战与历练。

3. 欧盟气候外交的困境影响其话语权

欧盟气候外交的困境主要体现在如下几个层面：第一，欧盟作为一个统一的外交行为体与欧盟成员国各自为政的矛盾，影响其话语权的效力。在历届气候问题对外谈判上，欧盟主要依靠法国、德国、英国（前成员）三国作为主导力量，其余国家派代表共同参与。在具体谈判过程中，主导三国与其他欧洲国家代表间存在某些分歧，不能很好地进行统一的对外交涉，且在制定具体措施时，主导三国以及其他欧洲国家又不想为了欧盟利益而放弃自身的特殊利益，从而不能很好地为欧盟整体进行服务，导致气候外交战略计划的制定与实施存在困难。

第二，欧盟气候外交的谈判具有一定程度的片面性。欧盟在国际气候治理谈判中，体现出片面性的特征。欧盟在外交方针上，尽管已经制定出具有整体规范性的减排目标，但谈判过程中有时纠结于某一具体议题，而最终导致谈判效果不如人意。欧盟的这种谈判方式没有带来原本的预期效果。欧盟气候谈判的片面性还体现在尽管谈判初期欧盟声势浩大，但最终的谈判结果离欧盟方案相去甚远。

第三，欧盟在碳关税等具体问题决策上表现出了浓厚的单边主义色彩，遭致国际社会的负面评价。冷战结束后，欧盟在多数领域都奉行"多边主义"，但在气候问题上，欧盟单方面征收碳关税则是明显的单边主义。首先，欧盟单方面的将内部的气候变化法律应用于欧盟域外的领域，这就构成了欧盟气候外交的单边主义基础，国际航空碳税政策就是一个典型的案例。即欧盟通过法案，从2012年1月1日起，所有在欧盟境内飞行的航

---

① 如《欧盟—美国航空协议》：该协议旨在打开欧美航空市场的大门，其主要内容包括欧盟与美国相互间进一步开放航线，允许对方航空公司利用本方领空，同时消除跨大西洋的航空业投资限制。

空公司其碳排放量都将受限，超出部分必须掏钱购买。① 尽管欧盟一直以来都宣称以合作姿态来对待国际气候谈判与合作，但仍然不可辩驳的事实则是，欧盟在碳税征收和减排责任等立场所表现出来的浓厚的单边主义色彩。这体现出欧盟出于对自身能力的强烈自信，欧盟展示自身有能力为全球社会提供气候治理制度的迫切心态。

诚然，在现实环境中，欧盟气候外交确实存在一定程度的困境有待克服，但在面对以上困境时，欧盟不会放弃成为全球气候话语权领域领导者地位的既有努力和成绩，也不会在国际气候外交领域甘于人后，因此欧盟为了解决困境实现自身目标则需要考虑做出转型改变。

4. 欧盟气候外交的转型与话语权提升

首先，欧盟气候外交从长远战略转向长远战略与中期战略并重，这有利于分阶段分步骤实现自身话语权。经过长期的国际气候谈判，欧盟意识到了谈判的艰难性，也逐渐认识到设定战略目标阶段性的重要性。如上所言，谈判的艰难过程使欧盟看到了自身长远战略目标在短期内很难实现，因此转而思考制定阶段战略，以推动气候协议的分阶段完成。这方面，欧盟从"2020 战略"到"2030 战略"，再从"2030 战略"到"2050 战略"就很有代表性。最初，欧盟针对适应气候变化的目标制定了"2020 战略"，当欧盟意识到"2020 战略"完成后没有后续计划时，随即制定了"2030 战略"，此后，欧盟为了实现自身治理气候方案的可持续性以及在国际社会气候外交的领导权，在制定"2030 战略"后，经过内部短时间讨论又制定了"2050 战略"。鉴于阶段性的战略目标更易完成，以上的几个步骤将欧盟的气候战略分成几个阶段进行，使欧盟也将自身的战略影响按阶段施加给气候谈判的有关各方，来逐步渐进地实现自身话语权。

其次，欧盟气候外交从仅重视环境治理的全球规范转向"环境治理的全球规范＋能源安全的现实利益"的双重重视，突出气候话语权的现实意义。欧盟在此之前一直致力于制定全球领域的气候治理规范，实现改善环境、气候安全和可持续发展的目标。然而，近年来，随着欧债危机对欧盟的持续性冲击，英国脱欧对欧盟内部政策制定的影响和乌克兰危机发生后欧盟与俄罗斯关系的恶化等因素，欧盟领导层对于能源安全的讨论也列入了重要议程。为了应对俄罗斯的能源威胁以及保障自身的能源安全，欧盟

---

① 冯存万、朱慧：《欧盟气候外交的战略困境及政策转型》，《欧洲研究》2015 年第 4 期，第 100 页。

在制定的"2030 战略"和"2050 战略"中加入了重视能源安全的计划。鉴于此，欧盟委员会将气候变化谈判和能源安全的管辖权并入了气候变化与能源总司，目的是为了增强气候谈判与能源安全之间的协调性。

最后，欧盟气候外交的基础从基于单边示范效应到立足于法律机制构建，以制度为欧盟气候话语权保驾护航。在哥本哈根会议以前，欧盟一直寄希望于世界各国能够看到自身的示范性行动，希望其他国际行为体示范欧盟，但是在会议中欧盟发现美国以及"基础四国"撇开自己达成协议。哥本哈根会议中欧盟被边缘化的过程让其意识到原本道德胁迫性的示范行为不能达到理想效果。在此基础上，欧盟将推动建立全球性的气候法律机制贯穿于气候外交政策的转型过程，以法律的奖惩机制作为气候政策的约束依据。

5. 欧盟气候外交的内在驱动

欧盟为何在全球气候问题上如此积极？先是身先士卒地推动且落实《京都议定书》，后是不遗余力地促成《巴黎协定》，不惜付出巨大代价也要积极推动全球气候谈判。首先，我们应该从欧盟的话语权需求和能源需求说起。欧洲作为世界文明的发源地，其在漫长的历史进程中一直自诩世界的中心，从威斯特伐利亚战争至第二次世界大战前一直处于世界的主导地位，却因为二战的原因丧失主导地位。欧洲各国为了重新找回失去的国际影响力，进行了欧洲一体化组成了欧盟，但在硬实力上欧盟与美国的差距仍然很大，所以希望借助气候话语权等软实力来获得主动权。欧盟在全球气候治理上，希望占据主动位置成为领导者，继而作为跳板成为全球软实力的领导者，因此，欧盟全力推动国际气候协议的签订。除此之外，从现实主义角度看，欧盟此举除了争夺世界话语权，还为了谋求新的发展机遇，摆脱对外能源的过度依赖，其核心就是规避环境风险，推动全球气候治理，执行气候外交政策的预防性原则，将欧洲人可能承受的环境风险降至最低。

其次，欧盟的气候外交是内部气候政策的延伸。经过多年努力，欧盟在气候治理方面采取了成效显著的政策：其中包括提高能效和可再生能源政策、应对气候变化行动计划、可再生能源一揽子计划以及碳排放交易体系。其中，提高能效和可再生能源政策包括：提高可再生能源的发电量达到现有的 2 倍；提高市场份额达到 8%；提高生物燃料的市场份额达到机动车燃料消费份额的 5%；加大对可再生能源的利用效率，最终到 2020 年实现欧盟二氧化碳排放量能够削减 16% 的目标。

应对气候变化行动计划和可再生能源一揽子计划以"20—20—20"行动为核心，具体要点包括：欧盟每年减排二氧化碳 6 亿—9 亿吨，节省 2 亿—3 亿吨（价值 130 亿—180 亿欧元）的化石燃料；设置排放上限对各成员国进行限制；制定关于碳捕获与封存（Carbon Capture and Storage，简称 CCS）的政策，欧委会在 2015 年建造 10—12 个示范厂，该技术预计 2020 年前后实现商业化运作；将减排责任分配给各个成员国，各国承担的责任最低为 10%，最高位 49%。①

欧盟碳排放交易体系的作用是降低减排成本以及提升其在低碳领域的议价权。自该机制启动后，欧盟建成了全球影响力最大的碳交易市场。根据世界银行的报告，欧盟碳排放交易市场 2008 年就达成了 20.6 亿吨，价值 490.65 亿美元的二氧化碳交易量，分别占据了全球六大限额市场份额的 97.72% 和 99.40%。② 欧盟碳排放交易体系的交易额在 2011 年达到历史高点（1760 亿美元）、交易量在 2013 年达到历史高点（104 亿吨）。但随着全球金融危机持续、《京都议定书》前景不明，在市场悲观预期主导下，全球碳市场交易量、交易额双双暴跌，2015 年交易量降低至 60 亿多吨，交易额收缩至 500 多亿美元，碳价位于低位。2017 年 11 月 9 日，欧盟领导人结束了为期两年的谈判进程，就欧盟碳排放权交易体系的重要改革措施达成一致。根据所达成的里程碑式的协议，欧盟将在其碳市场的下一阶段（2021—2030 年）实施一系列改革措施，确保碳市场与时俱进，并且在实现欧盟 2030 年气候减排目标方面继续发挥重要作用。碳市场是虚拟经济与实体经济的有机结合，代表了未来世界经济的发展方向。在欧盟的推动下，碳市场在全球得到了快速发展。据了解，全球 40 个国家和超过 20 个地区③已采用碳定价（碳市场及碳税）工具。④

最后，欧盟的自身价值观也占据一部分原因。欧盟一直希望将自身的价值观推向全球，所以，欧盟希望在全球气候话语权上占据主导地位，也是它期望借助这一话语权地位推行自身价值观与理念。欧盟在《欧洲安全

---

① 杨美娟：《欧盟温室气体减排政策的发展及其成效》，《中国海洋大学学报》2015 年第 5 期，第 13 页。

② World Bank, *State and Trends of the Carbon Market* 2009, May 26, 2009, p. 11.

③ 全球已启动碳市场的包括欧盟，中国 7 省市碳交易试点，美国加州和东部 9 个州，加拿大魁北克，日本东京、京都和埼玉县，以及瑞士、新西兰、韩国和哈萨克斯坦，共有 17 个相对独立的市场。

④ 中国碳交易网：《全球碳市场发展现状》，http://www.tanpaifang.com/tanguwen/2017/0221/58555.html，访问日期：2018 - 02 - 06。

战略》（European Security Strategic Report）中提出了建立国际秩序，随后在全球气候治理问题上看到了能够建立符合其要求的国际秩序的希望，所以十分积极主动地推动全球气候谈判。当然，欧盟在这一问题上也部分达到了预期的期望，其气候谈判的立场与观点获得了不少国家的支持，提高了其话语权和影响力。从欧盟的角度上来看，宣称适应气候变化与环境保护主义，尤其是提出应对气候变化方面的政策，成为欧盟话语权的一种表达方式，换句话说就是欧盟的气候价值观宣言。

6. 欧盟气候外交的整体成效与话语权

20 世纪 90 年代初，当其他国家仍在质疑气候变化的真实性时，欧盟率先号召各国应对全球变暖。欧盟在《京都议定书》签订与实施过程中，做出了巨大的努力。欧盟在"后京都时代"，更是以与各国构建"气候合作伙伴"为重要战略目标，出台了多个官方文件倡导气候外交、量化减排、后京都气候条约的法律地位等。相较之下，美国由于克林顿政府、小布什政府任期内对于气候问题的放任，致使它在国际气候话语权上的影响力明显弱于欧盟，甚至被视为南非世界气候谈判大会的"绊脚石"[1]。美国倡导的单位碳强度减排标准、地区性碳市场、地方性碳税等影响力与好评度也明显难以与欧盟抗衡。中、印、巴等国虽然近年来也在尝试提出国际气候领域的新规则，但它们的全球影响力仍然明显不足，短期内难以扭转被动的局面。

欧盟在国家层面，近年来已与美国、中国、印度、日本、加拿大、新西兰、挪威、丹麦、澳大利亚、巴西等国建立了"气候合作伙伴"[2]。上述"欧盟气候合作伙伴关系国"既包括主要发达国家，又涉及主要发展中大国，欧盟通过充当上述国家在国际气候谈判的沟通合作桥梁，推广其气候话语规范与制度形式。欧盟一方面对美、日、澳、加、挪等发达国家积极争取，对上述国家气候代表进行话语诱导；另一方面对中、印、巴等发展中大国通过清洁发展机制和全球环境基金机制加以援助，还以加强双边贸易合作等作为交换条件，推动上述国家接受欧盟的气候话语理念。

---

① Al Gore, "United States an Obstacle to Progress in Global Climate Talks", *World Economic Forum*, 2011, Vol. 12, No. 2, p. 1.

② European Union, "Working with India to Tackle Climate Change: EU Action Against Climate Change in Europe and India", December 2009, http://eeas.europa.eu/delegations/india/documents/publications/eu_brochure_final_press_low.pdf, 访问日期：2017 - 12 - 01。

欧盟借构建的"清洁能源网络"[1]对主要国际组织推广其气候话语。欧盟与海合会、亚太经合组织、东盟、非盟等共建"清洁能源网络",商讨共同提议的气候治理方案与气候话语概念。欧盟气候行动委员在"清洁能源网络"举办的能源合作高级别会议上明确指出:"欧盟将'清洁能源网络'平台的国际合作视为应对全球变暖、面向未来可持续能源发展的重要基础"。[2]"清洁能源网络"是欧盟提议构建的一个包括众多国际组织的整体网络,就这些国际组织感兴趣的气候议题开展讨论。欧盟通过搭建"清洁能源网络",调研这些国际组织在气候治理领域的倾向,提高自身与这些组织合作的默契感,推广欧盟的气候话语理念。

欧盟基于参与"清洁能源网络"平台收集的信息,它要保持其在国际气候话语权领域的有利地位,必须满足两个条件:一是要宣称长期坚持量化减排,二是要大力倡导清洁能源。因此,[3] 欧盟在"京都进程"中作为一个整体承诺减排8%(1990年为基年),是所有国际行为体中比例最高的。[4] 2005年进入后京都气候谈判时期,欧盟为了继续保持其在国际气候领域的领导地位和影响,2005年2月欧委会发布《赢得应对气候变化斗争胜利》磋商文件,提出欧盟后京都时代也要继续执行量化减排。此外,欧盟也与上述国际组织积极开展战略对话,借讨论清洁能源开发利用、高能效汽车的机会,推广其气候话语理念。接下来,我们从欧盟的两个主要国家德国、法国和作为前欧盟主要成员国的英国进行具体分析。

(二)欧盟成员国的气候话语权与气候外交

1. 法国的气候话语权与气候外交

既然讨论法国的气候话语权与气候外交,那么首先我们必须要明确法国对于气候外交的态度以及法国在欧盟中的地位。整体来看,我们不难发现法国是气候外交的重要推动者,法国是能够左右欧盟气候话语权变化的主要国家之一。法国推动气候外交在于如下两方面的原因:一方面,法国

---

[1] GCC and EU furthering energy cooperation during high-level Meeting at WFES 2013, http://eu-gcc-cleanergy. net/, 访问日期: 2017 - 12 - 30。

[2] GCC and EU furthering energy cooperation during high-level Meeting at WFES 2013, http://eu-gcc-cleanergy. net/, 访问日期: 2017 - 12 - 30。

[3] Lasse Ringius, "Differentiation, Leaders, and Fairness: Negotiating Climate Commitments in the European Community", *International Negotiation*, 2010, Vol. 4, No. 2, pp. 133 - 134.

[4] Eboli Fabio, Davide Marinella, "The EU and Kyoto Protocol: Achievements and Future Challenges", *Review of Environment, Energy and Economics*, 2012, Vol. 3, No. 3, pp. 1 - 3.

意识到改善环境的必要性，认识到自身的长远发展离不开良好的生态环境。因此，推动各个国家联合起来共同解决全球气候问题，通过合作一起承担气候责任，改善全球环境，为发展营造一个绿色的空间，这有利于法国自身的发展。另一方面，法国推行气候外交的主要目标是希望借助全球气候变化问题来实现其话语权提升，达到其政治意图，扩大其国家利益，提高其国际话语权和影响力。法国气候外交的着眼点在于利用气候外交过程施加法国影响，提升法国话语权，树立良好的国际形象。

（1）法国在欧盟、欧洲的话语权

纵观欧盟现状，谁都不能否认法德两国的牵头和领导作用。法国在欧洲的地位与作用首屈一指。法国是欧盟的六大创始国之一，作为欧洲国土面积第三大、西欧面积最大的国家，从中世纪末期开始成为欧洲大国之一，国力于 19—20 世纪时达到巅峰，建立了当时世界第二大殖民帝国，亦为 20 世纪人口最稠密的国家。相较于巅峰时期，现阶段其综合国力有所衰退，但是不可否认，在文化、艺术领域，法国对欧洲的影响力不容忽视。由法国兴起的启蒙思想运动对欧洲世界产生了深远的影响，为法国大革命等提供了理论基础，解放了人民的思想，动摇了欧洲封建统治，推动了欧洲资本主义的发展。同时，启蒙运动中的众多思想被广泛地应用在欧洲国家的政治、经济、生活中，很大程度上启蒙运动构建了欧洲资本主义世界的基本框架。另外，在漫漫历史长河中，法国这个浪漫主义国度还涌现出了一批又一批的大文豪、画家、音乐家、建筑学家等，他们的艺术作品在世界各地仍被广泛流传与称颂。

不仅是法国的启蒙运动，还有那些来自于法国的文化、艺术作品，是欧洲走向结合的粘合剂，影响着欧洲统一的"文化认同感"与"使命感"，奠定了欧洲一体化的文化基础。不仅如此，也正是这些文化构成了今天欧盟影响深远的文化软实力，辐射整个欧盟格局。在经济上，如今的法国依然是一个高度发达的资本主义国家，是影响广泛的欧洲四大经济体之一。欧盟预算的大部分由增值税和海关收入组成，但主要来源为成员国的分摊费。法国甚至属于"净贡献国"之列，亦即法国向欧盟缴纳的分摊费比它从欧盟那里收到的拨款要多。法国在欧盟预算中做出的贡献排名第二，仅位于德国之后。[①] 不难看出，法国对于欧盟的成立、运作与发展均有着深刻的影响与贡献。

---

① 欧盟：《法国 2014 年缴会费 222 亿欧，贡献大于收获》，《欧洲时报》2014 年 5 月 22 日。

（2）法国是欧盟气候外交的急先锋

法国在气候外交中作出表率作用。尽管法国的 GDP 占世界生产总值的 4%，但其温室气体的排放量却只占世界的 1%，这远远低于世界的平均水平。[①] 即使在担当气候谈判进程主要推动者的欧盟内部，法国碳排放量也比欧盟人均碳排放量低 16%。[②] 也由此可以看出，法国的碳排放量不仅是远低于世界平均水平，在一向以"力求推动促进节能减排"的欧盟成员中也是遥遥领先的。法国的低碳产业萌芽较早，也发展得极为迅猛，一直处于世界的领先地位，可以说，低碳一定程度上已经成为法国的一张名片。

以拥有远超其他国家的低碳产业和清洁能源技术为基础，完全有理由让法国政府对实现其自身的气候外交目标充满信心。纵观历次国际气候大会谈判过程，法国一直都是采取积极主动配合与领导的作用，努力为倡导新型发展关系，降低温室气体排放量做出表率。总之，法国是具备能推进可持续发展和维护生态环境的强大实力的，同时主张通过世界各国的通力合作，将其绿色、稳定的发展模式进行推广，形成互利共赢的局面的。

（3）法国推行气候外交的实践

从 20 世纪 90 年代初，法国政府开始将气候治理划入政策关注的重点范围，经过快 30 年的不断调整与完善，其气候外交机制越来越完善，气候外交战略越来越行之有效。法国参与气候外交谈判的阵营囊括法国外交外事部门、经济工业部门、生态能源可持续发展部门、高等教育和研究部等，专门设置了"法国开发署"（French Development Agency）、"法国全球环境基金"（France Global Environment Facility）对其他国家的能源转型、农业和森林保护、环境污染治理等项目实施财政援助。法国与被援助国定期进行高级别对话，以确保援助款项用于上述气候治理领域。

法国政府对于解决气候变化问题中自己扮演的角色认知也越来越清晰。法国看到了塑造自身良好大国形象的一条行之有效的途径，即积极运用气候外交。所以，法国在气候外交这一领域里充当"急先锋"角色也就有了合理且必然的解释。在战略合作层面，法国将"全球贫困和可持续发展的国际挑战"列为气候治理的难点，并通过与发展中国家共同开展气候援助合作项目

---

①　France's Climate Plan，https：//www. makeourplanetgreatagain. fr/，访问日期：2017 - 12 - 31。

②　Darrell Etherington，France's climate plan includes ending fossil fuel vehicle，https：//techcrunch. com/2017/07/06/frances-climate-plan-includes-ending-fossil-fuel-vehicle-sales-by-2040/，访问日期：2017 - 12 - 31。

来寻求突破。① 目前获益最大的是非洲国家，在法国全球环境基金组织所开展的气候援助项目中，非洲项目为 52 个，占其全球项目总数的 52%。②

法国正是充分地认识到当今世界解决气候安全威胁的迫切性，气候变化是危及全球集体安全的不稳定因素，国际社会只有通过联合起来形成统一的力量，共同应对气候问题，才可以真正行之有效地解决全球气候变化问题带来的挑战。法国气候外交的对象不仅局限于发达国家，还包括发展中国家、政府与众多国际组织，如世界银行、联合国环境项目规划署等。法国通过推行气候外交，积极参与到国际气候的治理，与各国构建了气候合作伙伴的关系。欧盟是法国展开气候外交的主要平台。正是在法国的大力斡旋下，才有了在国际气候谈判领域具有里程碑意义的《巴黎协定》。

法国通过对气候外交的积极参与和主导创新，在多层次的国际多边机制中贡献了相应的力量与智慧，同时也在对发展中国家和生态安全最脆弱国家的气候援助方面做出了显著的成绩。③ 而这一国家行为也获得了联合国的积极肯定与高度赞扬。在国际气候会议召开前夕，联合国秘书长在会见法国外交部长时表示，"是（法国的）承诺和带头作用将现行阶段的谈判带入积极的位置"④。

2. 德国的气候话语权与气候外交

（1）德国在欧盟的话语权和参与气候外交的态度

德国作为欧盟的主要国家，一直以来以传播扩大欧盟在气候治理方面的影响力为己任。德国在欧盟成员国气候外交中的态度一直十分积极，暂且不论德国的私心，其已经成为欧盟内部环境治理方面的主要资金出资国，也负担了不少欧盟承诺给予发展中国家的气候治理能力提升项目的援助。单从这方面客观来说，体现了德国对气候治理与气候外交的重视。为了与德国气候外交战略相呼应，其在国内积极落实气候变化行动，制定国内气候治理战略，其中"能源转化"战略当已在国内顺利实施且成效显著。

在当前国际背景下，德国主张积极解决国际气候变化问题，并且迅速

① 周鹏、周德群、袁虎等：《低碳发展政策：国际经验与中国策略》，北京：经济科学出版社，2012 年版，第 73 页。

② French Global Environment Facility，Financing Action Combating Climate Change，http：//www. ffem. fr/ jahia/ Jahia/ lang /en/ accueil，访问日期：2017 - 12 - 11。

③ 冯存万：《法国气候外交政策与实践评析》，《国际论坛》2014 年第 2 期，第 61 页。

④ 《潘基文表扬法国对气候变化所作承诺和带头作用》，转引自：http：//www. chinanews. com/gj/gj-oz/news/2009/12-08/2005525. shtml，访问日期：2017 - 12 - 11。

制定了本国气候外交的整体战略。德国气候外交由德国外交部和环境部主导，得到了经济与能源部、经济合作与发展部及其下属执行机构的支持，此外，德国的各类政党基金会及私立基金会、民间组织、智库等其他行为主体也参与到了这一新领域中。①

（2）德国参与气候外交的侧重

在气候外交方面，德国一直有所侧重。德国认为气候外交的关键在于将主要资源用在问题的解决上，德国的气候援助主要针对"减缓""适应""减少滥伐和毁林所致排放""生物多样性"。德国于 2007 年左右就提出了其气候外交战略，也是欧盟内部率先提出并实施气候战略的代表性国家之一。

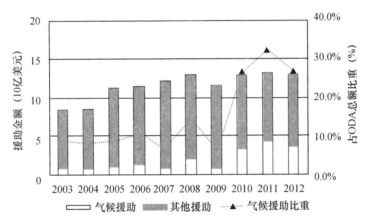

图 4—3　2003—2012 年德国气候援助占官方开发援助（ODA）的比重②

如上图所示，2003 年至 2012 年间，德国累计提供了 180 多亿美元的气候援助，是欧盟所有成员国里最多的。与此同时，德国方面还不忘以开展气候外交为机遇重塑以往的大国形象，树立和加强与其他国家之间的相互信任，建立气候合作伙伴关系，为发展本国经济创造条件。

（3）德国气候外交的主要影响因素及德法气候话语权之争

对于能源安全的担忧是德国气候外交的主要影响因素。德国在能源问题上，一直是石油与天然气的进口国，国内油价受国际油价以及

① 李莉娜：《气候外交的中德比较》，《公共外交季刊》2016 年第 1 期，第 62 页。
② 数据来源：DAC-CRS 数据库，http://stats.oecd.org/；也可参见秦海波等：《中国软科学》2015 年第 2 期，第 25 页。

国际天然气供应的价格波动影响很大。德国在欧盟参与的历次国际气候谈判中、在欧盟内部会议上、甚至 G7 会议中，都不断重申气候变化对于能源问题的影响，但是令德国颇为失望的是，欧盟内部各国对于能源问题的处理方法意见并不统一，以至于该议题的进展推动得比预计缓慢。

同是欧盟重要成员，德国与法国在能源议题上的看法就有所不同，这是基于两者利益诉求的分歧。两者相较，德国由于石油短缺、风力有限、太阳能贫乏、核能的发展也受到诸多限制，因此更依赖于能源进口；法国通过对核能和可再生能源的充分利用，则走出了一条多元化的能源供给道路。这种分歧不利于欧盟作为一个统一整体开展气候外交，可能会影响欧盟在气候话语权上的领导地位。因此，德国一方面对欧盟内部其他成员开展气候外交，协调欧盟各国重视气候变化中的能源安全议题；另一方面积极开展全球气候外交，鼓励全球多个国家共同参与应对气候变化及保卫能源安全的事业，在发达国家与发展中国家之间进行斡旋，推动全球各国的气候需求指向能源安全与能源改革议题，进而实现德国的气候外交与气候话语权目标。

3. 英国（前欧盟成员国）的气候话语权与气候外交

气候问题是现今世界最为重大的全球性环境问题，英国作为前欧盟的主要国家，已经针对气候外交制定了许多政策。众所周知，"低碳经济"这一耳熟能详的概念最早见的政府政策就是在 2003 年的英国能源白皮书《我们能源的未来：创建低碳经济》，英国也就成为世界上最早提出低碳经济政策的国家。而英国本身的大国地位，以及曾经作为欧盟重要成员的经历，共同造就了英国在气候外交上的态度，也影响着英国的气候话语权。

（1）英国气候话语权及其参与气候外交的由来

自 20 世纪 80 年代起，对于全球气候问题，英国的态度就非常积极，领先于众多欧洲国家。英国皇家学会、英国自然环境研究委员会、英国科学与工程研究委员会及许多大学均把气候变化研究作为头等重要的研究课题，1990 年 5 月，英国就专门成立了"气候预报与研究中心"[1]，撒切尔夫人出席了成立大会并就气候变化问题发表了演说。此后，英国积极推进国际气候变化谈判，以求达成国际公约，以气候外交推动全球采取一致行动。

---

① 李景光：《全球气候变化与英国的对策》，《国际科技交流》1991 年第 2 期，第 31 页。

（2）英国参与气候外交的制度要求

英国参与气候外交的制度安排可以分为两个大的层面：一方面，英国气候外交的制度基础来自于其国内的低碳社会、低碳经济等政策；另一方面，英国气候外交的制度主要表现为英国在气候问题上的对外政策，还有参与国际气候变化问题上的一些气候谈判，这些都是英国获取气候话语权的制度要求。这些气候谈判围绕着以下几个不同的制度框架而展开：其一是围绕《联合国气候变化框架公约》和《京都议定书》而展开的气候谈判；其二是通过与他国建立气候合作伙伴关系而展开的谈判进程；其三是在安理会轮值主席国期间，推动安理会首次就"能源、安全与气候"议题而展开辩论。

（2）英国参与气候外交的话语权目标

英国关于气候外交的制度安排相较于欧洲其他国家，处于领先地位，它甚至在世界各国中都属于前列。英国国内气候领域较为成熟的法律基础也为其在国际气候舞台上提供了更多自信以及话语权。英国的气候外交表现出了高度积极的态势，虽然客观上能对全球气候治理起示范作用，但英国明显正在借助气候外交这一领域，以谋求优质国家形象与大国地位。

首先就是在欧洲国家中，欧洲各国是全球范围内气候政策上的领先者，英国又是欧洲国家中气候政策上的佼佼者。如果英国能够继续维持在气候领域内的优势地位，它就能掌握更多气候话语权。

其次从地缘政治的角度来看，目前全球各国正在遭受气候变化带来的危害，从脆弱性的视角来看，非洲、中东、西亚、南亚是可能受到气候变化影响最大的地区，英国正在借助自身在应对气候变化上的优势来对这些地区施加影响力，扩大自身气候话语权的影响范围。总而言之，英国在国内的气候政策服务于其在国际舞台上的气候外交政策，而它的气候外交政策则服务于其期望获取话语权和影响力的国家目标。

五、气候话语权的引导推广

（一）气候话语权的公众情感引导

气候话语的推广需要关注公众情感的作用。"公众情感"是国际关系的重要研究对象。现有的研究成果涉及了情感因素，但对公众情感的重视程度不够。在当今国际关系中，任何行为体都无法忽视公众情感发挥的重要作用，现阶段公众情感浪潮席卷国际社会，从媒体关于气候危机的新闻报道中，我们不难发现"恐惧""激动""愤怒""痛苦"等强烈的情感词汇。然而，作为国际关系学者，我们仍然缺乏成熟的研究工具来分析国际关系中的情感现象，至于国际关系理论，无论是将人类视为"编程计算器式"的理性主义理论，还是主要研究语言与规范的建构主义理论，都习惯性地忽视了人类的情感因素。

情感研究对于气候话语的推广来说，其重要性不可或缺，根本原因在于：人类不仅在思考世界，而且在感性地感知整个世界。情感是人的一种体验，也是人类本质上之所以能够区别于计算机的原因。例如，"纵然计算机能够下棋，但它永远无法感受到赢棋的喜悦或者被对手欺骗的愤怒，人类无时不刻不在感受这个世界——不仅通过激情，也可以通过更微妙的情感形式：喜爱、憎恶与欲望"①。尽管越来越多的国际关系学者已经开始关注气候领域中的"情感"研究，但就分析情感或者解读情感现象而言，我们的研究仍处于起步阶段。传统的认知心理学集中于从个体层面分析情感，比如"重要领导人的情感、情绪与国际冲突爆发之间的关系"②。但却忽略了对"公众情感"的研究。人类是社会性的存在，个体是以群体的形态参与社会政治生活的，自从人类开始从事政治经济活动起，也一定伴随着公众情感现象，各个时代、无论何种种族与文化都是如此。

总体来说，对于公众情感研究，学界没有直接的理论成果。理性主义学者对此关注不多，与情感研究最相关的理论是认知心理学与建构主义的规范认同理论。认知心理学中涉及情感研究。情绪与情感研究在不同的心理学流派中地位不一，比如精神分析学派过于强调情绪、情结；行为学派把情绪简单还原为刺激—反应模式；传统的认知心理视情感为理性认知的对立面，或者是类似于人脑的计算机系统的信息加工过程中的干扰因素；新近的认知心理学"肯定了情感与认知之间的相互依赖关系，并提出了情绪易感性的概念"③。认识心理学研究人的高级心理过程，主要是认知过程，如知觉、注意、记忆、表象、思维和语言等，但认知心理学中的情感研究方法是遵循个体主义的分析路径，这是基于以下理论逻辑：决策者首

① Rose McDermott, "Experimental Methods in Political Science", *Annual Review of Political Science*, Vol. 5, No. 1, 2002, pp. 1 – 2.

② Rose McDermott, "The Feeling of Rationality", *Perspectives on Politics*, Vol. 2, No. 4, 2004, pp. 691 – 706.

③ 尹继武：《社会认知与联盟信任形成》，上海：上海人民出版社，2009 年版，第 3 页。

先是个体的人，既然是个体的人就会受到各种情感的影响，这些情感能影响个体的"信仰、风险承受力、认知、决断力、以及与直接政策相关的目标"①。传统上的认知心理学通常关注个体层面，因为表面上看来，这些具体的心理、情绪与情感似乎都是个体层面的现象，这种分析框架以"个体主义"为中心，使用多种心理学与神经学的方法来进行研究。

建构主义从根本上挑战了理性主义的本体论基础，规范认同成为其研究的一个核心议程。究其实质，规范认同的本质暗含着情感动力。规范认同是由主体对榜样的趋同心理或对规范本身的意义认同引起的，这种情感、认知因素便构成自觉遵从规范的动机因素。在规范服从阶段，规范仅仅作为获得奖励或避免惩罚的工具而被接受，这种接受水平是很表面的，而到了认同阶段，由于个体产生了对规范传播者的崇敬情感或对规范本身的亲近、认可感觉，情感因素成为规范内化的自觉驱动机制，它的重要性表现为规范认同是一种较高的接受水平，因此，情感联系对于规范的传播者与接受者来说是一个关键桥梁。社会规范的一系列要求或作用具体化为内在的认知与情感体验，这本质上源于行为体对于规范的一种"情感认同"②。认同中涉及到情感联系与认同，规范认同的内化程度比规范服从深入了一步。

正如上文所说，尽管诸多学者已经开始关注情感研究，但就分析情感或者解读情感现象而言，我们目前仍未建成完整的研究体系。传统上，情感分析通常关注个体层面，例如，我们通常通过借鉴"认知心理学的研究成果（个体主义本体论）来研究领导人的外交决策"③。然而，在国际气候领域中，"个体情感"难以涵盖所有的情感形式与种类（如"公众情感"）。从学科类属看，"公众情感"是研究结成群体的人们的情感现象、情感活动的情感研究分支。气候领域的"公众情感"不是"个体情感"的简单叠加，它的表现形式可以是对气候议题的"民意、公众舆论、民族主义以及

①　Brian Ripley, "Psychology, Foreign Policy, and International Relations Theory", *Political Psychology*, Vol. 14, No. 3, 1993, pp. 403 – 416; Janice Gross Stein, "Psychological Explanations of International Conflict", in *Handbook of International Relations*, ed. Walter Carlsnaes, Thomas Risse-Kappen, and Beth A. Simmons, Thousand Oaks, CA: Sage Publications, 2002, pp. 293 – 298.

②　情感认同是指自我对他者满足自己的需要而对其产生的满意、喜爱以及肯定的态度。若没有情感认同，就会对他者缺乏兴趣，更不可能真正接受其影响。

③　Brian Ripley, "Psychology, Foreign Policy, and International Relations Theory", *Political Psychology*, Vol. 14, No. 3, 1993, pp. 403 – 406.

社会认同"①。在当前国际环境下，集体行动与大众交流随处可见，个体间或者社会实体间的情感倾向与情感反应相互作用。气候领域存在多种情感传递途径，如大规模教育、仪式、会议、鼓励参与以及多媒体传播，这些途径都有助于行为体引导公众情感。在气候领域，针对公众情感，我们显然不宜采取个体层面的分析模式。

笔者的研究主题是行为体在气候领域如何从情感上引导国际公众，以获取气候话语权。这一情感引导是行为体向公众传授情感规则，即让公众知道如何"辨认情感并且以恰当的方式来表达"②。行为体在气候领域通过对公众实施情感引导，能建立自身与公众间的紧密联系，能根据公众的情感发展阶段来帮助行为体获取气候话语权。"情感是人类感觉领域的体验，是影响国际关系的重要研究变量"③。人的情感是一种认知方式，是人对待客观事物的态度，如直觉、体验、心境、热情、赞成或谴责等，无论是否达到自觉意识，情感状态与情感反应都是人们对现实世界的感觉体验，为人类行为提供了或趋或避的"最终驱动性力量"④。

行为体在气候领域的"情感引导"主要由"引"与"导"两部分组成："引"注重的是情感吸引，行为体能够吸引公众的基础在于气候领域的优质"形象塑造"；"导"注重的是情感导向，行为体在气候领域能否以情感人、以情动人，以多种策略进行"情感传递"是"导"的关键所在。因此，行为体情感引导的关键在于"形象塑造战略"与"情感传递战略"，通过这两个战略，最终能使行为体获取气候话语权。总体来说，行为体对公众实施情感引导的第一步在于在气候领域塑造一个富有亲和力的公众形象或印象，这决定了公众的最初感受，这就是形象塑造，在此基础上，行为体把自身关于气候领域的情感理念、情感思想、情感取向通过多种途径传递给公众。

1. 形象塑造战略

形象塑造是指对行为体的理念、价值观、文化精神的塑造过程。在气

①　Ronald Bleiker and Emma Hutchinson, "Fear No More: Emotions and World Politics", *Review of International Studies*, Vol. 34, No. 1, 2008, pp. 128 – 131.

②　Karen Ballentine and Jack Snyder, "Nationalism and the Marketplace of Ideas", *International Security*, Vol. 21, No. 2, 1996, p. 15.

③　季玲：《东亚共同体与东亚集体身份兴起的情感动力》，《外交评论》2011 年第 4 期，第 110 页。

④　郝拓德·安德鲁·罗斯著，柳思思译：《情感转向：情感的类型及其国际关系影响》，《外交评论》2011 年第 4 期，第 41 页。

候领域，行为体通过种种设计，将其塑造后的优质形象（如"环保卫士"）有目的、有计划地传播给广大公众，从而获得公众的理解、支持与认同。在国际气候话语权竞争条件下，形象塑造已经成为行为体取得公众认可的重要战略手段。此外，形象塑造是增强组织内部凝聚力的有效途径，它可以唤起和激励内部成员的自豪感、荣誉感与责任感，激发内部成员的进取心、参与意识与主人翁意识。欧盟在气候领域的形象塑造就使成员国自觉地爱护、关心欧盟，把自身的命运与欧盟的发展紧密联系在一起，不断释放本国的潜能，竭尽全力为欧盟的可持续发展做贡献，使集体充满无限活力。

形象塑造是为行为体产生超价值无形资产的战略手段。在国际气候领域，行为体的形象塑造，不仅可以争取更多的公众关注，还可以凸显行为体的品牌效应与信誉，是获得气候话语权的根本所在。行为体在气候领域只有向国际社会展露出富有亲和力的形象，才能取得国际社会各界和公众的信赖、欢迎与支持，才能奠定气候对外交往与合作的基础，得到适宜气候治理的外部环境。行为体的形象塑造作为一种实践活动，既是对形象设计的一种实现，也是对自身形象的一种检验。总体来说，形象是行为体整体实力的象征，是有形形象与无形形象的统一。在公众面前，富有亲和力的形象是行为体的无形资产与无价之宝，是行为体不断发展壮大的有力保障，它可以转化为话语权力。

在国际气候领域，形象塑造与情感引导的联系是指受众出于对引导者的好感而产生的遵从现象。这种通过形象塑造的情感引导也叫自居作用或同一化。国内外许多心理学家都对此做过研究，这一情况是个人因为想要与另一个人或群体，建立或维持一种令人满意的关系而接受影响时发生的。即指由于喜欢某人或某群体，而自愿接受他人的态度。精神分析学派创始人弗洛伊德将它作为一种心理替代机制，原指幼童在产生爱恋异性父或母的冲动时，把自己置身于同性父或母的地位，以他们自居，从而获得替代性满足，并导致了"超我"的形成。形象塑造与公众情感引导的具体联系表现在下述两个方面：一是自我试图把环境中的客体与他者，与"本我"的主观愿望相互匹配的过程；二是个人通过自身显示某些喜爱者的特征，来缩短自身与喜爱者之间的距离的过程。

总而言之，在国际气候领域，行为体的形象塑造能使得受众形成一种对情感引导的反应，从而有利于行为体的气候话语权。受众做出这种反应，是由于受众希望自己成为与行为体一样的人，也成为类似于欧盟的"环保卫士"，由于在互动过程中受众确立了自己与所认同的行为体之间的关系，因而采取了一种与行为体相似的行动，这就有利于行为体气候话语权的获取。即受众发现某个行为体的形象塑造得较成功，在某一方面对自己很有吸引力和感染力，就会由于喜爱该行为体的形象，而倾向于接受其施加的影响，采取与其相类似的准则或态度。因此，欧盟在国际气候领域的形象塑造是实现其气候话语权的重要影响因素。

2. 情感传递战略

语言的交流、心灵上的沟通、思想上的感染都可以达到情感传递的效果。情感传递不是单方面的强制灌输，它需要行为体与公众进行多层次的互动交流。在国际气候领域，情感传递的实现途径可以多种多样，最佳途径是双向或者多向的建构式传递，即一方面行为体影响公众，另一方面公众也影响行为体。情感是一种主体间现象，它具有社会性维度，自我的情感可以影响他者，他者的情感也可以影响自我。[1] 据此，在国际气候领域，欧盟传递情感通过主体间实践的方式进行，如气候演说、气候交流、大众传媒以及公共讨论，这些途径都有利于欧盟气候话语的传递。正如安东尼奥·达马西奥（Antonio Damasio）所说，"情感"作为人的能动性要素之一，是我们理解何为他者的核心要素。[2] 情感是一个非常复杂的心理过程，它不是主体对客体的客观反映，而是主体之间交往与互动的体验，在国际气候领域尤其如此。

情感传递是行为体引导公众，逐步培养共同情感的过程。情感传递使行为体与目标受众之间建立联系，在国际气候领域，培养受众对于行为体的所属感与效忠感，使两者在情感与理念上达到融合，最终的目标是达成行为体的气候话语权。欧盟在国际气候领域的情感传递从性质上来说，与直接的认知承诺或者义务不同，前者是不同行为体之间内心心灵深处的情感互动，后者仅仅是基于物质利益或者利益互惠的暂时考虑。[3] 无论在国家、团体、组织内部，还是在社会运动中，情感传递都是维持群体凝聚力的重要途径，一旦发生突发情况，它能够动员成员为了群体利益做出巨大的牺牲。

情感传递战略，由于行为体与受众之间不断互动，受众慢慢被引导者所感染，从而将行为体的情感视为自身的情感，其他行为体对行为体的伤害视为对自己的伤害，从而有助于行为体话语权的实现。例如，不少人关

---

① 哈贝马斯认为在现实社会中人际关系分为工具行为和交往行为，工具行为是主客体关系，而交往行为是主体间性行为。情感是源于后者。

② Antonio R. Damasio, *Descartes' Error: Emotion, Reason, and the Human Brain*, New York: G. P. Putnam Press, 1994, p. xiii.

③ Benedict Anderson, *Imagined Communities*, New York: Verso Press, 1991, p. 5.

注欧盟气候话语的初始原因是好奇，而在这一过程中慢慢被同化，最后认同欧盟的气候话语和理念，将欧盟对于环境破坏者的仇视视为自身对环境破坏者的仇恨，将碳交易视为解决之策。情感传递在日常生活中极为常见，由于情感具有易感染性特点，尤其是对于年轻公众来说，对社会规范的接受往往是通过情感交流来实现的，当然也时常伴随情感的认同。在国际气候领域，若欧盟同时实施"形象塑造战略"与"情感传递战略"，受众对于欧盟的情感认同程度就越高，情感联系就越紧密，这种情感联系也就越容易向习惯转化，也就越有利于欧盟气候话语权的实现。

（二）气候话语权的新媒体推广

气候话语权的重要推广平台是新媒体。欧盟结合 Web3.0 时代的新媒体背景拓展其气候话语权的影响力。欧盟巧妙利用社交平台进行网络信息推送服务，通过定时定期的推介其气候话语权，加强公众对其社交媒体账号信息的固定依赖，它经过有意识地引导这种依赖形成意见声势与固定"粉丝"，传播其气候话语理念。

1. 使用多种社交媒体平台，推广欧盟气候话语权

Web3.0 时代的社交媒体成为影响公众意见的关键性议题建构力量，这一重要力量为欧盟所用。"推特"（Twitter）和"脸书"（Facebook）的用户群已非常庞大，欧盟吸引新用户的能力令人印象深刻。"推特"的月活跃用户数量达 3.2 亿，"脸书"的月活跃用户数量超过 15 亿。[①] 社交媒体打通移动通信网与互联网的界限，相比网页中的长篇大论，140 个字的字数限制恰恰使欧盟更易于成为一个多产的发布者。欧盟选择气候话语的推广形式时，不再热衷开设专题网站等传统模式，而是投身于通过社交媒体平台发布信息的热潮中，在"推特"等社交媒体平台上拥有固定账号，通过操作这些账号的发帖内容，引导它的气候政策成为网络热点。相对于官方发布文件的传统形式，欧盟结合现代人的阅读节奏和生活习惯，只需依托于"推特"上三言两语的实时语言，就能在网络上轻松发布信息且对访问者的留言进行回复，推广它的气候话语概念，以实现其气候话语权。

---

① James Niccolai, "Facebook tops 1.5 Billion Monthly Users", http://www.itworld.com/article/3001518/facebook-tops-15-billion-monthly-users.html, 访问日期：2017 – 11 – 01。

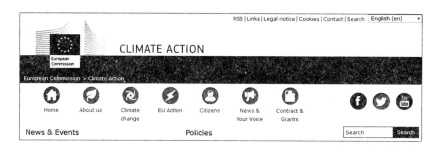

图4—4　欧盟气候话语在多社交媒体平台上进行推广①

如上图所示，欧盟积极使用"推特"、"脸书"、"雅虎网络相册"（Flicker）、"优图"（YouTube）等平台推广其气候话语概念。欧盟通过文字推荐、上传数据图表、添加超级链接、发布"长推特"等方式，改变政策发布的传统线性模式（"主导者发布信息"—"追随者接受信息"的单向推广），塑造环状的信息运作模式（"主贴"通过"跟贴"与"转贴"向相关议题延伸为不断拓展的环形），强调"贴主""追随者""转发者"之间的互动，推广其气候话语的核心理念与关键内容。此外，欧盟还与众位网友展开互动，回帖中的言语行为不但起到发表评论、记录感受的作用，更是维系欧盟与网络追随者之间的情感纽带。欧盟与网络追随者的互动平台是各类社交网站，通过网络文字、图片、视频等进行"言传身教"与"亲切交流"气候政策。

2. 设置专职化网络人员，构建欧盟气候话语权的网络推广机制

欧盟开始设置网络专职人员，负责维护在各社交媒体上的气候政策账号并实时更新消息。这些专职人员能使用多语种推送信息，并向用户发送点对点消息。他们在推广信息过程中，灵活运用"@"符号和"#"符号，引导网络舆论。欧盟各成员国（比如法国、德国等）也在创办自己的特定账号并推荐欧盟气候政策，形成庞大的跨境网络传播平台，在"推特"等社交平台上发布公告、提供信息、频繁互动、表达观点与分享经验。② 欧盟还试图制作智能手机客户端，通过客户端向用户发布它的气候政策信息。

---

① European Commission，Climate Action，https：//ec. europa. eu/clima/index_ en，访问日期：2018 - 02 - 25。

② Fischer E，Reuber A R，"Social Interaction via New Social Media：How Can Interactions on Twitter Affect Effectual Thinking and Behavior"，*Journal of Business Venturing*，Vol. 26，No. 1，2011，pp. 1 - 2.

　　欧盟气候话语权的网络推广机制由"链状式""共联式"与"枢纽式"有机组合而成。第一，欧盟通过"链状式"来召集其气候政策的网络支持者。"链状式"是串联起各种信息节点的线状结构，促进信息流在节点之间进行传播，表现为欧盟通过"推特"等社交媒体点对点招募"粉丝"的过程。第二，欧盟通过"共联式"与其他涉气候议题的国际组织展开互动。"共联式"构建不同节点之间无障碍连接，能起到集合全部节点之力推广欧盟气候话语权的作用。欧盟正在积极构建"共联式"的网络互动方式，欧盟气候政策的社交账号关注《联合国气候变化框架公约》委员会等组织机构。第三，欧盟通过"枢纽式"进行气候话语权的网络推广与协调行动。"枢纽式"是一种中心节点被其他节点环绕的运作机制，欧盟通过构建"枢纽式"机制协调它在"推特""脸书""雅虎网络相册""优图"等平台的网络气候应对行动。

　　欧盟气候话语权的推广策略显示它正走上一条雄心勃勃、注重方式、行之有效的话语权力建构与传播之路。欧盟制订了详实的气候话语权推广计划，包括推广区域、时间、推广方、参与方、推广预期成效等，建立了一系列与全球气候治理制度相对接的欧盟内部环保机构，将其气候话语概念与标准规范向世界传播。《联合国气候变化框架公约》《京都议定书》《德班系列协议》《哥本哈根协议》《巴黎协定》等国际社会应对气候变化的指导性文献，几乎全盘使用了多个欧盟提议的气候话语概念与规则，从"1990 年基准年""2℃警戒线""碳金融""碳市场"到"碳捕获与碳封存"，这也再度证明了欧盟对国际气候规则的塑造力与影响力。

第五章
中国建构气候话语权的战略设计

笔者在前文分析了欧盟气候话语权的建构之路并进行了理论解读，本章的研究目标在于对中国如何构建国际气候话语权进行战略设计。在国际气候谈判领域，中国应该如何建构话语权，中国又具备哪些优势和劣势，将如何规避风险与迎接挑战，是我们研究的重要课题。笔者将在下文中结合 SWOT 模型分析中国建构气候话语权的优势、劣势、机遇、挑战，并在此基础上为中国建构气候话语权提供方案选择。

一、中国建构气候话语权的优势

第一，中国领导人对国际气候议题的高度重视。《联合国气候变化框架公约》第 21 次缔约方会议暨《京都议定书》第十一次缔约方会议（即巴黎气候变化大会①）于 2015 年 11 月 29 日在法国巴黎开幕，中国国家主席习近平出席会议并在开幕式上发表讲话，阐述了中国对全球气候治理的看法和主张，再一次向全球社会传达了在气候问题上的中国声音，也为全球气候治理添加了中国元素和中国活力。2015 年 6 月李克强总理访法期间，中国政府就已经向联合国提交了《强化应对气候变化行动——中国国家自主贡献》的文件，宣布了相应的落实举措，间接地为巴黎气候大会达成协议做出了自己的贡献。上述举措表明中国领导人高度重视国际气候议题，中国希望借此契机在国际社会中树立负责任的大国形象以及扩大自身影响力。中国在国内也做出了巨大的努力，从"十二五规划"到"十三五规划"都强调节能减排，有了国内政策作为基础，中国开始逐渐加大在国际气候话语权领域的声音力度。基于中国的努力以及收到的成效，中国提

---

① 此次会议有来自 195 个国家和欧盟的代表聚首巴黎，旨在努力达成一项"全面、均衡、有力度"的协议，不仅要确立 2020 年以后全球应对气候变化的制度框架，也要处理好 2020 年前的行动力度问题。因而普遍期待此次会议能够成为全球各国抵御气候变化未来道路上的一个里程碑、转折点。

升与扩大国际气候话语权的前景是光明的。

第二，节能减排获得成效。近20年来，中国累计节能量占世界总量的58%，中国正在建设的核电是世界上规模最大的。中国的水力发电增加了一倍，风力发电增加了60倍，光伏发电增加了280倍，可再生能源的装机容量几乎占全球总量的1/4，不仅如此，中国还建造了全世界规模最大的人工林。自2011年以来，中国政府已经为气候变化南南合作安排了2.7亿元人民币（约合4400万美元）[①]的财政支出。

从上述数据中我们可以看出，中国作为一个负责任的发展中大国，近年来也在节能减排方面不断努力且取得了重大成就。在面对着世界各国对中国的质疑和给中国的巨大压力下，中国一直在坚定不移地履行着减排义务。中美两国分别于2014年11月、2015年9月、2016年3月发布了三份中美气候变化的联合声明，两国承诺将联手应对全球气候变化，以量化方式明确了各自在2020年后的减排目标。如下表所示，2016年12月，中国政府在国内的"十三五节能减排综合工作方案"中详细地提出了各地区、主要行业和部门节能减排的具体目标。同年，中国正式加入《巴黎协定》，这一举措不仅增加了参与《巴黎协定》的国家数量，还将参加《巴黎协定》的国家的排放量占全球排放的份额从1.08%显著提高到39.06%，为促进《巴黎协定》尽早生效做出了巨大贡献。

表5—1　"十三五"各地区能耗总量和强度"双控"目标

地区	"十三五"能耗强度降低目标（%）	2015年能源消费总量（万吨标准煤）	"十三五"能耗增量控制目标（万吨标准煤）
北　京	17	6853	800
天　津	17	8260	1040
河　北	17	29395	3390
山　西	15	19384	3010
内蒙古	14	18927	3570
辽　宁	15	21667	3550
吉　林	15	8142	1360

① 陈威华、赵焱、贾安平：《中国推动气候变化南南合作》，《人民日报（海外版）》2014年12月10日版。

续表

地区	"十三五"能耗强度降低目标（%）	2015 年能源消费总量（万吨标准煤）	"十三五"能耗增量控制目标（万吨标准煤）
黑龙江	15	12126	1880
上 海	17	11387	970
江 苏	17	30235	3480
浙 江	17	19610	2380
安 徽	16	12332	1870
福 建	16	12180	2320
江 西	16	8440	1510
山 东	17	37945	4070
河 南	16	23161	3540
湖 北	16	16404	2500
湖 南	16	15469	2380
广 东	17	30145	3650
广 西	14	9761	1840
海 南	10	1938	660
重 庆	16	8934	1660
四 川	16	19888	3020
贵 州	14	9948	1850
云 南	14	10357	1940
陕 西	15	11716	2170
甘 肃	14	7523	1430
青 海	10	4134	1120
宁 夏	14	5405	1500
新 疆	10	15651	3540

注：西藏自治区数据暂缺。

数据来源：《中华人民共和国中央政府：国务院关于印发"十三五"节能减排综合工作方案的通知》，http：//www. gov. cn/zhengce/content/2017-01/05/content_ 5156789. htm，访问日期：2018 - 01 - 20。

表5—2 "十三五"主要行业和部门节能指标①

指标	单位	2015年实际值	2020年目标值	2020年变化幅度/变化率
工业				
单位工业增加值（规模以上）能耗				[−18%]
火电供电煤耗	克标准煤/千瓦时	315	306	−9
吨钢综合能耗	千克标准煤	572	560	−12
水泥熟料综合能耗	千克标准煤/吨	112	105	−7
电解铝液交流电耗	千瓦时/吨	13350	13200	−150
炼油综合能耗	千克标准油/吨	65	63	−2
乙烯综合能耗	千克标准煤/吨	816	790	−26
合成氨综合能耗	千克标准煤/吨	1331	1300	−31
纸及纸板综合能耗	千克标准煤/吨	530	480	−50
建筑				
城镇既有居住建筑节能改造累计面积	亿平方米	12.5	17.5	+5
城镇公共建筑节能改造累计面积	亿平方米	1	2	+1
城镇新建绿色建筑标准执行率	%	20	50	+30
交通运输				
铁路单位运输工作量综合能耗	吨标准煤/百万换算吨公里	4.71	4.47	[−5%]
营运车辆单位运输周转量能耗下降率				[−6.5%]
营运船舶单位运输周转量能耗下降率				[−6%]
民航业单位运输周转量能耗	千克标准煤/吨公里	0.433	<0.415	>[−4%]
新生产乘用车平均油耗	升/百公里	6.9	5	−1.9

① 中华人民共和国中央政府：《国务院关于印发"十三五"节能减排综合工作方案的通知》，http://www.gov.cn/zhengce/content/2017-01/05/content_ 5156789. htm，访问日期：2018−01−20。

续表

指标		单位	2015 年实际值	2020 年	
				目标值	变化幅度/变化率
公共机构					
公共机构单位建筑面积能耗		千克标准煤/平方米	20.6	18.5	[-10%]
公共机构人均能耗		千克标准煤/人	370.7	330.0	[-11%]
终端用能设备					
燃煤工业锅炉（运行）效率		%	70	75	+5
电动机系统效率		%	70	75	+5
一级能效容积式空气压缩机市场占有率	小于55kW	%	15	30	+15
	55kW 至 220kW	%	8	13	+5
	大于 220kW	%	5	8	+3
一级能效电力变压器市场占有率		%	0.1	10	+9.9
二级以上能效房间空调器市场占有率		%	22.6	50	+27.4
二级以上能效电冰箱市场占有率		%	98.3	99	+0.7
二级以上能效家用燃气热水器市场占有率		%	93.7	98	+4.3

表5—3 2016 年各省、自治区、直辖市万元地区生产总值能耗（GDP）降低率等指标①

地区	万元地区生产总值能耗上升或下降（±%）	能源消费总量增速（%）	万元地区生产总值电耗上升或下降±%
北京	-4.79	1.6	0.36
天津	-8.41	-0.2	-7.39
河北	-5.05	1.4	-3.75
山西	4.22	0.1	-1.00
内蒙古	-4.06	2.8	-4.39

① 本书截稿时，国家统计局并未发布 2017 年的整年数据，预计要到 2018 年 7 月发布。2016 年分省（区、市）万元地区生产总值能耗降低率等指标公报发布时间为 2017 年 7 月，http://www.gov.cn/xinwen/2017-07/20/content_5211962.htm，访问日期：2018-05-01。

续表

地区	万元地区生产总值能耗上升或下降（±%）	能源消费总量增速（%）	万元地区生产总值电耗上升或下降±%
辽宁	0.41	-2.9	5.32
吉林	-7.91	-1.6	-4.20
黑龙江	4.50	1.3	-2.71
上海	-3.70	2.9	-1.01
江苏	-4.68	2.7	-0.95
浙江	-3.82	3.4	1.43
安徽	-5.30	2.9	0.71
福建	-6.42	1.5	-1.96
江西	-4.93	3.6	-0.22
山东	-5.15	2.0	-2.09
河南	-7.64	-0.2	-3.95
湖北	-4.97	2.7	-2.05
湖南	5.34	2.2	-4.28
广东	-3.62	3.6	-1.73
广西	-3.64	3.4	-5.14
海南	-3.71	3.5	-1.35
重庆	-6.90	3.0	5.14
四川	-4.98	2.4	-2.09
贵州	-6.96	2.8	-4.29
云南	5.35	2.9	-9.80
西藏			
陕西	-3.83	3.5	1.85
甘肃	-9.42	-2.5	-9.93
青海	-7.94	-0.6	-10.29
宁夏	-4.30	3.5	-6.55
新疆	-3.20	4.2	0.06

　　第三，中国具有建构气候话语权的资金优势。气候治理需要强大的财力与技术支持，中国已是世界第二大经济体。根据 2017 年 12 月 19 日世界银行发布《中国经济简报》的数据显示："中国 2017 年经济增长预期从 10月的 6.7% 上调至 6.8%，2017 年前 11 个月，中国货物贸易进出口同比增

长 15.6%，外汇储备规模为 31193 亿美元。"① 这是继亚洲开发银行之后，又一家国际机构选择上调中国经济增长预期，凸显了国际社会对中国经济前景的继续看好。

中国不仅承诺并致力于节能减排，还在不同国际场合中向世界各国展现了中国在气候治理方面所做出的努力，宣告了中国即将采取的行动，为全球治理环境问题贡献了很多中国智慧，例如中国提交的"应对气候变化国家自主贡献文件"具有示范效用，提出了诸多解决问题的方案与实施机制。这种举措有助于减少各国对中国的疑虑，在气候治理方面增强世界对中国的信心。并且中国在应对气候变化的多边机制中发挥了积极的作用，而且作用越来越大，效果越来越明显，中国参与气候话语权逐步得到各国的认可。正如世界自然基金会法国气候变化项目负责人皮埃尔·卡尔所说，中国的自主贡献文件表明，中国在环境保护领域大展身手，堪称榜样。

第四，中国在国际气候话语权领域具备发展潜力。中国在"一带一路"倡议中日益重视自身的气候话语权的建构。在该倡议中，欧洲的项目大多都与港口和铁路有关，基本都属于基础设施建设。完善欧盟各国基础设施建设对于欧盟本身来说，能够有助于减少其内部运输成本，加强成员国之间沟通联系，对欧盟有非常大的益处。值得强调的是，中国的"一带一路"倡议在明确提出了强化基础设施绿色低碳化建设和运营管理的相关政策，这对于全球气候变化治理有巨大促进和启示作用。这对当前拥有较高气候话语权水平，但又急需振兴经济的欧盟而言，是乐于接受的。中国也可以借此与国际气候领域"领头羊"的欧盟开展合作，这也对中国自身的气候话语权建构有着积极影响。

中国在气候方面所做的努力，取得了显著的成绩，这与在世界舞台上中国执行力、领导力的提高有着密切的联系，也归功于以习近平总书记为代表的新一代领导集体的杰出贡献。随着中国在世界舞台上愈来愈活跃，在国内节能减排与能源升级的推进，在国际气候谈判上的影响力也将逐步提高，带动中国的气候话语权不断增强。

二、中国建构气候话语权的困难

作为外宣话语的一个方面，中国的国际气候话语权进展相对来说起

---

① 邱海峰：《2017 中国经济交出亮眼成绩单》，《人民日报（海外版）》2017 年 12 月 20 日版。

步较晚，且在发展之初没有得到足够的重视。但进入 21 世纪，随着国际气候谈判的增加，加之国际环境问题的凸显，气候话语权开始推广且引起大家关注。从目前我国外宣气候话语的架构上来说，可以分为三种类型：一是以我国外交部作为典型代表，对气候话语概念进行官方对外宣传推广；二是以中央级的主流媒体和部分地方的大报大台为鲜明代表，这些媒体以自采稿件为主且在海外设有记者站；三是以专门性的国际新闻媒体进行报道，以《环球时报》的英文版、《人民日报》的英文版为代表。

随着多年来中国媒体的不断努力积累和发展，以及近年国家实行媒体"走出去"的计划，获取国际话语权已日渐成为我国外宣机构媒体的一个重要目标。发展与加大投入带来的是外宣气候话语的日渐增多，在报道数量、人员配备、理论研究等方面均有很大提高。但鉴于国际环境、生态机制、话语模式等不同，我国气候话语权仍然面临诸多挑战，相比欧盟更加成熟的气候话语权机制，仍然存在许多差异和不足。就具体事项而言，我国在气候话语权上与欧盟相比，主要存在如下不足之处：

1. 议程设置误区

我国在国际气候、碳减排等领域报道的议程设置误区是对欧美等西方大国的报道比重过大，对亚非拉等地区的发展中国家的报道过少。受众天天大量地接触欧、美、日等地区的信息，极少接触到亚洲、非洲、拉美等地区的信息。在这种"议程设置"的暗示下，受众会逐渐形成这个印象：在国际气候、碳减排等领域，欧美等西方大国的信息是重要的，而亚非拉等地区第三世界国家的信息是不重要或者可以不关注的。反过来，受众的这种印象又会促使媒体更加不重视在国际气候、碳减排等领域对发展中国家的报道，如此造成了一种恶性循环。

2. 向外发声能力不足

尽管中国已是世界第二大经济体，参与国际事务也愈发积极主动，但由于在国际气候领域缺少具有国际影响力的机构，向外发声的能力不足。中国的国际气候话语权能力严重不足。欧美媒体利用其强大的国际传播能力轻易地掀起了"中国环境威胁论"，中国却缺乏实力相当、具有影响力的机构进行反击。国际气候话语权的缺失，意味着在气候外交中将失去有利的舆论环境，令自身在国际舆论中处于被动。西方媒体是追求新闻爆炸性的功利主义者，长期以来形成了"报忧不报喜"、偏爱负面新闻报道的传统，加上西方的现代化已经发展到峰顶阶段，环保主义、回归自然成为一种潮流，中国环境污染问题在他们看来就很具有"新闻价值"①。

3. 缺乏创新，重复度太高

中国气候话语的信息内容具有相当程度的一致性，却缺乏自身的特色与竞争力。在国际气候谈判、碳减排、绿色产业等领域，一方面，中国外宣媒体缺少自己的发声，相关的国际新闻经常转发法新社、路透社、美联社的消息，新华社的消息来源也缺少中国视角和中国报道；另一方面，各报社的信息大多重复，缺少自身亮点和价值定位。中国国内媒体"凤凰新闻""网易新闻""搜狐新闻"等针对同一报道的相似性能够达到90%，造成读者视觉疲劳失去兴趣反而失去了新闻传播的广泛性，产生新闻越多读者了解接受越少的现象。反观欧盟媒体，常常因其与众不同而被受众关注。

客观而言，中国尚处于发展中国家阶段，还存在诸多问题，这是任何一个国家都会面临的现象。敢于把自身的问题暴露出来并认真解决，这是一种自信的表现。在国际气候谈判、碳减排、绿色产业等领域，当我们的媒体把传达一个多面化、鲜活生动的中国作为己任，那么国际公众也会回馈以兴趣，我国气候话语的国际阅读量与转发量便会上升，也由此才有与西方机构竞争国际舆论的条件。在这一点上，《环球时报（英文版）》起到了一个很好的典范作用。

《环球时报（英文版）》将"传达出一个复杂、真实的中国"作为自身的外宣理念，因此无论是在标题还是内容上都下足功夫，避免夸大其词，以免让读者产生被骗的感觉，对报纸产生戒心。编辑也会尽量把标题做到尽量准确化，避免情绪化、空洞化的口号。《环球时报（英文版）》在语言风格上，也一直追求语言风格的平民化，不高高在上、故作高深，努力把国际新闻写得像国内新闻一样简洁明了。许多外国读者反映《环球时报（英文版）》的文章条理清楚，文字通顺，对提高他们的语文水平帮助很大，还有读者反馈《环球时报（英文版）》是一个名副其实的传媒，而不是外交公报或教科书，所以他们有阅读兴趣②。

对于国际气候谈判、碳减排、绿色产业的新闻报道，应该逐渐去掉宣传化口号，推动平衡、真实、全面、渐进的报道方式，这应该是我国气候

---

① 孟祥麟：《外国媒体大量报道，当地民众产生误解，环境污染影响中国形象》，《环球时报》2006年6月1日版。

② 何崇元：《把握导向，力求可读——办〈环球时报〉的点滴体会》，《新闻战线》2004年第9期，第24页。

话语外宣推广的发展方向。另外，由于我国参与国际报道的媒体总体上较少，因此也缺乏多元化的声音，在报道数量和质量上也都无法和西方新闻界媲美，从而难以形成一个有益互动、百花齐放的国际新闻界。

4. 人员配备年轻化，分工不合理

与外国报道国际气候谈判、碳减排、绿色产业的记者相比，我国相关从业记者的一个典型特点便是大多数为年轻记者，这些记者笑称自己的事业为所谓"吃青春饭的行业"。但在欧美大国，关注国际气候谈判大会、碳减排、绿色产业等新闻一线的往往是从事报道多年的资深记者，甚至不少已是满头白发。这一方面的对比折射出我国记者相对西方专业人员在阅历与经验上的相对不足，但同时，如果好好把握这一特点，将年轻化人员转化为我国建构气候话语权的另一优势。另外需要提及的是，我国参与国际气候新闻报道的人员分工是较不合理的，尤其是关于中国参与国际气候谈判会议时的现场报道，我国记者往往是一人身兼数职，摄影、文字、后期、音频等都需要亲力亲为，更不须说联系采访代表、安排车辆等工作，给我国记者工作无形中带来很大压力。与此形成鲜明对比的是，西方从业者一般都分工明确，各有各的专业化任务，现场报道不会给从业者带来很大压力，更有利于保证新闻质量。总而言之，这种情况一方面归咎于我国报道相关新闻尚处于发展中阶段，本身人才紧缺，另一方面也必须要认识到这一情况长期发展下去既不利于从业者的健康，也无益于提高我国的气候话语权。

此外，我国的国际气候话语内容涉及面较窄，原创性气候话语概念较少，使国际受众的兴趣点和关注度不高。关键在于我们对主动倡导国际气候话语的价值认知不足，使得在很多国际场合中扮演的是观察者而非话语建构者的角色。简言之，我国的相关报道未能形成覆盖全球的新闻报道能力，无论是现场新闻亦或气候减排等政策的解读，都仍处于传播领域的初级阶段。

三、中国建构气候话语权的机遇

中国作为近年来迅速崛起的一股国际力量，在国际场合中出现了越来越多的中国声音。在国际气候谈判领域，包括中国在内的发展中国家必将发挥越来越大的作用。尽管有些国家不愿中国的气候话语权或者影响力迅速提升，但不可避免的是，在国际气候议题上中国正在逐渐成长为不可忽视的重要力量，这将是国际社会难以否认的事实。中国建构气候话语权的机遇在于如下几个层面：

第一，国际气候议题领域需要中国声音。在国际气候议题和气候外交上，中国向世界正在表达自身的主张和理念，如始终坚持"共同但有区别的责任原则""公平原则"和"各自能力原则"，坚持"绿色发展"，并将积极行动实现自身的承诺。在 2015 年二十国集团峰会上，习近平主席明确提出中国将在"十三五"规划中加入"2030 可持续发展"议程，并希望二十国集团各国制定一套符合自己国家国情的方案，最后将这些方案汇总到二十国集团以便于形成集体行动方案。就中国开展的气候外交行动来看，中国同美、巴、印、法、欧盟等国家或组织发表了《气候变化联合声明》，也向联合国提交了中国"自主贡献文件"，确定中国将控制碳排放量在 2030 年左右达到峰值①，而且还决定投入 200 亿元人民币设立气候变化"南南合作基金"，在 2017 年底启动类似于欧盟的中国国内碳排放交易体系。

第二，借美国退出《巴黎协定》扩大中国影响力。如前所述，我们不难发现，即便是在当今国际气候变化议题中几乎担当了引领者角色的欧盟，其气候话语权的建构之路也并非一帆风顺。在美国没有退出《京都议定书》和《巴黎协定》之前，欧盟与美国就气候治理政策、减排标准、碳税以及碳市场方面，提出了各自不同的方案，双方在国际气候话语权的争夺上互不相让。直到 2001 年，美国时任总统布什公开表示放弃《京都议定书》，欧盟才意外地获得了带领其他议定书的签署国进行联合国框架下的气候治理的机会，并且通过自身的实力与巧妙的宣传手段成功扩大了自身的气候话语权，成为了当前气候治理领域的"领头羊"。

2017 年，美国退出《巴黎协定》是美国在全球气候治理领域做出的又一后撤行为，对于想要提升在本领域话语权的国家、国际组织而言无疑都是一个"令人惊喜"的机会。诚如中国与全球化智库主任王辉耀先生所言，中国会毫不动摇地保持立场，与其他签约国一起坚定不移地支持和落实《巴黎协定》，努力推动国家间合作，共同进行全球气候治理，为应对气候变化和推进全球治理做出应有的贡献。

中国急需建构和提升自身的国际气候话语权，应当看到美国退出《巴

---

① 张高丽：《开启全面建设社会主义现代化国家新征程》，《人民日报》2017 年 11 月 8 日版。

黎协定》这一行为带来的机遇。与 2001 年时中国自身的境况不同，如今的中国已然是世界第二大经济体系、一个不断成长的大国，国际气候谈判的与会各方都不能忽视中国的主张及方案。美国在国际气候领域的后撤将导致其在本领域中影响力的收缩，出现一定范围的权力真空，美国所提出的国际气候标准、方案、理念等也会受到负面影响。中国应该抓住这次机遇，在后续的气候大会上勇敢提出中国理念和中国方案，并通过气候外交进行推动。

第三，以推动当前国际气候治理制度发展与完善为契机，提升中国的气候话语权。气候治理作为全球治理的重要内容，是关系到未来人类命运的重大问题，本应是各国参与度最高、利益冲突相对较小的一个议题。但是从最初的谈判时起，由于国家发展在时间上存在先后性，各国的实力差距相对复杂，发展中国家与发达国家始终无法在减排标准和具体方案上达成一致，即便是接受度较高的欧盟方案也不能符合每个国家的利益，拥有强大国际影响力的美国两度宣布退出相关的气候协定，这为全球气候治理带来了一定阻力。上述现象都暴露出了一个问题，那就是当今国际气候治理的制度和机需要改革，与当前某些想要参与气候治理的国家的国家利益有了一定冲突。在国际气候治理领域内，倘若制定的制度框架不能很好地匹配现实，不能满足国家的需要，那么相关的政策必然无法落实或在勉强落实过程中遭遇阻力，全球气候制度本身也将停滞不前。鉴此，随着国际气候形势的演化，气候领域的制度安排也应当做出对应的调整、改变或完善。作为拥有较强国家实力和国际影响力的中国，为了发展自身的气候话语权，应当主动发挥作用，推动当前国际气候治理制度的完善，应当设法成为气候治理领域的一个制度革新者。例如，中国针对纯粹定量的气候治理制度，提出了要适当地引入灵活机制。这种提议实质上正是对现有气候治理制度的革新与完善。

第四，中国仍是一个发展中国家，更加能够理解和体察气候治理中发展中各国的利益诉求。因此，中国应当努力对发展中国家之间的利益关系进行协调统一，立争提出更加有力、灵活、符合发展中国家气候诉求的协议方案和执行标准。若是能做到这一点，中国的气候方案将自然成为当前国际气候治理制度创新中的重要组成部分，其国家形象也将收获更多认可。中国作为制度改革的推动者，自身的气候话语权将得到提升。

四、中国建构气候话语权的挑战

中国建构气候话语权的挑战主要体现在如下几个层面：

第一，国际气候话语权的角逐态势带来的不利。由于美国开始在包括气候在内的软实力领域收缩影响力，气候话语权领域内曾经类似于美欧中三足鼎立的态势开始发生微妙的变化，欧盟与中国的作用与影响力将日益突出。但是欧盟曾制定的标准已经得到了广泛的认可，并且欧盟内对内制订了可行的严格的减排计划。这一事实对于中国而言是相对不利的。

第二，欧美媒体对中国环境问题的恶意形象建构。笔者为了调研欧美媒体如何建构中国在环境保护领域内的形象，对美联社、路透社等国际媒体进行了数据收集。笔者调研团队通过运用适用于文本分析的 AntConc 软件进行关键词检索，能够分析出欧美媒体环保文章的高频率词语包括哪些，从而能在一定程度上显示出外媒对于中国环境保护领域关注的重点与建构的目标，即计划将中国构造为何种形象。值得注意的是，笔者团队在词语收集中，剔除了包括英语的定冠词、介词等无实际指向的词汇。其具体结果如下表所示：

表 5—4　2016 年路透社、美联社中国环境保护报道词频统计前十①

排名	原文词汇	中文词义	词频
1	China	中国	474
2	environmental (environment)	环境的（环境）	323 （222 + 101）
3	pollution	污染	190
4	Beijing	北京	146
5	coal	煤	114
6	smog	雾霾	108
7	government	政府	103
8	protection	保护	92
9	Hebei	河北	78
10	firms	公司	59

---

① 具体统计过程由笔者率领学生团队完成，数据来源：路透社：http：//www. thomsonreuters. com/，美联社：https：//www. ap. org/，访问日期：2017 - 06 - 12。

据此发现，欧美媒体所关乎的重心为以下几点。一是雾霾污染，尤其是中国北方雾霾带来的影响；二是政府治理，即政府对于雾霾现象会采取何种措施进行根治，以及政府已经采取的政策，与设定的标准。高频词汇有"China"（中国）、"Environment"（环境）、"Pollution"（污染）、"Beijing"（北京）、"Coal"（煤）、"Government"（政府，注：代表中国官方的态度）。从上述语词进行语境分析，可以清晰看出，欧美媒体对中国环境治理进行的恶意形象建构。

总而言之，中国形象，主要表现为中国北方（北京）存在环境污染的问题。在词频分析中，"污染"（190 次）、"北京"（146 次）、"煤"（114次）、"雾霾"（108 次）排名靠前，分别为第三、第四、第五、第六。由此，西方媒体建构的具体事实是中国北方（中国首都北京），出现了雾霾污染情况。再通过 Antcoc 软件的语境前后次发现，对应"Smog"（雾霾）的修饰词中，包含些许形容其严重的词语，如"hazardous"（对我而言危险的）(2 次)、"dangerous"（具有危险的）(2 次)、"choking"（令人窒息的）(3 次)、"heavy"（严重的）(15 次)。可以说明的是，欧美媒体高度重视中国北方严重的污染。

第三，发展中国家在国际气候谈判中的分裂不利于中国气候话语权的发挥。发展中国家阵营内的基础四国（中国、印度、巴西、南非）、小岛国家、最不发达国家等小群体利益有所分化，有的迫切寻求资金援助，有的倾向于现有成果的严格执行。尤其是若干迫切呼吁减排的海岛国家与倾向于保持现状的国家之间利益相悖。在发展中国家阵营内部的分化态势，这对于中国建构国际气候话语权也会产生阻碍。

第四，中国还面临国际低碳科技转移的多层博弈。《联合国气候变化框架公约》与《巴黎协定》都鼓励发达国家向发展中国家进行低碳科技的转移。所谓的"低碳科技"，指的是那些能够消减温室气体排放的科技，能够以区域性实施带动全球性环境的改善。低碳科技的国际转移是否能减缓全球气候恶化的趋势，取决于其能够覆盖发展中国家的低碳技术研发与示范、推动低碳产业的市场化拓展、推动低碳科技的本土化改造等诸多环节。

一是在国际低碳科技转移的多层博弈。国际低碳科技转移基本遵循以下三大路径：企业间的商业低碳科技贸易、政府间科技援助、清洁发展机制下的科技转让。由于科技转移需要足够的资金支持，因此企业间的商业低碳科技贸易是主流，而政府间的低碳科技援助以及基于《联合国气候框架公约》的低碳科技转让只起到辅助功能。

国际低碳科技转移牵涉众多利益相关者，其中包括低碳科技研发单位、技术专利方与供应方、技术购买方、技术转移融资机构、技术贸易信息供应方、发达国家与发展中国家政府、低碳科技贸易平台运营方等，各个利益攸关方的参与动机存在明显差异。在《巴黎协定》框架下，国际低碳科技转移的责任主体是国家，执行主体是企业。总体而言，国际低碳科技转移呈现出双层多主体博弈态势，即在宏观层面则是以发达国家与发展中国家中央政府为主体的政界博弈，在微观层面则是以发达国家与发展中国家的地方政府、企业或个人为主体的商界博弈。

需要指出的是，大部分国际低碳科技转移都是有偿的，其价格需要转让方与受让方进行讨价还价来决定。例如，清洁发展机制（CDM）是目前国际低碳科技转移的最高市场平台。中国最想从 CDM 机制中获取的是国外先进的节能减排技术，而不仅仅是资金。然而，由于联合国设计 CDM 的初衷是尽快促成各国落实碳减排目标，而非重点推进低碳科技的国际转移①。这就产生了一个逻辑悖论：欧盟提出的碳交易、碳金融等一系列低碳话语已经使得各国碳减排实践从环境伦理的层面步入到市场化的轨道。然而，如果将低碳科技的国际转移置于市场价格机制的范畴之中，那么作为低碳科技转让方的发达国家则会待价而沽，而作为低碳科技受让方的发展中国家则因财力所限以及购买渠道狭窄而不得不继续陷于高碳科技的困锁之境，这都违背了应对气候变化的合作理念。

在国内外气候治理法律文件以及低碳科技转移机制的双重环境下，企业作为碳基技术的直接应用方，其围绕低碳科技转移的价格谈判受到本国政府、金融机构以及相关国际组织的多重影响，这从一开始就决定了国际低碳科技转移不仅是一种商业行为，更是低碳科技转让国与受让国之间的一场政治博弈。

二是国际低碳科技转移中的非对称性。《巴黎协定》虽然对各缔约国具有政治约束力，但和其他国际法文件一样，这亦是一份各方利益妥协的产物，暗藏诸多履约漏洞。例如确定了以"国家自主贡献"的方式推动各国的碳减排，以及每五年一次对减排承诺的总体盘点，使得以美欧为代表的发达国家与以中印为代表的发展中国家围绕碳减排的技术路径展开激烈的斗争，其中发达国家对低碳科技的垄断控制成为后《巴黎协定》时期国

---

① 陈晓燕：《低碳技术国际转移机制研究》，《经济研究导刊》2015 年第 6 期，第 203 页。

际气候合作的最突出障碍。虽然从《联合国气候变化框架公约》《京都议定书》到《巴黎协定》都明确了发达国家应向发展中国家提供碳减排能力建设所需的资金与技术，但没有任何一个气候协议能对发达国家提供的低碳科技与资金规模进行量化，更无相关的约束性制度。由于缺乏国际低碳科技转移的明确渠道与落实方案，使得发展中国家无法有效获得低碳科技①。

可以说，发达国家与发展中国家在低碳知识上的信息不对称性，导致了如今南北国家围绕低碳科技转移展开的不对称冲突，主要表现以下几个方面：一是发达国家作为低碳科技研发的引领国，积累了大量的技术经验，十分了解低碳科技及其装备的性能特征以及低碳科技转移对南北国家之间技术差距的缩小程度，而发展中国家却无法完全掌握此类信息，而往往在付出巨大财力投入后才能评估低碳科技转移的效果。二是发展中国家十分了解本国进行低碳科技转型的市场需求信息，但由于国家主权与经济信息内部封闭性的原因，发达国家对此显示出明显的后觉性。三是发展中国家低碳科技引进企业明晰自身的竞争优势，却无法完全了解发达国家低碳科技生产企业的转让偏好，特别是难以预测政府间政治关系的亲疏变化对企业间的低碳科技商务合作的影响。

由上可知，信息失灵是造成国际低碳科技转移非对称博弈的重要原因，这直接导致了国际低碳科技转移的低效率，其突出表现就是谈判过程漫长与科技贸易的"政治化"。通常而言，发达国家掌握着国际低碳话语权与国际碳金融市场的主动权，在向发展中国家转移低碳科技的过程中存在较高的预期收益，但由于国际政治博弈与全球气候博弈紧密相关，造成低碳科技供需双方彼此间的信息沟通存在非完全性，再加上低碳核心科技已经成为发达国家重要的硬实力，发达国家对发展中国家核心科技与装备的封锁，日益成为国际低碳科技转移的巨大障碍。②

低碳科技是低碳信息的外部表现，其关键因素是设计方法。低碳科技转移的本质是低碳科技信息的跨国扩散，是低碳信息的拥有者与缺乏者之间的有偿信息交换。低碳科技的转让国为了保持可持续的信息优势，不会告知受让国完整的低碳科技方法，而是只提供较为过时的科技产品，除非

---

① 张发树、刘贞、何建坤：《非完全信息下低碳技术国际转移博弈研究》，《气候变化研究进展》2011 年第 1 期，第 41 页。

② 肖洋、柳思思：《后哥本哈根时代的中国"碳外交"》，《现代国际关系》2010 年第 9 期，第 53 页。

受让国是转让国的盟友或"附庸国",因此,那些转让给普通发展中国家的低碳科技相对落后于转让给盟友国家的技术。出于国家间的互信困境与科技实力差异,低碳科技的受让国也不可能完全确定所购买的低碳科技的真实价值。在国际低碳科技转移机制与平台尚未成熟的现状下,由于前期低碳科技研发投入、全球低碳科技信息储备等方面的差距,发达国家与发展中国家存在显著的低碳科技代际差异,由于低碳科技与各国践行碳减排承诺紧密相关,因此直接关乎各国能否树立优质的低碳发展形象。

保护知识产权是发达国家怠于向发展中国家转移低碳科技的惯用借口。发达国家作为低碳科技的研发国,拥有自主低碳科技创新的全部知识产权。发达国家为了维持其在低碳科技市场作为供应方的集体优势与既得利益,借口国际低碳科技转移不能破坏发达国家知识产权保护的制度框架,发展中国家要想获得低碳科技,就必须遵守发达国家主导的国际低碳科技市场的秩序,放弃任何挑战发达国家低碳科技霸权的举措[1]。《巴黎协定》艰难诞生的结果足以表明:发达国家一方面积极建构"走低碳化道路是发展中国家破解高碳困锁的唯一途径"的话语体系,另一方面又设置众多资金、政治、技术门槛限制发展中国家获得低碳科技的渠道。目前,发达国家已经成功地将低碳化的概念融入到国际政治博弈的语境中,并基于在国际科技转移市场中的强势地位,竭力构建国际低碳金融市场,即"国际碳排放欧元(美元)体系"。这是一次极其隐晦且危险的战略谋划,它不仅极大提升中印等新兴国家破解"高碳困锁"的成本,同时将低碳科技与美欧金融霸权绑定,使得新兴国家即使摆脱了数十年来追寻发达国家高碳产业模式的束缚之后,又落入以外源性低碳科技为基础的"低碳困锁"陷阱,而引进低碳科技一旦成为发展中国家克服环境污染、促进产业升级的战略方针,就会产生发展中国家对发达国家的二次科技依赖,最终通过国际低碳科技转移体系建立新的欧元(美元)的联合货币霸权格局。因此,中国要突破"高碳困锁"就必须选择"引进为辅,自主研发为主"的道路。

不难看出,近年来,特别是在习近平主席领导的新一代集体倡导:"我们既要绿水青山,也要金山银山;宁要绿水青山,不要金山银山;而且绿水青山就是金山银山。"[2] 中国在全球治理相关的议题上的参与度越来

---

① 柳思思:《气候变化与国家新能源的发展——以阿拉伯国家为例》,北京:时事出版社,2015 年版,第 24 页。

② 习近平:《习近平总书记系列重要讲话读本——关于大力推进生态文明建设》,《人民日报》2014 年 7 月 11 日版。

越高，并且作为一个具有一定国际影响力的国际行为体不断地发挥作用推动气候问题的解决。中国就国内而言，在气候治理、环境保护以及减控碳排方面做出的成绩在各国间也是有目共睹的。然而必须要明确的是，尽管中国上述一系列的实际行动以及在国际会议上所提出的中国理念和主张确实为中国的气候话语权加分不少，但是中国的气候话语权的建构仍然存在不少棘手的问题。

五、中国建构气候话语权的 SWOT 模型

对于中国气候话语权的建构来说，在建构是否可以成功、建构方案的选择与制定、前期投入与风险评估、技术运作难度以及决策机制均非其他项目可比。SWOT 分析法是战略管理学中运用最广泛的分析技术之一。用 SWOT 模型对中国建构气候话语权具有的竞争优势、劣势、机遇与挑战，进行分析研究，有助于系统把握中国建构气候话语权中的有利因素，避开中国面临的不利因素，及早发现隐患，辨别轻重缓急，最终找出解决办法，明确发展方向。

发展的关键在于自身状态。事物未来的发展方向，从根本上来说，取决于其内部的优势与劣势。因此，分析中国建构气候话语权具有的优势（Strength）与劣势（Weakness），是建构中国气候话语权战略的前提。发展的依托是外部环境。事物外部环境的机遇与威胁，将直接影响其发展过程。所以，明确机遇（Opportunity）和威胁（Threat），是建构中国气候话语权的战略基础。如下表所示，中国建构气候话语权有积极扩展型战略、谨慎扭转型战略、积极防御型战略、谨慎防御型（多元化战略）四种可选，具体的战略选择可以根据自身优势与国内外形势决定，也可以是上述战略的综合运用。

总而言之，一方面，中国国内对于环保措施越来越重视，如 2016 年《环保法》、"十三五规划"中对于环保议题的重视，以及 2017 年两会中习近平主席对于环保议题的高度关注；另一方面，中国在国际社会中对于气候事务的参与力度也越来越大，对于国外 NGO 也愈来愈开放，逐渐打破了西方媒体对于中国的固有印象，使得世界看到了中国发出的积极信号。

表5—5　中国建构气候话语权的 SWOT 模型

优势与劣势　　　机遇与威胁	优势（S）S1 领导人高度重视 S2 节能减排获得成效 S3 资金优势 S4 发展潜力	劣势（W）W1 议程设置误区 W2 缺乏国际气候话语权 W3 缺乏创新、重复度太高 W4 人员配备年轻化、分工不合理
机遇（O）O1 国际气候议题领域需要中国声音 O2 借美国退出《巴黎协定》扩大中国影响力 O3 以推动当前国际气候治理制度发展与完善为契机 O4 充当发展中国家气候诉求的协调者	SO：积极扩展型战略 SO1 集中资源，建构有利于中国气候话语权发展的国内战略环境 SO2 积极调整国外战略部署，扩大中国气候话语权的国际影响力	WO：谨慎扭转型战略 WO1 完善战略规划，注重议题设置、语用策略与增加人员配备 WO2 提高支持力度，赴外调研，学习欧盟气候话语权的建构经验，改变我国气候话语权的不足之处
威胁（T）T1 国际气候话语权的角逐态势带来的不利 T2 欧美媒体对中国环境问题的恶意形象建构 T3 发展中国家在国际气候谈判中的分裂 T4 国际低碳科技转移的多层博弈	ST：积极防御型战略 ST1 建立环境治理的高技术手段与高标准的科技与研发团队 ST2 淡化地缘政治因素，通过气候外交共担风险，突出气候合作参与的机构和企业	WT：谨慎防御型、多元化战略 WT1 积累经验再接再厉，探索气候话语权的内构模式 WT2 根据国际形势变化，寻找气候话语权的外构模式

注：本表由笔者绘制。

第六章
中国建构气候话语权的路径分析

以上我们详尽地探讨了中国气候话语权的优势劣势与机遇挑战，下面我们具体分析中国气候话语权的建构路径。其主要包括如下几个层面：一是应对西方科技霸权，推动中国标准国际化；二是议程设置合理化，构建新型传播方式；三是注重气候话语的语用策略与结构安排；四是发展气候外交，提升中国国家形象；五是利用新媒体平台，影响国际舆论。

一、应对西方科技霸权，推动中国标准国际化

在国际气候领域，低碳科技优势就是西方霸权国的力量之基，标准霸权则是其霸权可持续性的保障。经济全球化的发展，使得国际标准竞争成为国际气候谈判博弈的焦点，国际标准的制定权决定了相关产业的主导权，最终内化为一国的竞争优势，并作为对他国设置国际贸易壁垒的载体。比如欧盟设置的碳排放标准成为征收碳关税的来源。发达国家纷纷将科技先发优势转化为标准优势，将标准战略作为其综合优势的核心战略。在国际气候领域，国际标准的制定权已经成为既有大国与新兴大国的核心博弈议题。中国赢得气候领域国际标准博弈的核心动力，必然根植于制度层面的深化改革，以及科技发展的自强抱负。

全球化的进程，一直呈现出由个别国家或国家集团推动、将大部分弱小国家裹挟其中的非对称状态。与其说世界是平的，不如说"世界正在被某种力量抹平"，而这种力量就是科技标准。中国的气候科技起步较晚，标准体系不完善，纵然有众多高科技产品的需求优势，但在气候领域的国际标准竞争中处于劣势地位。国际标准的制定权，已经成为既有大国与新兴大国的核心博弈议题。既然科技进步能够推动国际政治结构的权力转移，那么既有大国如何捍卫气候领域的科技标准霸权？后发国家是否有赶超的机遇，这种机遇的时代节点又在哪里？

(一) 西方科技霸权及其现实威胁

在国际气候领域，全球化时代的权力集聚，已经超越大航海时代的圈地殖民，日益依赖于科技优势的全球扩展。国际气候谈判中的大国，往往通过对外传播、提供区域或全球性公共产品、主导国际气候协议的建章立制来获得大国身份的广泛认同。然而，上述这些大国身份合法性的外部特征，并非孤立存在，彼此之间被一条隐形的链条将其贯穿整合，这就是基于气候领域的科技优势与标准制度的全球化。任何国际行为体的崛起，都不可避免地沿着科技创新—国内标准国际化—提供区域、国际公共产品—主导国际舆论的成长路径，从而构建复合式的强权、甚至霸权的合法性基础。在国际气候领域，欧盟就是延续了如上路线。

1. 问题的提出

改革开放至今，中国施行出口导向型经济模式，鼓励中国制造的产品走向世界各地，国际收支持续顺差。中国也从国际经济体系的颠覆者、革命者，转变为参与者、建设者。然而，随之而来的是面临发达国家愈演愈烈的贸易保护主义。发达国家通过设置严格的技术标准来禁止中国商品的进口，特别是利用 WTO《技术性贸易壁垒协议》（Agreement on Technical Barriers to Trade）规定的相关工业制成品技术法规与评级标准，为中国商品出口设置环保壁垒等①，通过多次涉华商品反倾销调查、生产工艺调查等，掀起"中国商品威胁论"，为"中国制造"带来信誉危机，极大削弱了中国商品的国际竞争力。

从表面来看，中国出口的劳动密集型和资源密集型产品，部分廉价商品不符合进口国的环保技术指标。然而，问题在于，中国出口商品的不合格率不到 1%，中国商品不断扩大的海外市场占有率，表明国际市场对中国工业制成品的认可。② 那么，欧美等西方国家不断提升对中国商品出口的环保技术标准横杆，除了众所周知的贸易保护动机之外，是否还有更深层次的政治意图？

答案是维护发达国家的科技霸权。科技霸权，是指既有强国利用科技先发优势，通过垄断全球产业链中各个行业的标准体系，阻碍后发国家自

---

① A Davies. "Technical Regulations and Standards under the WTO Agreement on Technical Barriers to Trade", *Legal Issues of Economic Integration*, 2014, Vol. 1, No. 1, pp. 37 - 63.

② 李满兰：《"中国制造危机"与技术标准国际化》，《当代经济》2008 年第 7 期，第 9—10 页。

主构建标准体系，从而维护本国的技术垄断优势。① 在国际气候领域，科技进步推动低碳产业格局的加速演变。国家间的竞争，日益集中在科技密集型产业对国民经济的支配上。拥有低碳科技优势的国家，必将位于国际分工体系的上游，持掌低碳科技创新的龙头，通过低碳技术标准的国际化，挤压后发国家的科技研发空间，削弱发展中国家的自然资源与人力资源优势，从而维持富国与穷国低碳科技发展的代际鸿沟。这种低碳科技先发优势基础上的国际权力分配格局，自然更有利于发达国家。跨国公司背后都有母国的影子，从某种层面来说，其本质是基于低碳科技霸权者的跨国歧视，自然，科技优势的逻辑终点，则必定通向国际政治的集权。

2. 科技霸权的理论解析

既有大国获取科技的政治霸权，走的是一条从物质生产—文明生产—国际政治话语霸权的道路。当低碳科技优势被国际行为体作为谋求国际政治权势的工具，科学技术作为生产力智能要素的功能属性，就被异化了，沦为国际政治的附庸。② 低碳科技优势与国家政治的"联姻"，催生出排他性极强的科技民族主义。③ 在人类工业文明的演化中，国际行为体兴衰的历史主轴，总是围绕科技霸权的得失展开。总体而言，在国际气候领域，国际行为体的科技霸权，主要从全球工业产业链、国际贸易、国际政治三大领域，对全球政治经济体系产生深远影响。

第一，在国际低碳产业链领域，科技霸权表现为利用国际低碳科技标准设置权，来维护本国在低碳产业链中的竞争利益。在工业化的今天，每个产业都是基于若干个行业技术标准建立起来。产业链的标准化进程，提高了跨国生产的兼容性与联通性，不仅扩大产业链的市场需求规模，还降低了技术转移风险与交易成本。在低碳产业中，先发国家利用自身的科技优势，纷纷争夺行业科技标准的设置权，以控制全球产业链、打压竞争对手。这种标准霸权对后发国家的影响主要表现为两个方面：一是产权效应，即要求采用既有低碳行业科技标准的后发国家，必须缴纳专利税，有

① 黄正元：《科学技术政治霸权的进程及后果》，《深圳大学学报（人文社会科学版）》2010年第1期，第29—30页。
② 柳思思、肖洋：《科学技术与国际政治资源》，《文史博览》2006年第8期，第47—48页。
③ 对外经济贸易大学国际金融战略研究中心课题组：《"新技术民族主义"还是"技术霸权主义"》，《国际商务》2006年第4期，第5—6页。

偿使用其中的知识产权。① 二是捆绑效应，即后发国家一旦采用某个低碳科技标准，就必须采用该标准涉及到的所有专利。这种科技标准霸权意味着：后发国家要想进入由既有强国控制的低碳产业链，就必须接受这种不平等的知识产权分配关系，不仅默认既有强国在标准体系中的特权地位，更被锁定在国际低碳产业链的下游地位，成为既有强国科技霸权的附庸。

第二，在国际贸易领域，低碳科技霸权表现为严防高科技向后发国家转移。这表现为三个方面：一是对后发国家进行低碳高科技装备出口管制，阻碍后发国家科研人员接触低碳高科技产品与生产链。二是对向后发国家投资的本国企业，以及向本国投资的后发国家企业进行严格的科技安全审查，严防本国低碳高科技流向后发国家。三是利用低碳科技优势迫使后发国家执行高强度的知识产权保护政策，对后发国家高科技企业进行知识产权审查与诉讼，挤压后发国家自主科技的研发空间。

既有霸权者通过国内立法、颁布行业规定、建立行业审查制度等手段，一方面利用低碳科技优势占领后发国家市场，挤占行业竞争者的市场份额；另一方面设置森严的低碳科技标准壁垒，阻碍后发国家的商品出口，从而保护自身的产业利益和内部市场。这种做法不仅维护了既有霸权者的低碳科技垄断优势，限制了高科技附加值产品流入后发国家，还实现了既有霸权者扩展国际市场、封闭国内市场的双重目的。

第三，在国际政治领域，低碳科技霸权表现为既有霸权者的身份合法性。全球性制度规范是既有霸权者的合法性基础。既有霸权者的国内行业标准具有广泛的国际效力，是规范国际行为体的主导性力量。既有霸权者利用标准体系这种规范性力量，以技术、规格、质量等要素，作为产品生产与流通规则的限定条件，从而全面影响国际政治的方方面面。② 例如，在国际气候领域，欧盟利用低碳科技的主导权优势，制定碳交易市场等领域的规章制度。在国际气候谈判领域，欧盟则通过在"联合国气候变化大会"等制定标准的国际组织层面，将自身科技标准转化为国际标准，从而获得标准霸权的合法性，这不仅能够强制推广自身的标准体系，促使大多数国家内化、服从这种标准制度，更能极大削弱后发国家反对自身科技霸权的决心。在气候治理层面，科技优势是既有霸权者提供国际公共产品的

————————

① 宋玉华、江振林：《行业标准与制造业出口竞争力》，《国际贸易问题》2010 年第 1 期，第 10—17 页。

② 刘杨钺：《美国世纪的终结：技术优势与美国霸权合法性》，《世界经济与政治论坛》2010 年第 2 期，第 92—94 页。

核心能力。科技国际转移本身就是国际公共产品的重要组成部分，后发国家由于历史、地理和国力等诸多限制因素，难以自发性进行全面科技革新，不得不依靠既有霸权者的科技援助来推动低碳产业发展，而这种科技不对称依赖关系，一旦形成就很难改变。[①] 正是由于既有霸权者的低碳科技转移满足了国际社会的经济发展需要，才使得既有霸权者能够通过内部标准体系国际化，将低碳科技优势切实转化为战略收益。

总而言之，在国际气候领域，科技霸权的基础是低碳科技优势，形成路径是低碳科技标准体系的国际化，表现形式是构成国际社会对既有霸权者低碳科技公共产品的持续依赖，终极目标是维护既有霸权者霸权地位的合法性。由此可知，从科技优势向科技霸权的转变，是科学技术政治化的过程，而科技霸权向霸权者地位的确立，则表现为霸权者需求合法性的过程。毋庸置疑，科技优势就是霸权者的力量之基，标准霸权则是霸权可持续性的保障。然而，顺理成章的问题就是：既然国际标准竞争与科技霸权的确立息息相关，那么如何洞悉当前的国际标准竞争格局？参与标准竞争的核心策略又是什么？

（二）　国际科技标准非对称竞争

事实上，在国际气候领域，从 20 世纪 90 年代以来，随着互联网时代的发展，发达国家就已经将国际科技标准战略作为核心竞争力的基础，抢占低碳科技研发的制高点，并制定出与之并轨的科技标准，谋划控制新一轮的产业升级进程。在国际低碳产业领域，当前国际科技标准博弈格局，呈现出三维动态发展趋势，即发达国家基于科技与经济优势的标准领先、新兴工业化国家基于高科技自主研发基础上的标准追赶，以及欠发达国家的标准模仿。

1. 国际标准竞争格局的基本态势

当前世界各国的低碳产业发展水平不一，国际标准博弈的主体分为三类：一是以欧美为代表的西方发达国家，它们掌握着国际气候标准体系的话语权与主导权，属于主动出击的强势方。二是以中国为代表的新兴工业化国家。这些国家基本完成了产业体系构建，但在国际低碳产业标准体系中的话语权较少，属于稳中求进的保守方。三是发展中国家。这些国家大

---

① 肖洋：《中国的"高碳困锁"与国际低碳科技转移的非对称博弈》，《社会科学》2016 年第 6 期，第 63—64 页。

多处于工业 2.0 时代，甚至有些国家处于蒸汽时代的工业 1.0 阶段，在国际低碳产业标准体系中处于"失语状态"，属于被动接受的弱势方。由于低碳产业科技标准与气候话语权密切相关，各国积极推动本国标准的国际化，并始终围绕四个核心能力建设展开新形势下的国际科技标准竞争。即基于自主科技知识产权的标准研发能力、国内高科技标准体系下的规模生产能力、基于国际科技的标准国际市场占有能力、基于标准约束与标准扩散的可持续竞争能力。

在国际气候领域，国际科技标准博弈基本呈现出三大态势：第一，国际科技标准的覆盖面从传统环境污染治理，拓展到低碳经济、低碳产品等领域。第二，国际低碳科技标准的全球接轨率不断加速，国际行为体都在积极调整自身标准战略，以尽快对接国际最新低碳科技标准体系。第三，国际行为体纷纷加大争夺低碳产业高科技标准制定权的力度。这种围绕低碳产业展开的国际竞争，加剧了既有优势方与后发者之间的不平衡性，一方面，既有优势方可利用低碳产业的先发优势，将高科技标准制定权转化为自身相关产业的竞争优势；另一方面，新兴工业化国家进行低碳科技追赶的压力不断增大，而那些选择技术依附的发展中国家，将面临更为高昂的低碳科技转移成本与专利使用费。

2. 发达国家、国际组织的科技标准战略及其特点

发达国家、国际组织的低碳科技标准战略，呈现出欧盟、美国、日本三足鼎立的状态，而欧美日的低碳科技标准战略又各有侧重。欧盟采取管控型标准战略，一方面，高度重视欧盟内部的低碳科技标准一体化，以实现欧盟单一市场，增强欧盟低碳标准的国际竞争力；另一方面，积极谋求在联合国、国际标准化组织中的制度话语权，通过影响相关的标准法规修订，以满足德、法等气候标准制定大国的利益诉求，提升欧盟气候标准的国际影响力。[1]

美国采取管控—竞争型标准战略。美国战略的核心是提升其在国际低碳标准化中的影响力，展开与欧盟在国际低碳高新科技的主导权竞争，增强美国低碳科技发展与标准国际化的契合度。例如 2015 年《美国标准战略》就明确指出应通过开展标准化教育计划、推动标准化体系资助模式多

---

① 韩可卫：《欧盟、美国、日本标准化战略模式比较分析及启示》，《武汉工程大学学报》2007 年第 5 期，第 33—34 页。

元化，来增强美国标准体系的国际竞争力。①

日本采取竞争型标准战略。日本的战略核心是扶持本民族低碳产业标准参与国际竞争。主要表现为：紧密围绕环保等新兴产业，建立与之相关的科技标准体系，注重培育能参与国际标准化组织活动的国际性人才，政府为本国低碳企业提出具有技术优势的国际标准提案进行专项财政支持，加强向发展中国家进行科技转移合作与人员培训，积极倡导区域性低碳标准体系合作与联合标准项目。

3. 发达国家参与国际标准主导权博弈的策略体系

综合看来，随着新一轮低碳科技革命的到来，发达国家、国际组织的国际标准主导权之争已甚嚣尘上，其竞争策略虽有侧重点差异，但在战略设计思路上仍存有四个方面的共性。

首先，都注重对低碳高新科技的知识产权垄断。欧盟经济战略的核心是注重发展低碳高科技以及未来科技的关键技术体系，以此构成欧盟国际地位的权力基础，因此欧盟是全球低碳知识产权保护法律体系最为完善的地区。美国则通过对低碳科技的研发投入，期望在新科技国际标准设置过程中获得有利地位。日本将竞争重点放在低碳高新科技关键领域的国际标准设置上，试图达到"四两拨千斤"的效果。发达国家、国际组织对低碳高新科技知识产权的控制，基本采取"三步走"的实施路径：第一步是实现低碳高新科技专利化，即第一时间为低碳高新科技研究成果申请专利，打下知识产权管理的基础。第二步是推动低碳高新科技专利向低碳行业标准转型。在构建低碳行业标准体系的同时，设置低碳技术转让的许可框架，实现低碳技术专利与低碳标准设置的对接。第三步是构建全球性专利科技许可体系。由此可见，发达国家的低碳高新科技博弈，必定围绕气候规则类知识和方法类知识两大领域进行争夺。

其次，都重视设置低碳技术性壁垒。在国际贸易非关税壁垒不断减少的情势下，发达国家为了保护民族产业、拓展国外市场，往往利用全球性低碳贸易壁垒，例如低碳壁垒、动植物检验与检疫的合格评定程序等，阻碍发展中国家的出口贸易。由于低碳壁垒往往具有隐蔽性和复杂性，已经日益成为发达国家打压后发国家的制度性手段。例如日本工业标准调查会（Japanese Industrial Standards，JISC）每 5 年就审定《日本工业标准》

---

① United States Standards Strategy, http：//publicaa. ansi. org/sites/apdl/Documents/Standards%20Activities/NSSC/USSS_ Third_ edition/ANSI_ USSS_ 2015. pdf，访问日期：2017 – 09 – 30。

（Japanese Industrial Standards），至今修改了 10 次，其推动了日本民间行业协会的行规权威化和企业标准国家化。[①] 欧盟在 2016 年实施的最新标准立法框架——"对包括欧盟之外的产品控制以及有效的合格认证、认可与市场监督"（Effective Conformity Assessment，Accreditation and Market Surveillance Including the Control of Products from Outside the Union），进一步完善了以指令为核心的标准体系，将技术规制、产品评级标准、合格评定程序、市场监督机制等，融合为一个低碳科技知识产权的运营体系。一方面深入推进欧盟内部的低碳标准融合，另一方面构建起对非欧盟国家的低碳标准壁垒。

其三，实现经济、环保、社会福利等领域的全面竞争策略。将环境问题经济化、政治化，向来是发达国家进行本土产业保护的惯用伎俩。在全球性生产过剩和经济增长乏力的现状下，发达国家所鼓吹的"再工业化"，其实质是用环保标准等新兴非关税技术性壁垒，保护本国传统产业部门。[②] 同时，为了冲淡这种低碳壁垒背后的政府背景，发达国家充分发挥商社行会和跨国公司对低碳技术标准的设置与控制作用。

最后，将获取低碳产业标准的国际主导权作为本国标准战略的核心目标。发达国家在低碳产业标准主导权的争夺，都是从争夺所在的区域性标准主导权开始的。例如冷战后，德法两国通过在欧盟中倡导气候话语权，主导了欧洲经济圈的低碳产业标准化进程；美国则通过与加拿大和墨西哥的标准合作，主导北美经济圈的低碳标准化进程。欧美国家在三大标准组织中的贡献率和资助率稳居榜首，在全球性低碳产业标准的制定权、认定权和监督权方面，具有得天独厚的优势。例如德国标准化协会的主要工作是制定国际标准而非国内标准，美、德、法、日等发达国家通过承担 ISO、IEC 的技术委员会与分技术委员会的秘书处工作，垄断了全球性与区域性国际标准的制定权与认证权。使得后发国家的标准化进程，不仅难以获得国际层面的认可，反而面临发达国家以"与国际标准脱轨"的名义，受到西方国家的集体孤立与打压。可以说，在低碳产业领域，西方国家在三大国际标准组织中的垄断地位，是造成后发国家难以获得国际标准话语权的

---

① Japanese Industrial Standards Committee，Entrusted Items Concerning Preparation of Draft Proposals For JIS，March 2017，http：//www. jisc. go. jp/eng/jis-act/pdf/newly201703. pdf，访问日期：2018 – 01 - 20。

② 于连超、王益谊：《美国标准战略最新发展及其启示》，《中国标准化》2016 年第 5 期，第 89—90 页。

根本原因与最大障碍。

（三）中国标准国际化的路径设计

在低碳产业领域，为了突破发达国家的标准霸权和技术壁垒，树立中国标准的国际权威，唯有走技术标准国际化这条道路。所谓技术标准国际化，是指以推广本国标准为目标，采取多边和双边的标准化策略，使本国标准能够满足其他区域要求的国际化互动。[①] 通常而言，制定国际标准的国际组织，会优先考虑将区域标准或有过跨国标准合作背景的标准，上升为国际标准。因此，一国唯有积极推动本国标准国际化，以实现本国标准的双边与多边认同，才有可能将本国标准上升为国际标准。可以预见，未来中国的低碳产业化走的是一条"并联式"发展道路，具有巨大的回旋空间与增长潜力。因此，中国参与低碳产业的国际标准话语权博弈，可以从管理思路、机制构建、国际参与、理念创新四个方面进行路径设计。

首先，构建中国标准需求侧战略。在低碳产业领域，中国标准战略的成功关键，是形成中国低碳产业标准的国际需求市场，以此促进中国低碳产业自主标准的研发与推广，抗衡发达国家低碳产业科技标准的供给优势。其具体路径有三：一是完善低碳产业制造的标准体系，发展标准经济，实施需求方管理体系。二是尽快完成低碳产业的物质基础建设，引导消费预期，做好中国国内市场的需求链管理。三是充分发挥低碳产业行业协会建章立制的作用，组建"中国制造2025"[②] 关键标准科技联盟，依托特色企业集群加强低碳产业共性标准合作研发，提升中国气候话语权和国际竞争力。

其次，组建中国低碳产业标准国际化的推进机制。一是构建跨行业、跨平台的低碳产业标准国际化协调机制与支撑团队。二是成立"信息物理系统""全球工业与能源互联网"战略工作组和技术委员会，研究低碳产业的知识谱系与国际标准空白。三是将低碳产业企业参与国际标准制定工作业绩纳入政府帮扶的考核指标体系，促进有能力的低碳产业企业加大高新科技创新，为其参与国际行业标准的制定提供政策与资金支持。四是解

---

① 陈源：《标准国际化与国际标准化关系研究》，《铁道技术监督》2016年第12期，第1—2页。

② 《中国制造2025》的战略框架可概述为"149模型"，即"一条主线"，以数字化、网络化、智能化制造为主线。"四大转变"，即要素驱动向创新驱动转变、低成本竞争优势向质量效益竞争优势转变、粗放制造向绿色制造转变、生产型制造向服务型制造转变。

决 "中国制造 2025" 的低碳产业标准缺失问题，形成低碳产业制造的中国标准体系。

其三，积极推进与国际相关标准化组织的协作，及时反馈中国低碳产业的标准化需求，实现从 "标准追随" 向 "标准主导" 的战略转变。一是紧密关注国际关键低碳技术的标准制定工作，将 "中国制造 2025" 的低碳产业成果有计划、有针对性地提交到国际组织编制的技术路线图中。[①] 二是利用中国的常任理事国地位，选派优秀专家竞聘 "联合国气候谈判大会" 等国际组织工作组召集人的职位，提升中国专家在国际气候议题领域中的提案能力与发言权。三是紧密跟进国际标准化组织分技术委员会对低碳产业的标准设置进程[②]，派遣国内专家参与相关标准的修订，加速国内低碳产业标准研制与国际标准化协作。

最后，实施 "重点科技竞争" 战略。基于中国当前的低碳产业进程的现实状况，选择 "重点科技竞争" 而非 "全面科技竞争" 更符合中国国情。该战略旨在中国具有优势的科技领域，实现以中国低碳产业标准为基础的国际标准制定，使得国际标准能够符合中国重点领域的技术要求与利益诉求，确保中国在低碳产业重点领域标准话语权博弈的竞争优势。一是加强政府对领军低碳企业参与技术标准制定工作的政策引导，通过制定低碳产业技术标准，支持国内重点科技创新项目，同时打击外国跨国公司滥用知识产权保护的行为。二是扶持跨产业合作研发力量，鼓励企业联合参与低碳产业领域的各类国际标准联盟，形成在国内层面的 "大联合" 和国际层面的 "大协作"。三是鼓励企业培养能够参与全球低碳产业科技标准竞争的人才队伍，利用信息技术锁定需求方市场，并使得相关低碳产业标准体系具有延续性与遵循性。四是在低碳产业领域，大力发展模块化架构产品和大型复杂装备这两大优势。[③]

---

① International Electrotechnical Commission TC65. Security for industrial automation and control systems - Part 2 - 4：Security program requirements for IACS service providers，2017，http：//www. iec. ch/dyn/www/f？p = 103：38：9459859829997：:::FSP_ ORG_ ID，FSP_ APEX_ PAGE，FSP_ PROJECT_ ID：1250，23，23670，访问日期：2018 - 01 - 20。

② International Organization for Standardization. ISO Statutes，2016，p. 14，https：//www. iso. org/files/live/sites/isoorg/files/archive/pdf/en/statutes. pdf，访问日期：2018 - 01 - 10。

③ 黄群慧、贺俊：《中国制造业的核心能力、功能定位与发展战略》，《中国工业经济》2015年第 6 期，第 5 页。

二、议题设置合理化，构建新型传播方式

　　首先，在气候话语权领域，我们的议题设置要细水长流、逐步推进，跟踪到底。中国媒体的新闻传播经常有在某一段时间内突然大起，大肆传播然后有戛然而止、无果无终的特点。就拿《巴黎协定》为例，从报道频率上在 2015 年 12 月 12 日在巴黎气候变化大会上开始出现，2016 年 4 月 22 日在纽约签署协定后普天盖地，而现在的新闻报道又戛然而止。笔者认为，作为气候话语权的议程设置不是一朝一夕就能起作用的，突然大幅度宣传推广容易让人产生抗拒感，又突然长时间不提容易让人忘记。最好的方式就是隔三差五以生动的方式表达出来，不仅设置官方的气候治理议程，也报道普通民众的低碳生活，联系事实紧扣当下设置中国的气候理念。这有利于中国气候话语权的建构与塑造良好的国际形象。

　　其次，适当增加在国际气候适应、碳减排、低碳经济类新闻领域的中国议题。通过在国际气候领域适当增加对中国的正面新闻报道量，拓宽对中国的气候新闻报道面，使国内外公众更多地认知与了解中国在国际气候领域的贡献和作为。从人力上，应尽可能多地培养国际气候领域的专职新闻从业人员，或者让更多的资深记者深入到国际气候议题领域，传播中国的气候理念。从投入上，应尽可能多地增加对中国气候新闻工作的投入和付出，以更多地获得其第一手新闻资料。从时间上，新闻工作人员尽可能多的把精力花在对中国的国际气候适应、碳减排、低碳经济类的新闻采访、写作、编辑、校对上面，减少错误，把一个积极向上的中国现状呈现在读者面前。

　　其三，与西方气候适应、碳减排、低碳经济类议题相比，尤其与作为气候话语权引领者的欧盟相比，我国的相关议题设置受限于经验、技术和自身发展等方面的因素，存在较大差距。议题设置给人们生活带来巨大的影响，影响行为体的行为和认知。中国处于社会的转型期，通过重新审视我国相关议题设置的整体特点，也是借此机会匡正我们的不当之处，在审视自身与世界之中努力跟上时代的潮流，既让世界看到一个复杂多元、积极向上的中国，也让中国人可以看到复杂多元、多面发展的世界。只有在这样的良性双向互动中，我们才有机会为中国气候话语权的健康成长和走向成熟打下重要基础。

　　在国际气候议题设置领域，如何让中国声音传达向世界，是中国在现

实中遇到且迫切需要学者不断思考的问题。学习与改进是促进中国声音走向世界的捷径之一。唯有改变中国气候话语权的传统传播方式，加强自我定位，改进宣传方式，利用多元平台，才能改变中国在国际气候议题领域发声的不利地位，才能发挥中国新闻媒体对国际气候话语权建构的重要作用，引导国际舆论且为中国气候外交创造有利环境，最终为中国国家形象塑造贡献力量。

最后，在国际气候议题设置领域，中国需要思考如何构建新型传播方式。通过前文所述，不难发现西方国家媒体对于中国环保形象的描述，存在消极、抹黑的方面，这些西方媒体是为了创造标题效应与打造国际热点，而故意截取中国的某些行为，譬如只强调环境危害，却将中国政府为之付出努力的部分剪掉，同时利用读者对于中国的偏见或认知的缺失，以能够为读者提供所谓的"新颖"视角为噱头，将抹黑后的中国在众多读者间大肆传播。

在国际气候议题设置领域，中国需要思考如何未来的新型传播方式，这一传播方式应当至少重视如下三点：

一是恰当回应负面消息，体现中国新发展。中国面对欧美媒体得当的批评，如对于中国环境问题的真实担忧，应当虚心接纳，进而提出改正措施；而对于欧美媒体抹黑类的批评，我们也要勇敢回应。此外，正如"金无足赤，人无完人"，中国政府在本国发展报告与新闻报道中，除了展示国家经济发展成就，也应当适当提及在中国发展过程中出现的问题。例如，在经济发展过程中，中国出现了生态环境与经济发展协调性偏差的相关问题。如果我们在国内从不提及此类问题，若是被西方媒体抢先报道，则会在国际社会中成为他国谴责中国的理由；在国内也会使得本国人民对于中国认知的形象产生偏差，对于政府的信任度降低。

二是多面传播中国信息，消除谣言与偏见。诚然，西方媒体对于中国的环境保护类议题的形象建构，已经产生了一定程度的不利影响，但我国并非只能听之任之，而是必须有所作为。在国际气候类议题设置领域，中国不妨打造一套全方位的传播政策，包括政府务实治理环境污染问题、政府强调关注生态保护、社会经济稳健发展、环保方面的新科技创新、企业环保意识的提升、绿色产业的发展、人民环保素质的培养、文明旅游的倡导等。

三是强调实现中国发展与"人类命运共同体"的统一。在国际气候类议题设置领域，当前的国际报道以国家为核心传播相关信息，这本是无可厚非，也是他国了解本国信息的重要途径之一。但如果在议题的选择上只涉及本国，对世界其他地区的事务沉默不语、视若无睹，难免陷入狭隘的国家主义框架中。因此，习近平主席多次强调要建设"命运共同体"。"命运共同体"的概念出自 2011 年《中国的和平发展白皮书》，中共中央总书记、国家主席习近平在该白皮书中指出："要以命运共同体的新视角，寻求共同利益和共同价值的新内涵。"① 2013 年第四届中欧政党高层论坛就紧密围绕如何构筑合作共赢的"中欧命运共同体"② 为主题。2013—2015年两年多时间里，习近平 60 多次谈及"命运共同体"。③ 2017 年，习近平在瑞士出席世界经济论坛时再次正式提出"人类命运共同体"的概念。④可见，"人类命运共同体"是我国领导人对国际关系的理想定位，与中国国家发展的目标相互统一。

从学术上可以这样界定"人类命运共同体"："人类命运共同体"是指其内部成员普遍认同处于一个相互依存且共抗威胁的群体或体系。在这个体系中，行为体通过互动实践使自我与他者进行交流，并逐渐超越原本横亘在彼此之间的国别差异、意识形态与宗教信仰差距，最终形成一个新的集体身份，即"人类命运共同体"。这些行为体能够共享"人类命运共同体"这一新身份所赋予的象征和规范，并且能够在以共同利益、普遍互惠性、全球治理和可持续发展观为基本特征的环境中进行互动。简而言之，"人类命运共同体"就是集体身份，集体身份是一种共有观念结构，"人类命运共同体"的共有观念就是"我们感"，其共有行为规范是合作。

现实主义视角中，国家形象的传播所唯一需要关切的便是国家利益，若在当前全球化日趋紧密，全球公民、全球贸易、全球信息交流日趋广泛的过程中，国家还是仅关注自身的利益，一切为当前短期的利益驱使主导的话，尽管国家可能获得了短期利益，但其形象塑造也必然成为一个急功近利、唯利是图的形象，而非具有使命感、责任感、有担当的大国形象。

---

① 人民网：《中国的和平发展》（白皮书全文），http：//politics. people. com. cn/GB/1026/15598628. html，访问日期：2018 - 02 - 12。

② 中国共产党新闻网：《第四届中欧政党高层论坛在苏州开幕，刘云山发表主旨讲话》，ht-tp：//cpc. people. com. cn/n/2013/0423/c64094 - 21237791. html，访问日期：2018 - 02 - 11。

③ 新华网：《命运共同体：对人类未来的理性思考》，http：//www. xinhuanet. com/2015 - 05/19/c_ 1115339391. htm，访问日期：2018 - 02 - 12。

④ 新华网：《指引人类进步与变革的力量——记习近平主席在瑞士发表人类命运共同体演讲一周年》，http：//www. xinhuanet. com/politics/2018 - 01 - 24/c_ 1122310031. htm，访问日期：2018 - 01 - 24。

举例来说，加拿大曾是全球气候议题领域的积极参与者，甚至也曾有担任领导者的可能，最终却蜕变为全球环境 NGO 联盟眼中的环境阻碍者。加拿大于 1987 年成功推动《控制消耗臭氧层物质的蒙特利尔议定书》的达成，其城市蒙特利尔在 1992 年成为签署《生物多样性公约》的秘书处所在地。秘书处的主要职能是协助各国政府落实该公约及其工作方案、组织会议、起草文件、与其他国际组织进行协调及收集和传播信息。2006 年，加拿大哈帕领导的保守党政府当选上台后，宣布加拿大将放弃履行其在《京都议定书》的减排义务，这使得加拿大成为世界上第一个宣布放弃《京都议定书》履约的缔约方。相应地，加拿大在中期减排目标方面也开始进一步压缩力度，从昔日的环保领袖沦为国际舆论所认为的气候谈判中最消极参与的国家。对此，国际社会也感到强烈的不满。2007—2010 年间，加拿大被全球环境 NGO 联盟"气候行动网络"（Climate Action Network）认为是"最严重阻碍应对气候变化进程的国家，因而连续获得该组织的'年度化石奖'（Fossil of the Year）"①。

因此，在国际气候议题的设置领域，既要体现"中国发展"又要涵盖"世界关怀"。国家形象的塑造本身也不能忽略的是国内建构过程。若是国内媒体、民众、企业的语言建构集中于"集体的狂欢"而非理性的思考，那么国家的形象就会产生一个沟壑，即在国家主导宣传国家形象与世界关怀的同时，国内民众、企业却忽视环境问题。由此观之，在国际气候议题领域，政府不仅应当向外宣传推广，注重国家形象的塑造，也应加大对国内媒体、民众、企业的引领。

三、注重气候话语的语用策略与结构安排

气候话语的语用策略与结构安排具体包括如下几个方面：第一，注重表达，语言简明扼要。在国际气候适应、低碳经济、绿色产业等相关话语中，中西方的表述处在一种极不对称的状态。除了文化、政治等因素的影响之外，中西方话语传播技巧的不同也是一个十分重要但被忽视的原因。欧盟在气候适应的报道中注重从细节着手，强调个人体验，有助于创造读者感同身受也更容易接受的语境。如在环保事件报道中，欧洲各国的媒介

① 谢来辉：《全球环境治理领导者的蜕变——加拿大的案例》，《当代亚太》2012 年第 1 期，第 123 页。

在简要概述事件后，一般会采访相关人物，引述其话语。整个结构采用倒金字塔模式，即从个体经历出发涵盖全部事件。另外，欧盟在环保类新闻报道中的语言简洁明了，无论是标题还是正文，在表达方式上都会做到言简意赅，从而与读者拉近距离，便于传递信息。

第二，加强自身定位，避免重复和枯燥。中国媒体应该增强中国式气候话语类新闻报道的特色内容，在国际传播的过程中尽力淡化媒体本身的主观性，避免重复和枯燥，让公众更多地去关注"内容"而不是媒体背后的"宣传者"。中国媒体在进行报道的过程中也要学习西方媒体的表达方式，研究国外公众能够接受的语言习惯，从而达到吸引国外公众阅读兴趣并最终实现宣传目的。

第三，使用平衡式报道，注重生动型故事传播。由于新闻历史的文化差异，中国报道常是正面报道唱主调以期待最大限度传播正能量，但是"平衡式报道"早已成为新闻报道的专业手法，即让不同的声音说话，使用多元化比较的模式更能加强读者的猎奇心理，带领读者通过分析最终把握事实真相。同时，从传播方式的技巧来看，学习感悟型报道采用议论、抒情的表达方式起到的效果远不如讲故事的叙事型吸引人。以情动人、寓情于理的报道不仅具有客观性更有吸引性、教育性，才能"接地气"，防止说教感觉的产生。鉴于此，中国在国际气候话语领域，使用平衡式报道与注重生动型故事传播，不仅有利于自身气候话语权的获得，也是自身和世界接轨的重要方式。

四、发展气候外交，提升中国国家形象

面对《巴黎协定》后的国际形势，采取何种策略及其相关行动参与国际气候谈判，是中国"气候外交"面临的重大课题。从前文综合性碳实力的概念中，我们可以发现，中国具有碳实力，这本身就说明了在工业发展水平上，中国具有强大的经济实力。其次，中国一贯主张各国应在全球问题上承担与其地位相当的责任，而且，中国也注重国家形象，已经得到越来越多的其他地区国家的认可和信赖，这有利于提升中国的国际地位。作为发展中国家，中国开发新能源，表明中国作为国际社会的一分子，在维护全球生态安全的议题上所显示出来的积极意愿，于是新能源能力就成为中国增强碳实力的重中之重。因此，中国的气候外交的重点就应该围绕在如何增强开发新能源的能力上。由于气候变化关系到中国的社会经济发展

全局，关系到中国的发展模式与竞争力、国际地位与国家形象，因此中国必须统筹考虑国内外大局，积极研究制定有差别但有针对性的气候外交策略。

第一，牢固坚持在"共同但有区别的责任"原则下开展国际气候合作。在气候变化条约的体系中，《联合国气候变化框架公约》和《京都议定书》共同构成了气候变化国际法的基石，并确定了国家信息通报制度、境外减排机制、资金机制和遵约机制四种法律机制。对于中国而言，无论是从短期还是中期来看，"共同但有区别的责任"原则是中国参与全球气候变化谈判的基本原则。因此中国要积极争取自己的发展和排放空间，坚持国际社会应在"共同但有区别的责任原则"的基础上尽早履行对包括中国在内的发展中国家的援助责任，兑现技术转让与资金承诺，并充分考虑中国的基本发展权问题。

第二，在清洁发展机制框架内与欧盟等发达国家进行可再生能源技术谈判，要求其在清洁发展机制项目上规定具体的技术支持比例。清洁发展机制（CDM）是发达国家与发展中国家之间的一项贸易——投资机制，《京都议定书》第12条确立：允许附件一国家为实现部分温室气体减排义务与非附件一国家进行项目级合作的机制。CDM的核心是发达国家向发展中国家提供资金和技术支持，实施减少温室气体排放的项目，获得由项目产生的"核证减排量"（CERs），从而履行发达国家自身的减排义务。因此，CDM被普遍认为是一种双赢机制：发达国家将以远远低于其国内所需的成本实现其在《京都议定书》下的减排承诺，并且可以通过这种方式将技术、产品及观念输入发展中国家。对于中国而言，在与发达国家的项目合作中，可以获得实现减排承诺所需的更好的技术、资金与投资，由此发展本国经济，提高资源使用效率，减少污染，从而促进经济与社会的发展，实现可持续发展的目标。①

第三，加强同伞形国家集团的双边与多边合作与沟通，强调中国应对气候变化实施的政策措施及效果，寻求双方的共同利益目标与合作。欧盟是减排谈判的积极推动者，而中国在内的发展中国家在控制未来全球变暖的进程中也起着至关重要的作用，中国和欧盟通过CDM机制为建立气候变化互信奠定了基础。在能源技术与环境领域中的基础研究、特别是在替

---

① 杨兴：《气候变化框架公约研究——国际法与比较法的视角》，北京：中国法制出版社，2007年版，第234页。

代能源和可再生能源技术领域的合作更为紧密。[①] 20 世纪 90 年代中期以后，日本提供的环境贷款占日元贷款的比例大幅上升，其中在供热、火力发电厂排烟脱硫设施、造林等项目与节能减排直接相关。2008 年日方承诺将在"凉爽星球伙伴关系"下提供资金，与中国开展应对气候变化国际合作。日本愿意充当国际环境领袖，更重视借环境合作扩大其国际环保产业市场。

第四，强化同发展中国家的关系，加强应对气候变化的能力建设，维护发展中国的集体权益。中国一向重视、推动与发展中国家的合作，尤其是与新兴大国的合作，以推动非商业化技术转移为切入点，旨在促进发达国家与发展中国家共同实现全球低碳发展目标，协同解决气候问题。[②] 中国应联合其他发展中国家推进世界各国在能源技术和结构转型以及资金支持等方面的共同进步。哥本哈根时代国际气候谈判的重点除了各国实质减排的指标以外，就是发达国家如何实质上促进针对发展中国家的技术和资金支持问题，一直以来这个问题都是谈判的重点与难点。中国在上述问题的解决中也应发挥作用，在自身可持续发展过程中，积极推进技术和资金在发展中国家之间的流动和发展。

第五，在国际气候合作谈判中明确提出所需的技术与资金条件。中国通过国际气候谈判，获取国际资金和先进技术，提高中国的资源利用率，在减少温室气体排放的同时，改善中国环境质量，达到以最少的控制温室气体排放成本获得最大的经济和环境效益的目的，这既为中国在减缓气候变暖中应承担的义务，又可促进中国的可持续发展。

第六，建立中国气候外交的宣传制度。尽管清华大学连续多年发布《中国低碳发展报告》发改委气候司也发布类似报告，但影响力有限。中国可以改进每年定期发布的中国新能源开发措施及其效果制度，同时改进专业的气候变化宣传机构的宣传方式，向国内外宣传中国的气候环保政策措施，开发新能源进展情况，发达国家的转移排放等，让世界正确认识中国的具体实践状况，同时也可以促进社会各界开展"第二轨道"外交，发挥民间团体和非政府组织的作用。

[①] Ueno, et al. *Science and technology activities in China and Japan-China co-authoring relationship*, National Institute of Science and Technology Policy, Ministry of Education, Culture, Sports, Science and Technology, reaserach material, Vol. 1, No. 123, 2006, p. 1.

[②] 胡鞍钢、管清友：《中国应对全球气候变化》，北京：清华大学出版社，2009 年版，第 74—75 页。

综上所述，《巴黎协定》为国际秩序的变动提供了动力源，气候外交的外部性正在逐步瓦解由某一国家全面控制全球事务的可能性，而促使各种国际行为体在公共平台上建立碳责任与碳实力之间的平衡。反观西方的文化与国际战略思维，我们可以发现，气候外交是西方人争夺世界领导权的一次重大战略布局。中国在这一布局中将如何应对，首先取决于我们是否有足够强烈的危机意识与机遇意识，可以透过科学话语以及法律框架的表象，看到建立在欧洲与美国的不同政治文化的基础上的国际新格局。在充分研判战略形势的前提下，最大程度地与世界各国明确共同价值，探索建立不同性质的复合型合作机制，以气候外交为契机，合理地参与国际事务，重新规划世界秩序的内容与方向。

五、利用新媒体推广，影响国内外舆论

网络媒体、自媒体和纸媒体并促是当今国内外信息传播的重要特点。人人都可以是新闻的制造者和传播者，如何正确利用新媒体十分重要。国内主要社交媒体是微博、微信、QQ，国外新型媒体是 Facebook、Twitter、YouTube，这些新型社交媒体使用人数广、传播方式生动、信息发布自由方便，联络有效及时，影响力十分庞大。在气候话语权领域，如何让中国政府的气候理念传导给国内的机构和民众，又如何让中国的气候理念走向世界，选择上述新媒体至关重要。

首先是政府利用新媒体影响国内机构和民众。在气候话语权领域，无论是气候适应、环境污染治理，还是碳减排、低碳产业发展等目标，单纯靠政府难以完成，国内众机构和民众的支持至关重要。政府以新媒体影响国内机构和民众，可以带来巨大的支持力量。罗伯特·帕特南（Robert Putnam）的"双层博弈"理论就指出国内政治对国际政治的影响理论。他将国际谈判分为两个阶段：阶段一为两国代表就某一议题达成试探性协定。这一过程往往是各方讨价还价、漫长而又艰难的谈判历程，达成的协定也是历经争论、几易其稿，十分不易。但是，该协定最终是否生效还要取决于两国的国内政治意见，即阶段二。阶段二是两国国内分别就该协定是否能够成立按照国内政治程序进行批准。因而国内机构与民众的权力分布、偏好和可能的联盟是影响"赢集"（共赢的重叠区间）的重要因素，也是最终能决定谈判结果的决定性因素。由此观之，在国际气候议题领域，政府可以巧妙利用新媒体，获取国内众机构与民众对自身参与国际气候谈

判并签署协定的坚定支持，从而巩固气候话语权。

其次，利用新媒体营造有利的国际舆论。前文我们已经论述过国际舆论动员的重要作用，新媒体是舆论动员的重要媒介和有力手段。在国际气候话语权推广领域，除了气候演讲、气候谈判、气候领域的首脑外交和部长外交之外，新媒体外交也是可利用的重要方式。究其实质，就是通过新媒体的话语传播作用，建构有利于本国建构气候话语权的国际舆论环境，充分发挥话语的"以言指事"功能（明确本国气候治理主张的具体内容）、"以言行事"功能（表明本国气候治理主张的施行决心）"以言取效"功能（获得国际社会有利的舆论支持）。因此，在国际气候议题领域，中国气候话语权的新媒体对外宣传十分重要。同时，还要重视外媒对中国的报道，并通过外媒发出有利于中国的声音。从笔者的角度来看，外国媒体对中国的报道是否客观公众，还是需要中国自身先发出完整坚实的声音，再以国内媒体带动国外媒体，才能有效把握国际舆论。

最后，利用新媒体影响西方各国利益集团。西方各国利益集团在政治影响方面的作用已经成为不可否认的事实，甚至有学者认为政府决策仅仅是利益集团的传声筒，国家利益是某些利益集团利益的体现。虽然这种"俘虏理论"（Capture Theory of Regulation）有夸大利益集团的政治影响力倾向，但也给我们带来了新媒体传播对象的创新启示。在国际气候议题领域，如何利用新媒体影响西方各国利益集团？笔者大胆提出建议，可以打造一个良性互动的过程。气候利益集团必然有舆论支持的需要，我国新媒体可以支持他国利益集团在国际气候环保领域合理可行的诉求，他国利益集团作为回报也应促进我国新媒体传播的气候理念与观点。

结　语

　　欧盟在气候领域拥有强大的经济与科技实力。长期以来，作为全球气候治理领域的先行者和倡导者，欧盟从自身量化减排，治理气候问题，在全球气候治理领域起到表率作用。1992 年 6 月，《联合国气候变化框架公约》在巴西里约热内卢通过，治理气候问题开始成为国际政治的热点。这是世界上首个为应对全球气候变暖，控制二氧化碳等温室气体排放的国际公约。欧盟据此制定并推广了大量国际气候话语规则，如"碳关税""排放权交易体系""低碳经济"等，现已成为全球气候谈判中的主流话语。1997 年 12 月，《京都议定书》（《联合国气候变化框架公约》的补充）在日本京都制定。在《京都议定书》各参与国之间扮演了领导者角色的欧盟积极引领了整个条约的谈判进程。即使在美国政府放弃《京都议定书》后，欧盟仍积极发挥自身的作用，最终成功带领诸多发达国家和发展中国家逐步实现规定的相关义务，欧盟切实地为治理全球气候问题贡献了不可或缺的力量。2015 年 11 月 12 日，《巴黎协定》在巴黎气候变化大会上通过。欧盟的各成员国在此过程中成功推动了《巴黎协定》的达成，再度在气候治理领域发挥了极为突出的作用。由此可见，欧盟在全球气候领域中的作用愈发突出，这为欧盟能够在后京都时代占据气候话语权提供了至关重要的保证。

　　此外，欧盟制定并推广了一系列气候术语，输出自身气候治理标准，并号召国际合作，在一定程度上奠定了其国际气候话语权的基础。欧盟是应对气候变化的风向标，其气候话语权的建构与推广过程对中国有较强的参考价值。由于国情不同，我们不主张完全照搬照抄，而是主张取其精华去其不足。中国气候话语存在专业技术理念支撑不够，外宣话语过于老旧，推广方式相对单一等问题。中国气候话语权的弱势地位降低了国际社会对中国气候话语的认同感。

　　具体来说，中国对于欧盟的借鉴之处包括如下四点：一是学习欧盟大力推进低碳科研，为提升气候话语权提供科技实力支撑。欧盟提出的气候规制与其国际一流的低碳科研实力是密不可分的。中国的低碳科研包括不断完善碳减排系统观测网、碳交易市场，加强建设气候变化基础资料数据平台等。二是推进气候话语的概念创新，提出带有中国特色的气候话语。欧盟在气候话语领域明确的预设目标、灵活的语言策略、不断完善的标准体系以及多样的话语模式等值得中国参考学习。三是构建多样化的推广机制。中国应研究他国公众接受话语信息的心理习惯、思维方式以及审美情趣，充分调动新媒体参与气候话语信息传播，改善国际气候谈判的手段与方式，增强中国气候话语的感染力。四是积极开展气候外交。中国应增强与周边国家的气候合作，还应该进一步加强与中国在世界气候大会上谈判立场较为接近的巴西、南非、印度的联系，也应适当援助生态极度脆弱的弱小国家（如海岛国等），赢得国际声望。

附录 1
气候谈判中的术语类名词解释[①]

1. 驯化：

对气候变异的生理性适应。

2. 共同执行活动（AIJ）：

联合履行的试验阶段，如《联合国气候变化框架公约》第 4 条第 2 款
（a）项所定义，即允许发达国家（及其公司）和发达国家与发展中国家
（及其公司）之间进行项目活动。AIJ 旨在通过共同执行项目活动，使得
《联合国气候变化框架公约》缔约方从中获得经验。在试验阶段，AIJ 活动
不存在信用。对于未来的 AIJ 项目及其与京都机制有怎样联系都需要再做
决定。作为可交易许可证的简单形式，AIJ 与其他基于市场的计划方案一
样，对于刺激有益于全球环境的额外的资源流动，是一种重要的且有潜力
的机制。另见清洁发展机制和排放贸易。

3. 适应性：

参见"适应能力"。

4. 适应：

指自然和人为系统对新的或变化的环境做出的调整。适应气候变化是
指自然和人为系统对于实际的或预期的气候刺激因素及其影响所做出的趋
利避害的反应。可以将各种类型的适应加以区分，如预期性适应和反应性
适应，私人适应和公共适应，自动适应和有计划的适应。

5. 适应性评估：

根据有效性、收益、成本、效用、效率和可行性等标准对气候变化的
适应措施进行评定的行为。

6. 适应性收益：

由于采取和实施适应性措施而避免的破坏性损失或增加的收益。

---

① IPCC，"Intergovernmental Panel on Climate Change"，http：//www.ipcc.ch/，访问日期：2017 – 09 – 10。

7. 适应性成本：

计划、准备、推动和实施适应性措施而进行的支出，包括过渡期的花费。

8. 适应能力：

调整能力，从而缓解潜在危害，利用有利机遇，或处理后果。

9. 额外性：

在没有《京都议定书》关于联合履行和清洁发展机制所定义的联合履行和清洁发展机制项目活动时，减少源排放或增强各种汇的清除被视为额外的。这个定义可扩大到包括财政、投资和技术额外性。在财政额外性中，项目活动资金对现有的全球环境基金、附件一所列缔约方的其他财政承诺、官方发展援助和其他合作来说是额外的。在投资额外性中，排放减少单位/经证明的排放减少单位的价值，将极大地提高项目活动的财政的和/或商业的有效性。在技术额外性中，项目活动所使用的技术将最适用于东道国。

10. 调整时间：

参见"生命期"；还参见"响应时间"。

11. 气溶胶：

空气中固态或液态颗粒的聚集体，通常大小在 0.01 毫米至 10 毫米之间，能在大气中驻留至少几个小时。气溶胶有自然的和人为的两种来源。气溶胶可以通过两种途径对气候产生影响：通过散射和吸收辐射产生直接影响；通过在云形成过程中扮演凝结核或改变云的光学性质和生存时间而产生间接影响。见"间接气溶胶效应"。

12. 造林：

在历史上没有树林的地区种植新的树林。关于森林及相关词条如造林、再造林和毁林，请参见《IPCC 土地利用、土地利用变化和林业特别报告》（IPCC，2000b）。

13. 累积影响：

各部门和/或区域的影响总和。影响的累计需要了解（或设定）不同部门和区域影响的相对重要程度。累积影响的衡量标准包括，如受影响的人口总数量、净初级生产力的变化、正在变化的系统数目或总的经济损失。

14. 反射率：

太阳辐射被表面或物体所反射的比率，常以百分数表示。覆雪表面具有高的反射率；土壤的反射率由高到低变化较大；植被表面和海洋的反射率较低。地球的反射率主要因云的变化、冰、雪和土地覆被状况的改变而变化。

15. 藻花：

江河、湖泊或海洋中的藻类大量繁殖。

16. 高山性的：

林木线以上的山坡，以蔷薇草本植物和生长缓慢的低矮灌木植物为特色的生物地理区域。

17. 替代发展道路：

指所有国家有关社会价值和消费生产模式的各种可能的情景，包括但不限于延续现行模式。这些道路不包括额外的气候政策，即不包括明确假定履行《联合国气候变化框架公约》或实现《京都议定书》排放目标的情景，但确实包括间接影响温室气体排放的其他政策假设。

18. 替代能源：

非化石燃料能源，比如太阳能、风能、电能、水能等。

19. 辅助效益：

特定的气候变化减缓政策产生的辅助或附带效益。这样的政策不仅对温室气体排放产生影响，而且影响资源的有效使用，如减少当地和区域的化石燃料使用所造成的空气污染物排放，还对诸如交通、农业、土地利用、就业和燃料安全等问题产生影响。有时，这些效益是指"负面影响"，来反映在某些情况下这些所谓"效益"是不好的。从以减少当地空气污染为目的政策角度来看，温室气体减排可能也被认为是辅助收益，但这些关系在此评价中不予考虑。

20. 附件一国家/缔约方：

《联合国气候变化框架公约》附件一（1998 年修订）所包括的国家集团，是经济合作发展组织中的所有发达国家和经济转型国家。其他不履行公约的国家即非附件一国家。根据公约第 4.2（a）和 4.2（b）款，附件一国家承诺 2000 年前单独或联合将温室气体排放控制在 1990 年的水平。也参见附件二、附件 B 和非附件 B 国家。

21. 附件二国家：

《联合国气候变化框架公约》附件二中所包括的国家集团，是指经济合作发展组织中的所有发达国家。在公约第 4.2（g）款下，这些国家被期望对发展中国家提供财政援助，以帮助发展中国家履行义务，如准备国家报告。附件二国家还被期望推动环保友好技术向发展中国家的转让。另见附件一、附件 B、非附件一和非附件 B 国家/缔约方。

22. 附件 B 国家/缔约方：

《京都议定书》附件 B 包括的国家集团，这些国家一致达成减少温室气体排放的目标，包括除土耳其和白俄罗斯之外的所有附件一国家（1998年修订）。另见附件二、非附件一和非附件 B 国家/缔约方。

23. 人为的：

起因于人类的或由人类产生的。

24. 人为排放：

与人类活动相关的温室气体、温室气体前体和气溶胶的排放。这些包括为获得能源而燃烧化石燃料、毁林和导致排放净增长的土地利用变化。

25. 水产养殖：

繁育和喂养鱼类、贝壳类等水生生物的活动，或在特殊的池塘中种植食用植物。

26. 含水层：

具有纳水能力的渗透岩石层。一个非封闭型含水层直接由地方降水、河流和湖泊进行补灌，补灌的速率一般受到上面土壤和岩石渗透力的影响。封闭型含水层上部为非渗透层，地方降水对含水层没有影响。

27. 干旱区：

年降水量小于 250 毫米的生态区。

28. 分配数量（AAs）：

《京都议定书》规定，每一个附件 B 国家的排放量不超过第一承诺期的（为期 5 年，2008—2012 年）的温室气体排放总量，就是分配数量。计算方法如下，用该国家 1990 年总的温室气体排放量乘以 5，再乘以《京都议定书》附件 B 中所列的百分比数（例如，欧盟为 92%；美国为 93%）。

29. 分配数量单位（AAU）：

用全球增温潜势值计算，相当于 1 吨（公吨）二氧化碳当量的排放。

30. 大气：

环绕地球的气层。几乎完全由氮（78.1% 的体积混合比）和氧（20.9% 的体积混合比）构成，还包括一些微量气体，如氩（0.93% 的体积混合比）、氦，以及对辐射起作用的温室气体如二氧化碳（0.035% 的体积混合比）和臭氧。此外，大气还包括水汽（其含量变化很大，典型的体积混合比为 1%）。大气还包括云和气溶胶。

31. 储蓄：

根据《京都议定书》［第 3（13）款］，《联合国气候变化框架公约》附件一所列缔约方，可以将由第一承诺期节省的排放许可或信用用于后面的承诺期（2012 年以后）。障碍是指实现一个潜在目标中的任何阻碍，这些阻碍可通过政策、计划或措施予以克服。

32. 基准线：

基准线（或参照）是指用于衡量变化大小的一些数据。它可能是"当前基准线"，在这种情况下，其代表了可观测的当前的状况；它也可能指"未来基准线"，是排除了利益驱动因素后对未来情况的一种预测。不同的参照条件可以得出不同意义的基准线。

33. 流域：

溪流、江河和湖泊流经的排水区域。

34. 生物多样性：

在特定地域拥有大量的、极其丰富的各类基因（基因多样）、物种和生态系统（共存的群体）。

35. 生物燃料：

由干燥的有机物生成的燃料或植物生成的燃油。例如：酒精（由糖发酵而来）、由造纸产生的黑液、木材和豆油。

36. 生物量：

指定的面积或体积中生命有机体的质量总和；近期死亡的植株部分常被作为死亡生物量。

37. 生物群落：

在一个大范围的区域，在相似的环境条件下存在的许多类似的植物和动物群体的组合。

38.（陆地和海洋的）生物圈：

地球系统的一部分，由大气、陆地（陆地生物圈）、海洋（海洋生物圈）中的所有生态系统和现存的有机体构成，包括派生的死亡有机物，例如枯枝、土壤有机物和海洋腐质。

39. 生物区系：

一个地区所有生命有机体的总和，动植物被认为是一个整体。

40. 黑碳：

业务上根据光线吸收性、化学活性和/或热稳定性等条件定义的种类，包括煤烟、木炭和/或吸收光线的难熔的有机物（Charlson 和 Heintzenberg，

1995 年）。

41. 沼泽：

植物体聚集的极难排水的区域，通常由开放的水域包围而且有一些特有的植物群体（如苔草、石南灌丛、泥炭藓）。

42. 北部森林：

由加拿大东海岸向西延伸到阿拉斯，然后从西伯利亚向西穿过整个俄罗斯到欧洲平原，由松树、云杉、冷杉、落叶松构成的森林。

43. 自下而上模型：

一种建立模型的方法，分析中包括技术和工程细节。另见自上而下模型。

44. 负载：

大气中所关心的气态物质的总质量。

45. 能力建设：

在气候变化中，能力建设是指开发发展中国家和经济转型期国家的技术技能和机构运转能力，使这些国家参与从各个层面的气候变化适应、减缓和研究并执行京都机制等工作。

46. 含碳气溶胶：

主要成分为有机物和多种形式的黑炭的气溶胶（Charlson 和 Heintzenberg，1995 年）。

47. 碳循环：

用于描述大气、海洋、陆地生物圈和岩石圈中碳流动（以各种形式，如二氧化碳）的术语。

48. 二氧化碳（CO_2）：

一种可以自然生成的气体，也可以是燃烧化石燃料和生物质，以及土地使用变化和其他工业过程的副产品。它是影响地球辐射平衡的主要人为温室气体。它是度量其他温室气体的参考气体，其全球增暖潜力指数为1。

49. 二氧化碳（CO_2）肥沃化：

大气中二氧化碳浓度增加导致植物生长加速。因光合作用的机制，某些种类的植物对大气二氧化碳浓度变化十分敏感。尤其是在光合作用中产生三碳化合物（C_3）的植物，如水稻、麦子、黄豆、土豆和蔬菜，一般来说，比在光合作用中产生四碳化合物（C_4）的植物，对大气中二氧化碳浓度变化反应更大，后者主要为热带植物，包括各种草和重要的农作物如玉米、甘蔗、小米和高粱。

50. 碳泄漏：

参见"泄漏"。

51. 碳税：

见"排放税"。

52. 集水区：

吸纳和排除雨水的区域。

53. 经证明的减排（CER）单位：

通过清洁发展机制项目减少（用全球增温潜势值计算）或隔离的相当于1吨（公吨）的二氧化碳当量排放。另见排放量减少单位。

54. 氯氟碳化物（CFCs）：

1987年《蒙特利尔议定书》涉及的温室气体，用于电冰箱、空调、包装、绝缘、溶剂或喷雾推进剂。由于在低层大气中没有被破坏，CFCs漂入高层大气层并在适当的条件下分解臭氧。这些气体正在被《京都议定书》所涉及的包括氢氯氟碳化物和氢氟碳化物在内的温室气体所取代。

55. 霍乱：

一种肠道传染病，可以引起腹泻、腹痛痉挛、脱水、瘫软等症状。

56. 清洁发展机制（CDM）：

《京都议定书》第12条做了定义，清洁发展机制欲达到两个目标：（1）协助未列入附件一的缔约方实现可持续发展并为实现《公约》的最终目标做出贡献；（2）协助附件一所列缔约方实现其量化的限制和减少排放的承诺。由非附件一国家承担的、旨在限制或减少温室气体排放量的清洁发展项目带来的被认可的排放减少单位，一旦得到缔约方大会或缔约方会议指定的经营实体的证明，就可以作为附件B缔约方投资者（政府或工业组织）的减排量。经证明的项目活动产生的盈利的一部分，既可用来抵补行政管理费用，也可以帮助那些极易受气候变化影响的发展中国家缔约方保证用于适应气候变化的花费。

57. 气候：

狭义地讲，气候常常被定义为"平均的天气状况"，或者更精确地表述为，以均值和变率等术语对变量在一段时期里的状态的统计描述。这里，一段时期可以是几个月到几千年甚至数百万年。通常采用的是世界气象组织（WMO）定义的30年。这些变量一般指地表变量，如温度、降水和风。广义地讲，气候就是气候系统的状态，包括统计上的描述。

58. 气候变化：

气候变化是指气候平均状态统计学意义上的巨大改变或者持续较长一段时间的（典型的为 10 年或更长）气候变动。气候变化的原因可能是自然的内部进程，或是外部强迫，或者对大气组成和土地利用的持续性人为改变。《联合国气候变化框架公约》（UNFCCC）第 1 款将"气候变化"定义为"经过相当一段时间的观察，在自然气候变化之外由人类活动直接或间接地改变全球大气组成所导致的气候改变"。UNFCCC 因此将因人类活动而改变大气组成的"气候变化"与归因于自然原因的"气候变率"区分开来。另见"气候变率"。

59. 气候反馈：

气候系统中各种物理过程间的一种相互作用机制。当一种初始物理过程触发了另一种过程中的变化，而这种变化反过来又对初始过程产生影响，这样的相互作用被称为气候反馈。正反馈增强最初的物理过程，负反馈则使之减弱。

60. 气候模式（体系）：

气候系统的数值表述是建立在气候系统各部分的物理、化学和生物学性质及其相互作用和反馈过程的基础上，以解释已知特征的全部或部分。气候系统可以用不同复杂程度的模式来描述。例如，通过一个分量或者分量组合就可以对模式进行识别，模式的区别可以表现在空间分布的数量；或其所代表的物理、化学或者生物过程的进展程度；或者经验参数的应用水平。耦合的大气/海洋/海冰一般环流模式（AOGCMs）则给出了气候系统的一个综合表述，并存在向化学和生物应用的复杂模式演变的趋势。气候模式不仅是一种学习和模拟气候的研究手段，而且还被用于实际操作，包括月、季节、年际的气候预测。

61. 气候预测：

气候预测或气候预报是对未来（如季节、年际或长时间尺度）气候的实际演变过程进行最接近的描述或估测的一种手段。另见气候预计和气候（变化）情景。

62. 气候预计：

对气候系统响应温室气体和气溶胶的排放或浓度构想，以及辐射强度情景等的预计，往往是基于气候模式的模拟。气候预计与气候预测不同，气候预计主要根据一些设想和关注的问题，例如未来可能的或不可能实现的社会经济和技术发展状况，应用排放/浓度/辐射强迫情景对气候进行的预计，具有很大的不确定性。

63. 气候情景：

在气候逻辑关系内在一致性的基础上，对未来气候的一种近乎合理的、通常简化的表述。这种未来的气候被直接用于研究人为气候变化的潜在结果，经常作为输入因子应用于影响模型。气候预计经常作为原始数据应用于气候情景的构建，但气候情景通常还需要其他的信息如观测到的当前的气候。一个"气候变化情景"表述的是气候情景和当前气候之间的差异。

64. 气候敏感性：

在 IPCC 报告中，"平衡气候敏感性"是指全球平均表面温度在大气中（当量）CO_2 加倍后的平衡变化。更一般地讲，平衡气候敏感性是指当辐射强迫（℃/Wm－2）发生一个单位的变化时表面气温的平衡变化。实际工作中，对平衡气候敏感性的评估需要耦合环流模式的长期模拟。"有效气候敏感性"是围绕该要求的一个相关度量。它根据模式输出来评估不断演变的非平衡性条件。它是衡量特定时间反馈力度的方法，并可能会随强迫的历史和气候状况而变化。见"气候模型"。

65. 气候系统：

由五个主要组分构成的高度复杂的系统，包括有大气圈、水圈、冰雪圈、陆面、生物圈，以及它们之间的相互作用。气候系统的演变进程受到自身动力学规律的影响，也由于外部驱动如火山喷发、太阳变化，以及由人类引起的诸如大气组成的改变以及土地利用的驱动等。

66. 气候变异：

气候变异是指气候的平均态和其他统计量（如标准偏差、极值的出现频次等）的变化，这种变异在时间和空间的尺度都要超过单独的天气事件的变化。气候变异可能是由于气候系统内部的自然过程（内部变异）造成，也可能是因为自然的或人为的外部强迫（外部变化）。另见气候变化。

67. 与二氧化碳量相当的：

见"二氧化碳当量"。

68. CO_2 施肥：

参见"二氧化碳（CO_2）施肥"。CO_2 的施肥效应是指 CO_2 浓度增加对植物生长的助长作用，CO_2 浓度上升对粮食作物产量产生的影响将直接关系到气候变化背景下的全球粮食供应安全及人类适应对策。利用夏威夷 Mauna Loa 观测站提供的 1958—2002 年逐月 CO_2 浓度数据以及世界粮农组织（FAO）统计的北半球 20 个主要粮食生产国 1961—2002 年水稻、小麦和玉米产量数据，美国加州 Lawrence Livermore 国家实验室能源与环境研究专家们分析了不同国家不同种类粮食产量对 CO_2 浓度变化的响应。

69. 共生效益：

由于各种原因同时执行政策的效益，包括减缓气候变化。它表明大多数为减排温室气体而制定的政策也都有其他同等重要的理由（例如，与发展、可持续性和公平相关的目标）。共同影响一词用法更广泛，既表示正面收益也表示负面收益。另见辅助收益。

70. 热电联产：

把发电产生的废热如气轮机产生的废气用于工业目的或区域供热。

71. 遵约：

参见"执行"。

72. 缔约方大会（COP）：

《联合国气候变化框架公约》（UNFCCC）的最高机构，由批准或同意 UNFCCC 的国家组成。第一次缔约方会议（COP－1）于 1995 年在柏林召开，接着 1996 年在日内瓦召开 COP－2，1997 年在京都召开 COP－3，1998 年在布宜诺斯艾利斯召开 COP－4，1999 年在波恩召开 COP－5，2000 年在海牙召开 COP－6 的第一部分，2001 年在波恩召开 COP－6 的第二部分会议。COP－7 计划于 2001 年 11 月在马拉喀什召开。另见缔约方会议（MOP）。

73. 冷却度日：

一日温度高于 18 ℃ 的部分（如：某一日平均温度为 20℃，就记为 2 冷却度日）。另见加热度日。

74. 应对范围：

系统能够承受且对自身不产生显著影响的气候刺激的范围。

75. 珊瑚礁白化：

由于失去共生的海藻而造成的珊瑚礁颜色变白。白化是珊瑚礁对海水在温度、含盐量以及混浊度方面的突然变化产生的生理反应。

76. 成本有效性：

指为了实现给定目标，一种技术或措施所提供的商品或服务成本，是否等于或小于现有的、或成本最低替代品的判断标准。

77. 冰雪圈：

气候系统的组成部分，由所有的雪、冰以及陆地和海洋表面上面和下面的永久冻结带组成。另见冰川和大冰原。

78. 深水形成：

发生在海水冻结形成海冰时。局部的盐释放及随后发生的水密度增加而导致含盐量高的冷水汇结于海洋底部。

79. 毁林：

指森林转化为非森林。关于"森林"一词的讨论及与之有关的术语如造林、再造林和毁林，请参见《IPCC 土地利用、土地利用变化与林业特别报告》（IPCC，2000b）。

80. 需求侧管理：

专门为影响消费者对商品和/或服务的需求目的而设计的政策和计划。例如，在能源部门，就是指为减少消费者对电和其他能源需求而设计的政策和计划。它可帮助减少温室气体排放。

81. 登革热：

由蚊子传染的病毒性疾病，因表现为以严重的关节和后背疼痛为特征的发烧而常被称为热病。并发感染这种病毒可能导致登革出血热（DHF）以及登革休克综合症（DSS），这将是致命的。

82. 保证金返还制度：

将一种商品的保证金或费（税）与返还或折扣（补助金）合并起来实施某项特别行动。另见"排放税"。

83. 沙漠：

年降水少于100毫米的生态系统。

84. 荒漠化：

在干旱、半干旱及半湿润偏旱区因气候变化和人类活动等多种因素导致的土地退化。联合国防治荒漠化会议进一步将土地退化定义为干旱、半干旱、半湿润偏干地区以及雨养作物、灌溉作物或牧场、草地、森林以及林地等复合体在生物生产力或经济生产力方面的降低，生产力降低的原因来自于人类活动和居住模式等方面的土地利用或这些过程的单个或多个因素，如：（1）风蚀和/或水蚀造成的土壤侵蚀；（2）土壤在物理、化学、生物学或经济特性等方面的恶化；（3）天然植被的长期损失。

85. 探测和归因：

气候在所有时间尺度上不断变化。气候变化的探测就是在某种统计意义的定义下揭示气候发生变化的过程，而不提供对这种变化的原因解释。

气候变化归因则是对已探测到的气候变化找到最可能导致该变化的原因的过程，它应有某种定义水平的可信度。

86. 干扰状况：

干扰的频度、强度和类型，如火灾、昆虫或害虫的爆发、水灾和干旱。昼夜温差范围一天内最高气温和最低气温的差值。

87. 气温日较差：

一天内最高气温和最低气温的差值。

88. 双重红利：

利用碳税或拍卖（交易）碳排放许可等增加收益等手段，它能限制或减少温室气体排放，并通过循环收益减少其他扭曲性税种，至少部分弥补气候政策引起的福利损失。在一个存在被动失业的社会，采取的气候变化政策可能对就业有所影响（正面的或负面的"三重红利"）。只要实行收益的循环利用，也就是大大减少扭曲性税种的税率，将产生微弱双重红利。当收益循环超过总体最初成本，届时减税的净成本为负数，将产生强有力的双重红利。

89. 干旱：

当降水显著低于正常记录水平时出现的一种现象，造成严重的水文学不平衡，对土地资源生产系统产生负面影响。

90. 经济潜力：

是指可以通过创建市场、减少市场失败或增加财政和技术转让来成本有效性地减少温室气体排放和提高能源效率的技术潜力。获得经济潜力需要额外的政策和措施来扫清市场障碍。另见市场潜力、社会经济潜力和技术潜力。

91. 经济转型（EITs）：

指国内经济处于由计划经济体制向市场经济转变过程中的国家。

92. 生态系统：

由多种相互作用的有生命的生物体及其物理环境组成的系统。能够被称为生态系统的边界有些随意性，取决于研究的兴趣或着重点。因此，生态系统的范围可以从非常小的空间尺度直到整个地球不等。

93. 生态系统功能：

对个人或社会有价值的生态过程或功能。

94. 厄尔尼诺南方涛动（ENSO）：

厄尔尼诺最初的意义是指一股周期性地沿厄瓜多尔和秘鲁海岸流动的

暖水流，它对当地的渔业有极大的破坏。这种海洋事件与热带印度洋和太平洋上表面气压型和环流的振荡（被称为"南方涛动"）有密切关系。这一海气耦合现象被统称为厄尔尼诺南方涛动，或是 ENSO。在厄尔尼诺事件发生期间，盛行的信风减弱，赤道逆流增强，导致印度尼西亚地区表面的暖水向东流，覆盖在秘鲁的冷水之上。这一事件对赤道太平洋上的风场、海平面温度和降水模式有巨大影响，并且通过太平洋对世界上其他许多地区产生气候影响。与厄尔尼诺现象相反的叫拉尼娜现象。

95. 排放：

在气候变化中，排放指的是在特定区域和时间段内，温室气体和/或其前体物和气溶胶向大气中的释放。

96. 排放许可：

排放许可是政府部门（政府间机构、中央或地方政府部门）对特定区域的（国家、次国家的）或行业的（个体公司）单位分配的排放许可额，为一种不可转让或交易的权利。

97. 排放配额：

在最大总排放和强制资源分配的框架下总许可排放量中分配给一个国家或一组国家的比例或份额。

98. 排放量减少单位（ERU）：

相当于利用全球增温潜势计算出的因联合履行（在《京都议定书》第六条有定义）项目而减少或固积的 1 吨（公吨）二氧化碳排放。另见经证明的排放量减少和排放贸易。

99. 排放税：

由政府对于应税源每单位二氧化碳当量排放征收的税目。由于所有化石燃料中的碳最终都会以二氧化碳的形式排放，对化石燃料中的碳征税，即碳税，就相当于对化石燃料燃烧引起的排放征排放税。能源税，即对燃料中的能量征税，将减少对能源的需求，进而减少使用化石燃料产生的二氧化碳排放。生态税的目的是影响人类行为（尤其是经济行为），走向良好的生态之路。国际排放税、碳税、能源税是由某国际机构对参与国际事务的国家的特殊源进行征税。税收收入由参与国或国际机构分配或用作特殊用途。

100. 排放贸易：

用市场方法达到环境目的，即允许那些减少温室气体排放低于规定限度的国家，在国内或国外使用或交易剩余部分弥补其他源的排放。一般来说，交易可在公司内部、国内和国际间进行。《IPCC 第二次评估报告》同意对国内贸易体系使用"许可"，对国际贸易体系用"配额"的说法。《京都议定书》第 17 条提及的排放贸易，是在根据议定书附件 B 所列减少和限制排放承诺计算出分配数量的基础上的可交易配额体系。另见经证明的排放量减少和清洁发展机制。

101. 排放情景：

对潜在的辐射活跃排放物（如温室气体、气溶胶）的未来发展的一种可能的表述。它是基于一致的、内部协调的、关于驱动力（如人口统计、社会经济发展、技术变化）及其主要相关关系的假设而提出的。从排放情景中引申出的浓度情景被用做气候模式的输入值来计算气候预计结果。IPCC 于 1992 年在第二次评价报告（1996）中提出了一系列排放情景，并以此作为气候预计的基础。这些排放情景，即所说的 IS92 情景。《IPCC 排放情景特别报告》（akicenovic et al.，2000）公布了新的排放情景——SRES 情景。关于这些情景的一些术语，见 SRES 情景。

102. 地方性的：

仅限于某地区或区域所特有的。在人类健康方面，地方性可能指一直都流行于某些人口或地理区域的一种疾病或致病体。

103. 能量平衡：

气候系统能量收支的全球长期平均应该是平衡的。因为驱动气候系统的所有能量均来自于太阳，能量平衡意味着进入的全球太阳辐射总量必须等于被反射的太阳辐射与气候系统射出的红外辐射之和。全球辐射平衡的扰动被称为辐射强迫，它是由自然或人为因素引起的。

104. 能源转化：

参见"能源转换"。

105. 能源效率：

某系统能源转换过程中的能源产出与其投入的比例。

106. 能源强度：

能源强度是能源消费与经济或物理产出的比率。在国家水平方面，能源强度是国内主要能源的消费总量或终端能源消费与国内生产总值或物理产出的比率。

107. 能源服务：

将有用能源用于消费者期望的方面，如交通、供暖或供电。

108. 能源税：

参见"排放税"。

109. 能源转换：

从一种能源形式，如化石燃料所具有的能量，变为另一种能量，如电能。

110. 环境无害技术（ESTs）：

这种技术能保护环境，更少污染，以更可持续的方式利用所有资源、回收更多的本身废弃物和产品，且与它们拟替代的技术相比，能以更为人们所接受的方式处理剩余废气物，这些技术能适应本国确立的社会经济、文化和环境方面的优先。本报告中的 EST 是指减排和适应技术、硬技术和软技术。

111. 流行性的：

在人数上明显超出预期的突然发生，特别用于描述传染病，但也用于任何疾病、伤害或与其他健康有关的事件的突然发生。

112. 平衡和瞬变气候实验：

平衡气候实验是指对于一种辐射强迫的改变，允许气候模式完全调整到与之平衡的状态的实验。这种实验提供了有关模式初态和终态的差异的信息，但没有给出模式响应随时间的变化。如果强迫是按照预先给出的排放情景逐渐演变的，就可以分析气候模式响应随时间的变化。这样的实验被称之为瞬变气候实验。另见气候预计。

113. CO_2（二氧化碳）当量：

对于给定的二氧化碳和其他温室气体的混合气体，相当于多少能够引起同样的辐射强迫的二氧化碳的浓度。

114. 侵蚀：

土壤或岩石因风化、质量损耗，以及河流、冰川、波浪、风力和地下水的作用而进行的搬运过程。海平面升降变化由于世界海洋体积的变更而导致的全球平均海平面变化，这可以因水的密度的改变或水体总量的变化而产生。在讨论地质时间尺度的变化时，该术语有时也包括因海盆形状的变动而引起的全球平均海平面变化。

115. 富营养化：

水体（常为浅水）中的可溶解性养分变得（自然形成或污染造成）丰富并造成溶解氧季节性缺乏的过程。

116. 蒸发：

液体变为气体的过程。

117. 蒸发蒸腾作用：

地球表面蒸发过程和植被的蒸腾作用的联合作用。

118. 外来种：

参见"引进种"。

119. 暴露：

系统暴露于显著的气候变异下的特征及程度。

120. 外部性：

参见"外部成本"。

121. 外部成本：

用于定义为任何活动主体未全面考虑自己的行为对他人的影响的人类活动所引起的成本。同样，外部收益是指这种影响是正面的，且在活动中不对活动主体负责。一座发电厂的特殊污染排放影响着人类健康，但在个人决策时经常不予考虑或没有给予足够重视，这样的影响是不会有市场的。这种现象被称为外部性，由它所引起的成本被称为外部成本。

122. 强迫：

见"气候系统"。

123. 灭绝：

一种物种的完全消失。

124. 极端天气事件：

是指在特定地区发生在其统计分布之外的罕见事件。"罕见"的定义是不固定的，但一般来讲，极端天气事件通常要等于或少于10%或90%的出现概率。按照定义，对于不同地区，极端天气的特征也是不同的。极端气候事件是某一特定时期内许多天气事件的平均，而平均本身是极端的（如某一个季节的降水）。

125. 反馈：

参见"气候反馈"。

126. 终端能源：

可供消费者转化成有用能源（如墙壁插座中的电能）的能源。

127. 灵活机制：

参见"京都机制"。

128. 通量调整：

为避免海气耦合模式产生漂移到非真实气候态的问题，可以对海气热量和水汽通量（有时包括风对洋面产生的表面应力）在未被叠加进模式之前用调节项来进行的调整。由于这些调整是预先计算且独立于海气耦合模式的积分，因此与积分过程中发展的异常无关。

129. 粮食危机：

指缺乏足够数量的、安全和营养的食物来维持正常生长、发育和积极而健康生活的一种状况。可以因无粮源、购买力不足、分配不合理或在家庭中不正当使用粮食而造成。粮食不安全可能是长期的、季节性的或短暂的。

130. 森林：

以树林为主的植被类型。世界上目前存在着对森林一词的多种定义，它们也反映了生物地理条件、社会结构和经济的差异。与森林有关的讨论及相关条目如造林、再造林和毁林等参见《IPCC 土地利用、土地利用变化和林业特别报告》（IPCC，2000b）。

131. 化石 CO_2（二氧化碳）排放：

因碳沉积化石燃料（如石油、天然气和媒）的燃烧而产生的二氧化碳排放。

132. 化石燃料：

由碳化石沉积形成的碳基燃料，包括煤、石油和天然气。

133. 淡水透镜：

在海岛下部的一个透镜式的淡水水体，位于咸水之下。

134. 燃料转换：

指将煤等燃料转换成天然气以减少二氧化碳排放的政策。

135. 全成本定价：

对商品的定价，如电，它包括最终用户所要面对的最后价格，这不仅包括私人买入成本，还包括他们生产和使用的外部成本。

136. 气候变化框架公约：

参见《联合国气候变化框架公约》。

137. 总环流：

在旋转地球上，因热力差异引起的大气和海洋的大尺度运动，其作用在于通过热量和动量的输送恢复系统的能量平衡。

138. 总环流模式（GCM）：

参见"气候模式"。

139. 地球工程：

努力通过直接管理地球的能量平衡来稳定气候体系，因此控制温室效应的加剧。

140. 冰川：

陆地上巨大的冰体，可以沿山坡向下流动（因内部形变和底部滑动），同时被周围的地形（如山谷和四周的山峰）所限制；岩床地形是冰川运动和表面倾斜的主要影响因素。冰川因其上部较高处降雪的积累而维持，同时因其下部融化或流进海洋而达到平衡。

141. 全球表面温度：

全球表面温度是指对以下两种气温进行面积加权后的全球平均温度：海洋表面温度（也即海洋表层几米内的次表层容积温度）和陆地表面 1.5 米处的表面气温。

142. 全球增温潜势（GWP）：

描述充分混合的温室气体的辐射特性的指数，它反映了不同时间这些气体在大气中的混合效应以及它们吸收向外发散的红外辐射的效力。该指数相当于与二氧化碳相关的在现今大气中给定单位温室气体量在完整时间内的升温效果。

143. 温室效应：

温室气体有效地吸收地球表面、大气本身相同气体和云所发射出的红外辐射。大气辐射向所有方向发射，包括向下方的地球表面的放射。温室气体则将热量捕获于地面—对流层系统之内。这被称为"自然温室效应"。大气辐射与其气体排放的温度水平强烈耦合。在对流层中，温度一般随高度的增加而降低。从某一高度射向空间的红外辐射一般产生于平均温度在 $-19℃$ 的高度，并通过太阳辐射的收入来平衡，从而使地球表面的温度能保持在平均 $14℃$。温室气体浓度的增加导致大气对红外辐射不透明性能力的增强，从而引起由温度较低、高度较高处向空间发射有效辐射。这就造成了一种辐射强迫，这种不平衡只能通过地面—对流层系统温度的升高来补偿。这就是"增强的温室效应"。

144. 温室气体：

温室气体是指大气中由自然或人为产生的能够吸收和释放地球表面、大气和云所射出的红外辐射谱段特定波长辐射的气体成分。该特性导致温室效应。水汽（H_2O）、二氧化碳（CO_2）、氧化亚氮（N_2O）、甲烷（CH_4）和臭氧（O_3）是地球大气中主要的温室气体。此外，大气中还有许多完全由人为因素产生的温室气体，如《蒙特利尔协议》所涉及的卤烃和其他含氯和含溴物。除 CO_2、N_2O 和 CH_4 外，《京都议定书》将六氟化硫（SF_6）、氢氟碳化物（HFCs）和全氟化碳（PFCs）定为温室气体。

145. 交叉拱：

低而狭窄的、常常是大致垂直于海岸线而延伸的堤岸，设计用于保护海滨免受洋流、潮汐或波浪的侵蚀，或圈集海沙来建造或形成海滩。

146. 国内生产总值（GDP）：

以买方价格计算的一个国家或地区在给定时间段内，通常为一年，其全部居民或非居民生产者总的增加值的累计，加上全部税收，减去不包括在产品价值内的补贴。计算时不扣除建筑业资产贬值和自然资源的损耗和恶化。GDP 常用于衡量福利水平但不完整。

147. 一次生产总量（GPP）：

通过光合作用固定在大气中的碳总量。

148. 地下水补给：

外部水进入蓄水层中饱和区的过程，既可直接进入也可间接进入。

149. 栖息地：

适于一种生物或物种居住的特定环境或地方；总环境中局部更适宜某一生物或物种生存的部分。

150. 卤烃：

碳与氯、溴或氟的化合物。此类化合物是大气中强有力的温室气体。含氯和溴的卤烃也参与损耗臭氧层。

151. 协调一致的排放税、碳税、能源税：

使参与国对同样的源征收同等税率的税。各国可保留所征税款。税负一致不必要求各国以同样税率征税，但国与国间税率不同将不符合成本有效性原则。另见排放税。

152. 热岛：

城市内因类似沥青等物质吸收太阳能而使温度高于周围区域的地区。加热度日指一日温度低于18℃的部分（如某一日平均温度为16℃，就记为2 加热度日）。另见冷却度日。

153. 套头平衡：

在气候变化减缓方面，套头平衡是指对过快行动和过慢行动带来的风险采取的平衡，套头平衡取决于社会对风险的态度。

154. 异养呼吸：

除植物以外的有机物质将有机成份转化成 CO_2。

155. 人类聚集地：

由人类占据的地方或地区。

156. 人为系统：

指人为组织起主要作用的系统。经常，但并不总是为"社会"或"社会系统"等术语的同义词（如农业系统、政治系统、技术系统、生态系统等）。

157. 氢氟碳化物（HFCs）：

《京都议定书》控制的六种温室气体之一。商业上生产该物质用作氯氟碳化物的替代品。HFCs 主要用于电冰箱和半导体生产。它们的全球增温潜势范围是 1300—11700。

158. 水圈：

气候系统的组成部分，由海洋、河流、湖泊、地下水等表面流体和地下水组成。

159. 冰帽：

圆形的、覆盖于高地的、范围比大冰原小得多的冰结合体。

160. 大冰原：

陆地上大块的冰体，它具有相当的深度足以覆盖其下大部分的岩床地形，以至于其形状主要由它的内部动力学决定（由于内部形变引起的冰体的流动及其底部的滑动）。冰原从位于小的平均表面斜坡的、具有较高位置的中心高原向外流动。边缘为陡坡，冰通过快速流动的冰流或冰川出口而塌陷，在一些情况下成为冰架飘浮于海洋中。世界上现今只有两个大的大冰原——格陵兰岛和南极，南极大冰原被横贯南极山脉分为东部和西部两部分；在冰河期，还有其他大冰原。

161. 冰架：

附着于海岸的、有相当厚度的、飘浮着的大冰原（经常为具有相当大的水平范围或略为起伏不平的表面）；多为大冰原的向海侧。

162. （气候）影响评估：

确认和评估气候变化对自然和人为系统的有害和有益结果的措施。

163. （气候）影响：

气候变化对自然和人为系统造成的结果。与适应性结合起来考虑，可以区分潜在的影响和残余的影响。

164. 潜在影响：

不考虑适应性，某一预计的气候变化所产生的全部影响。

165. 残余影响：

采取了适应性措施后，气候变化仍将产生的影响。另见累积影响、市场影响和非市场影响。

166. 执行：

执行是指政府为将国际准则反映到国家法律和政策中而采取的行动（法令或法规、司法裁决、或其他行动）。它包括行政公共政策下达以后所引发的事件和活动，例如为执行命令而付出的努力和对大众的深刻影响。将对国际承诺的法律执行（以国家法律的形式）和有效的执行（导致目标群体的行为发生变化的措施）区分开来是非常重要的。遵约是指一个国家是否遵守协议的条款以及遵守的程度。它不仅关注执行措施是否有效，而且关注是否遵守执行行动。遵约可以衡量协议的目标团体遵守执行措施和义务的程度，不论是地方政府机构、企业、机关团体还是个人。

167. 执行成本：

执行减排方案中涉及的成本。这些成本与必要的组织机构变化、信息需求、市场大小、获取和学习技术的机会以及必要的激励措施（补助、补贴和税收）有关。

168. 本土人：

是指祖居在一个地方或国家的人，当具有另外文化或宗教背景的人们通过武力征服、殖民或其他方法来到这个地方并统治他们，这些人至今仍以与其自己的社会、经济、文化习俗和传统相一致的方式生活着，而不是以该国家目前已形成的那种生活方式生活（也作"本地人""土著人"或"部落"人）。

169. 间接气溶胶效应：

气溶胶可以通过作为凝结核，或者改变云的生命期和光学性质，对气候系统产生间接的辐射强迫作用。可分为两种不同的间接效应：第一间接效应：因人为的气溶胶增加而引起的辐射强迫作用。它造成固体液态水含量中，颗粒浓度的增加和尺度的减小，从而导致云反照率的增加。该效应也被称为"Twomey 效应"。有时人们也将它称为云的反照率效应。但这是一种明显的误解，因为第二间接效应也会改变云的反照率。第二间接效应：人为的气溶胶增加而引起得辐射强迫作用。它造成颗粒的尺度减小，降低了降水率，从而调整了液态水含量、云的厚度和云的生命期。该效应也被称为"云的生命期效应"或"Albrecht 效应"。

170. 工业革命：

一个工业快速增长的时期，对社会和经济产生了深远的影响。它开始于 18 世纪后半叶的英格兰，随后蔓延到欧洲和包括美国在内的其他国家。蒸汽机车的发明推进了这个增长。工业革命标志着大量增加使用化石燃料和排放二氧化碳的开始。在气候变化报告中，术语"工业之前"和"工业之后"分别指 1750 年之前和 1750 年之后，尽管这样区分有些武断。

171. 惯性：

气候、生物或人为系统在响应改变变化速度的各种因素当中的迟滞、缓慢或抵制，包括当导致该变化的原因已消除时系统中的变化仍然继续。

172. 传染性疾病：

任何能从一个人传给另一个人的疾病。这些病可通过身体直接接触、共同触及已沾染上传染性生物的物体而发生，或通过病媒、咳嗽或呼出到空气中的已被感染了的微滴进行传播而发病。

173. 红外辐射：

由地球表面、大气和云发射出的辐射。它也被称为地面辐射或长波辐射。红外辐射有一个独特的波长（"光谱"）范围，它比可见光谱段的红色的波长还要长。由于太阳和地气系统的温度差异，红外辐射与太阳辐射或短波辐射明显不同。

174. 基础设施：

组织、城市和国家的发展、运转和扩大所必须的基础设备、设施、生产性的企业、装备和服务设施。例如公路、学校、电力、天然气和水设施、交通、通信和所有法定系统，所有这些都被视为基础设施。

175. 综合评估：

一种分析方法，它把来自自然的、生物学的、经济的和社会科学的结果和模型以及这些组成之间的交互作用结合起来，在一个较为协调的构架下评价环境改变的状态和结果，以及环境变化的政策响应措施。

176. 交叉效应：

气候变化政策措施与既有国内税收制度相互作用的结果，既包括增加成本的税收作用，也包括减少成本、循环收益的效应。前者反映了温室气体政策通过对实际工资和实际资本收益的影响，而对劳动力和资本市场产生影响。通过限制温室气体排放、许可证制度、法规或碳税会增加生产成本，提高产品价格，这样就减少了劳动力和资本的实际收益。对那些增加政府收益的政策——碳税或许可证拍卖——可以通过收益的再分配来减免某些扭曲的税种。另见双重红利。

177. 内部变率：

参见"气候变率"。

178. 国际排放/碳/能源税：

参见"排放税"。

179. 国际能源机构:

创建于 1974 年,总部位于巴黎的能源论坛。它与经济合作和发展组织紧密合作,使其成员国采取联合行动应对石油供应危机,共享能源信息,相互协调能源政策,进行合理的能源项目合作。

180. 国际产品和/或技术标准:

参见"标准"。

181. 引入物种:

一种物种由于人类无意中扩散,存在于历史上生存的自然分布范围之外。另见"外来种"或"外国种"。

182. 入侵物种:

指侵入自然栖息地的被引入物种。

183. 均衡的陆地移动:

地壳均衡指岩石圈及其上的覆被对表面负荷变化的响应状态。当岩石圈的负荷因陆地上冰的质量、海洋的质量、沉降、侵蚀或造山运动发生变化而改变,就产生垂直均衡的调整,结果达成新的负荷平衡。

184. 联合履行(JI):

由《京都议定书》第 6 条规定的市场执行机制,允许附件一国家或这些国家的企业联合执行限制或减少排放、或增加碳汇的项目,共享排放量减少单位。在《联合国气候变化框架公约》第 4.2(a)条中也对 JI 活动有所规定。另见共同执行活动和京都机制。

185. 现有技术措施:

指已经用于生产实践的技术或处于论证阶段的技术。它不包括那些依然需要技术突破的新技术。

186. 京都机制:

基于市场原理的经济机制,《京都议定书》的缔约方可以在减少因温室气体减排而带来的潜在经济影响的努力中利用该机制。它们包括联合履行(第 6 条)、清洁发展机制(第 12 条)和排放贸易(第 17 条)。

187. 《京都议定书》:

《联合国气候变化框架公约》(UNFCCC)的《京都议定书》于 1997 年在日本京都召开的 UNFCCC 缔约方大会第三次会议上达成。它包含了除 UNFCCC 之外法律上所需承担的义务。议定书附件 B 中包括的各国(多数国家属于经济合作和发展组织及经济转轨国家)同意减少人为温室气体(二氧化碳、甲烷、氧化亚氮、氢氟碳化物、全氟碳化物和六氟化硫)的排放量，在2008—2012年的承诺期内排放量至少比1990年水平低5%。《京都议定书》仍未生效（至2001年9月）。

188. 拉尼娜：

参见厄尔尼诺南方涛动。

189. 土地利用：

在特定土地覆盖类型上的所有安排、活动及采取措施（一整套人类行为）。是出于社会和经济目的所进行的土地管理（如放牧、木材开采和保护）。

190. 土地利用变化：

人们对土地利用和管理的改变，可以导致土地覆被的变化。土地覆被和土地利用变化会对反照率、蒸发、温室气体的源和涉及气候系统的其他性质产生影响，并从而影响局地或全球气候。另见《IPC土地利用、土地利用变化和林业特别报告》（IPCC，2000b）。

191. 山体滑坡：

大量的物质受重力作用滑向山下，当物料饱和时常受水的推助；大量的土壤、岩石或碎块沿斜坡向下快速移动。

192. 泄漏：

附件B国家的部分排放减少量可能被不受约束国家的高于其基准线的排放所抵消。这种情况可能通过以下方式发生：不受约束地区的高能耗工业的重新配置；油气需求的低迷可能造成其价格的降低，从而造成这些地区的矿物燃料消费上升；及良好的商贸环境带来的收入上升（同时造成能源需求上升）。泄漏还指在某块土地上进行的无意识的固碳活动（例如植树造林）直接或间接地引发了某种活动，该活动可以部分或全部抵消最初行动的碳效应。

193. 生命期：

用于表示影响气体进程的多种时间尺度。通常情况下，生命期是指原子或分子在特定的库如大气或海洋中的平均滞留时间。可分为以下几种生命期：

"周转时间（T）"或"大气生命期"是库（如大气中的气体化合物）存量M与从库中的总清除速度S的比：T=M/S。对于每一清除过程都可定义其单独的周转时间。对于土壤碳生物，就是平均滞留时间（MRT）。

"调整时间""响应时间"或"波动时间"（Ta）：刻画进入贮藏库体

的一个瞬间脉冲输入的特征衰减时间。"调整时间"一词也可以用于贮藏量随源强度的一步变化调整。半周期或衰减常数用于一阶指数衰减过程的定量描述。对有关气候变迁的不同定义，请参见响应时间。

为简单起见，"生命期"有时也可用来替代"调整时间"。在简单情形里，当化合物的全球去除量直接与总贮藏量成比例时，调整时间就等于生命期：$T = Ta$。以 CFC – 11 为例，只要通过平流层的光化学过程就能够将其从大气中去除。对于更复杂的情形，当含有多种贮藏量的去除，或是去除量不再与总贮藏量成比例时，等式 $T = Ta$ 也就不再成立。二氧化碳就是一个极端的例子。由于在大气与海洋和陆地生物区之间的迅速交换，它的周转期只有 4 年。然而，二氧化碳的很大一部分在几年内又可以重新回到大气中。因此，大气中二氧化碳的调整时间实际上是用碳从海洋的表层进入更深层的比率来确定的。尽管可以近似给出大气中二氧化碳的调整时间为 100 年，实际的调整则是在初期较快，而后期较慢。对于甲烷，它的调整时间与周转期也不同。因为它的去除主要通过与氢氧基的化学反应完成，而氢氧基的浓度则依赖于甲烷的浓度。因此，甲烷的去除量 S 与其总量 M 不成比例。

194. 岩石圈：

固体地球（大陆和海洋）的上层，包括全部地壳的岩石以及最上部的冷的、有弹性的地幔。火山活动尽管是岩石圈的一部分，但不被看作是气候系统的一部分，而看成是外部强迫因子。

195. 跳跃：

跳跃（或技术跳跃）是指发展中国家跨越工业化国家历史上经历的几个技术发展阶段，通过在技术发展或能力建设方面投资，将目前已有的最先进技术应用到能源及其他经济部门。

196. 科学认识水平：

一种指数，在四个等级上（高、中、低和极低）描述了对辐射强迫介质影响气候变化的科学认识的程度。对于每种介质，该指数代表了关于其强迫估计的可信度的一种主观判断，包括评价强迫作用所必需的假设、所掌握的确定强迫的物理或化学机制的知识的程度以及定量评估中所包含的不确定性。

197. 《地方 21 世纪议程》：

《地方 21 世纪议程》是当地的环境与发展计划，是各地政府想通过咨询程序确定的随人口而发展的计划，特别关注妇女和青少年的参与问题。

许多地方政府机关已通过咨询程序建立了"21 世纪议程"，并使其与政策、计划、实施行为与趋于达到可持续发展目标相适应的手段。该术语来源于《21 世纪议程》的第 28 章，这是参加 1992 年里约热内卢联合国环境与发展大会（也称地球峰会）的所有政府代表正式签署的文件。

198. 禁闭技术和规范：

从现有机构、服务、技术设施和已有资源中出现的具有市场优势的技术和规范，它们由于获得广泛使用或存在着相关的基础设施和社会文化模式而难以变动。

199. 适应不当：

不经心地增加了对气候刺激因素脆弱性的自然和人为系统的任何变化；不能成功地减轻脆弱性反而使脆弱性增加的适应性对策。

200. 疟疾：

地方性的或由原形体类原虫（原生动物）引起和疟蚊类蚊子传播的流行性寄生病，它导致高烧和全身功能紊乱，每年约使 200 万人丧生。

201. 边际成本定价：

商品和服务的价格等于每多生产一个单位的商品或服务而带来的增量成本。市场障碍在气候变化减缓领域，市场障碍是指妨碍或阻止成本有效的能减缓二氧化碳排放的技术或实践扩散的条件。

202. 市场激励机制：

应用价格机制（例如税制和贸易许可）来减少温室气体排放的措施。

203. 市场影响：

与市场交易相联系的影响，直接影响到国内生产总值（GDP，一个国家的国内总收入），如农业货物的供应与价格变化。另见非市场影响。

204. 市场渗透：

某种商品或服务在特定时间在某个市场上的占有率。

205. 市场潜力：

假设没有新的政策和措施，在可预测的市场条件下可获得的温室气体减排或能源效率提高的经济潜力部分。另见经济潜力、社会经济潜力和技术潜力。

206. 块状质量运移：

适用于所有单元的受重力影响的陆地物质推进和控制性移动。

207. 平均海平面（MSL）：

平均海平面通常被定义为在某一时期，如一个月或一年的平均相对海平面高度，这个时间应足够长，使得能求出诸如海浪等瞬变现象的平均值。另见海平面升高。

208. 甲烷（CH$_4$）：

一种属于温室气体的碳氢化合物，它通过垃圾填埋场的垃圾厌氧（没有氧）分解、动物消化、动物排泄物的分解、天然气和石油的生产和销售、产煤和化石燃料的不完全燃烧。甲烷是《京都议定书》规定的需要减排的 6 种温室气体之一。

209. 甲烷回收：

将甲烷排放捕获（如从煤田或废弃物填埋所），然后再作为燃料利用或用于某些其他经济目的（如再注入油井或气田）。

210.《京都议定书》缔约方会议（MOP）：

《联合国气候变化框架公约》的缔约方大会将充当《京都议定书》的最高权力机构——缔约方会议（MOP）。只有《京都议定书》的各缔约方可以参与讨论和做出决定。在该议定书生效之前，MOP 不可以召开会议。

211. 减排：

减少温室气体的排放源或增加碳汇的人为活动。

212. 减排能力：

有效减排所需要的社会、政治和经济结构和条件。

213. 混合层：

通过与其上面的大气相互作用得以充分混合的海洋上层区域。

214. 混合比：

参见"摩尔比例"。

215. 模式体系：

参见"气候模式"。

216. 摩尔比例：

摩尔比例，或称混合比，是一给定体积内某一要素的摩尔数与该体积内所有要素的摩尔数之比，常用以表述干空气。长寿命温室气体的典型值的量级为 mmol/mol（ppm：每十万分之几），nmol/mol（ppb：每十亿分之几），fmol/mol（ppt：每万亿分之几）。摩尔比例不同于体积混合比，它通常是以 ppmv 等表示，并对非同一性的几种气体进行了修正。这种修正特别关系到许多温室气体的测量精度（Schwartz 和 Warneck，1995）。

217. 季风：

常规大气环流的表征性风，具有季节性持久稳定的风向，随季节转换有明确的风向改变。

218. 山区的：

由位于树带界线之下相对较潮湿、冷凉的丘陵山地斜坡所形成的生物地理带，其特征是群落中大的常绿树种占优势。

219. 《蒙特利尔议定书》：

1987 年在蒙特利尔达成的关于消耗臭氧层的物质的《蒙特利尔议定书》，以后又做了一系列的调整和修订（伦敦 1990 年，哥本哈根 1992 年，维也纳 1995 年，蒙特利尔 1997 年，北京 1999 年）。该议定书控制破坏平流层臭氧的含氯和溴的化学物质的消费量和产量，如氯氟碳化物（CFCs）、甲基氯仿、四氯化碳及许多其他物质。

220. 发病率：

人群中疾病发生或其他健康状况失调出现的比率，并考虑进特定年龄段的发病率。健康结果包括慢性病的影响和流行范围、住院率、初期诊疗率、失去能力天数（即不能工作的天数）和流行征兆等。

221. 死亡率：

在特定时期内的人群中死亡发生的比率；死亡率的计算考虑特定年龄段人口死亡的比率以及由此获得的期望寿命估计和过早死亡的程度。

222. 净生物群系生产量（NBP）：

从区域内净获得或损失的碳量。NBP 等于净生态系统生产量减去因搅动（如森林火灾或森林采收）而损失的碳量。

223. 净二氧化碳排放：

二氧化碳在特定时期和具体地区或区域的源和汇之间的差额。

224. 净生态系统生产量（NEP）：

一个景观单元的植物生物量或碳的增加量。NEP 等于总初级生产量减去由自养呼吸损失的碳量。

225. 氮施肥：

通过氮化合物的增加促进植物的生长。在 IPCC 评估报告中，特指用人为的氮源（例如人造的肥料，以及化石燃料燃烧所释放的氧化氮）进行施肥。

226. 氮氧化物（NOx）：

几种氮的氧化物中的任一种。

227. 氧化亚氮（N_2O）：

一种通过土壤耕作活动，尤其是商用和有机化肥的使用、化石燃料的燃烧、氮酸的生产和生物质燃烧而产生的强力气体。它是受《京都议定书》管制的 6 种温室气体之一。

228. 非点源污染：

污染来自不能确定为具体离散点的源，例如作物生产区、林木区、露天开采、垃圾处理和建筑物等。另见点源污染。

229. 无悔机会：

参见"无悔政策"。

230. 无悔选择：

参见"无悔政策"。

231. 无悔政策：

无论是否有气候变化，都可以产生净社会效益的政策。温室气体减排的无悔机会指那些除了带来避免气候变化的效益外，还能使减少能源利用和减少当地/区域污染物排放的效益等于或大于它们的社会成本的选择。无悔潜力定义为市场潜力与社会经济潜力之差。

232. 无悔潜力：

参见"无悔政策"。

233. 非附件 B 国家/缔约方：

不包括在《京都议定书》附件 B 中的国家。另见附件 B 国家。

234. 非附件一缔约方/国家：

已批准或同意加入《联合国气候变化框架公约》但不包括在气候公约附件一中的国家。另见附件一国家。

235. 非线性：

一个过程中原因和结果之间没有简单的比例关系，就称其为非线性的。气候系统包含许多这样的非线性过程，使得系统的行为非常复杂。这种复杂性可以导致剧烈的气候变化。

236. 非市场影响：

影响生态系统或人类福利的效应力，但它不直接与市场交易相联系，例如增加过早死亡的风险。另见市场影响。

237. 北大西洋涛动（NAO）：

北大西洋涛动由靠近冰岛和靠近亚速尔群岛的相位变化相反的气压场组成。一般来说，冰岛低压与亚述尔高压之间的偏西气流为欧洲带去气旋以及与其相伴的锋面系统。但是，冰岛和亚述尔群岛之间的气压差异存在从日到年代际时间尺度的震动，有时气压差也会反过来。它在从北美中部到欧洲的北大西洋地区的冬季气候变异中起主导作用。

238. 海洋传输带：

围绕全球海洋进行水循环的理论路径，受风和温盐环流驱动。

239. 机会：

缩小任何技术或实践的市场潜力与其经济潜力、社会经济潜力或技术潜力之间的差距的情况或环境。

240. 机会成本：

由于选择了某种经济活动而放弃了另一种活动的成本。

241. 最优政策：

当边际减排成本在各个国家都相等，那么所实施的政策就认为是"最优"的，这样可以使总成本最小化。

242. 有机气溶胶：

以有机化合物为主的气溶胶颗粒，主要为 C、H、O，以及少量的其他元素（Charlson 和 Heintzenberg，1995）。见含碳气溶胶。

243. 臭氧（O_3）：

三个原子的氧（O_3），一种气态的大气成份。在对流层中，由自然的和人类活动（光化学"烟雾"）导致的光化学反应产生。在对流层中高浓度的臭氧对大范围的生命有机体有伤害作用；在对流层中扮演温室气体的角色。在平流层，由太阳的紫外辐射与氧分子（O_2）的相互作用产生。平流层内的臭氧对辐射平衡起决定性作用，其浓度在臭氧层达到最高。由于气候变化后化学反应可能提高，平流层臭氧的损耗导致平面紫外辐射流（UV – B）增加。另见《蒙特利尔议定书》和臭氧层。

244. 臭氧洞：

参见"臭氧层"。

245. 臭氧层：

平流层存在一个臭氧浓度最高的气层，称为臭氧层。臭氧层的范围大约从 12 千米延伸到 40 千米。臭氧浓度约在 20—25 千米处达到最大。臭氧层正在被人类排放的氯化物和溴化物损耗。每年，在南半球的春季，南极上空的臭氧层都发生非常强烈的损耗，它也是由人造的氯化物和溴化物与该地区特定的气象条件共同造成的。这一现象被称为臭氧洞。

246. 参数化：

在气候模式中，该术语是指通过大尺度流与次网格过程的区域或时间平均效果之间的关系来对那些由于模式时空分辨率所限而不能准确显式求解的过程（次网格尺度过程）进行描述的技术。

247. 帕累托准则/ 帕累托最优：

个人的福利无法在不使其他任何人的福利受到损失的前提下得到改善的状态。

248. 全氟化碳（PFCs）：

《京都议定书》管制的6种温室气体之一。它是铝熔融和铀浓缩的副产品，同时它也在半导体生产中替代氟氯碳化合物。PFCs的全球增暖潜势为二氧化碳的6500—9200倍。

249. 永久冻结带：

地面发生永久冻结，任何地方的温度都保持低于0℃达数年之久。

250. 不规则生命期：

参见"生命期"。

251. 光合作用：

植物从空气（或水中的重碳酸盐）中吸收二氧化碳，制造碳水化合物，释放出氧气的过程。有几种光合作用的途径，分别对大气中二氧化碳浓度有不同的响应。另见二氧化碳施肥。

252. 浮游植物：

浮游生物的植物形式（如硅藻属）。浮游植物是海洋中的优势植物，是整个海洋食物网的依托。这些单细胞生物体是海洋中光合作用固碳的主体。另见"浮游动物"。

253. 浮游生物：

软弱地漂游着的水生生物体。另见浮游植物和浮游动物。

254. 点源污染：

污染产生自明确的和离散的源，如管道、沟渠、遂道、井、容器，集中的动物饲养或移动的交通工具等。另见"非点源污染"。

255. 政策和措施：

在《联合国气候变化框架公约》中，"政策"指政府可以采取或命令的加速控制温室气体排放技术的应用和利用的行动，通常与本国的商业和工业相关联，也可以和其他国家相关联。"措施"是指执行这些政策的技术、工艺和实践，这些措施的实施可以减少预期的温室气体排放水平。例如碳税或能源税、标准化的轿车燃料效率标准等。"共同和协调一致的"或"调和的"的政策指缔约方联合采取的政策。

256. 后冰河时代回弹：

随着大冰原的收缩和消失，如从上一个冰河期最高峰以来（21 ky BP），大陆和海底的垂直运动。回弹是一种均衡的陆地运动。

257. 前体：

大气中的化合物，它本身并不是温室气体或气溶胶，但它能通过参与调节温室气体或气溶胶的产生或毁灭的物理或化学过程，从而对温室气体或气溶胶的浓度产生影响。

258. 前工业：

参见"工业革命"。

259. 现值成本：

将未来成本折现，某段时间内所有成本之和。

260. 一次性能源：

包含在自然资源（如煤、原油、阳光、铀）中的能源，这些能源未经过任何人为转化或改造。

261. 私人成本：

影响个人决策的各类成本，称为私人成本。另见"社会成本"和"总成本"。

262. 轨迹：

一套平缓变化的浓度组合，它展示了通向稳定的可能路径。"轨迹"一词通常用于区别称为"情景"的排放路径与此类路径区分开来。

263. 预计（一般的）：

预计是一种数量或一组数量潜在的未来演变，常用模型来帮助计算。预计与"预测"是有区别的，前者强调包括假设，例如对涉及到社会经济和技术的发展的假设，这些发展可能实现也可能不能实现，因此它具有实质上不确定性的倾向。另见"气候预计"和"气候预测"。

264. 替代物：

一个气候指标的替代物是指利用物理学和生物学原理，对某一局地记录进行解释，用以表示过去与气候相关的各种变化。用这种方法得出的气候相关资料被当作替代资料。如树木年轮、珊瑚特性以及各种由冰芯得到的资料。

265. 购买力评价（PPP）：

按照货币购买能力来估算国内生产总值，而不是按照现金汇率。此类计算结果是基于国际比较规划的一系列外推或回归数据。PPP有降低工业化国家人均国内生产总值，而提高发展中国家人均国内生产总值的倾向。

PPP 也是谁污染谁付费原则的缩略语。

266. 辐射平衡：

参见"能量平衡"。

267. 辐射强迫：

由于气候系统内部变化或如二氧化碳浓度或太阳辐射的变化等外部强迫引起的对流层顶垂直方向上的净辐射变化（用每平方米瓦表示：Wm - 2）。辐射强迫一般在平流层温度重新调整到辐射平衡之后计算，而期间对流层性质保持着它未受扰动之前的值。

268. 辐射强迫情景：

对辐射强迫未来发展的一种可能是合理的表述。这种辐射强迫与多种变化有关，如大气成分的变化、土地利用的变化、外部因子（如太阳活动）的变化。辐射强迫情景可以作为简化的气候模式的输入，用以对气候预计进行计算。

269. 草原：

未加改良的草地、灌木（丛）地、稀树大草原和苔原。

270. 再生林：

通过自然途径（就地播种或伐剩的幼树或通过风、鸟或动物）或人为途径（树苗移栽或直接播种）进行的树木更新。

271. 剧烈的气候变化：

气候系统的非线性可以导致剧烈的气候变化，有时被称为突发事件或甚至意外事件。这些突发事件有些是可以想象到的，如温盐环流戏剧性的重组、冰川的迅速消失或永久冻结带的大量融化所导致的碳循环的快速变化。其他的则确实是不可预见的，如非线性系统强烈地、迅速地变化所造成的结果。

272. 反弹效应：

这种现象的发生是由于像机动车能效的改进而降低了每公里行驶成本等因素；它会带来负面影响而鼓励更多的旅行。

273. 再造林：

在以前曾是森林，但已转作它用的土地上重新造林。关于森林和有关的一些术语如造林、再造林和毁林的讨论，见《IPCC 土地利用、土地利用变化与林业特别报告》（IPCC，2000b）。

274. 规章措施：

由政府制定的管理产品性能或生产工艺特点的规则或程序。另见"标准"。

275. 再保险：

将部分主要保险风险转移到保险公司的次要层次（再保险商）；本质上为"为保险公司保险"。

276. 相对海平面：

由检潮仪测量的海平面，它与所处上方的陆地有关。另见"平均海平面"。

277. （相对）海平面长期变化：

由海面升降的变化（如热膨胀导致的）或垂直陆地运动变化造成的相对海平面的长期变化。

278. 可再生的：

相对于地球自然循环而言，在短期内是可持续的能源资源，它包括各类无碳排放的技术，例如太阳能、水电和风能，也包括一些排碳技术，例如生物质能。

279. 研究、开发与示范：

关于新的生产工艺或产品的科学和/或技术的研究和发展，并进行分析和测量，以便向潜在的用户提供有关新产品和工艺在应用方面的信息；示范测试；通过试验计划和商业化前的试用对这些工艺的应用进行可行性试验。

280. 可采储量：

在目前工艺和经济条件下，能从储油层中采出的油量。储量是指在地层原始条件下的油气量，而可采储量是指在现代工艺技术条件下，能从地下储层中采出的那一部分油气量。另见"资源"。

281. 库：

除大气以外的气候系统的一个组成部分。库具有储存、积累或释放所关注的物质（如碳，是温室气体或温室气体前体）的能力。海洋、土壤和森林是碳库的一些例子。"池"是与其等价词（注：池的定义一般包括大气）。在特定时间里，库内所包含的某种物质的绝对数量称为储存。该术语也定义为人造或自然的储存水的地方，如湖、池塘或蓄水土层，可以从这些储存水的地方取水用于灌溉和水分供应。

282. 弹性：

系统可以承受且状态没有改变的一些变动。

283. 资源量为基础：

既包括可采储量也包括资源。

284. 资源：

指那些目前虽因地质年龄太短或经济性较差无法利用，但被认为在未来可预见技术和经济发展条件下具有开采潜力的资源量。

285. 呼吸作用：

生物体将营养物质转化为二氧化碳，释放能量并消耗氧气的过程。

286. 响应时间：

响应时间或调整时间是指在外部/内部过程或反馈造成的强迫后，气候系统或其分量在重新平衡到一个新的状态所需的时间。气候系统的不同分量的响应时间有非常大的差异。对流层的响应时间相对较短，从几天到几个星期，而平流层要达到平衡状态的典型时间尺度为几个月。海洋因其巨大的热容量，其响应时间要更长，典型的为十几年，但也可以达到上百年甚至千年。表面—对流层强烈耦合系统的响应时间与平流层相比会更慢，它主要取决于海洋。生物圈对某些变化（如干旱）的响应可以很快，但对于叠加的变化则响应很慢。有关影响示踪气体浓度的过程速度的响应时间的不同定义，请参见"生命期"。

287. 收益循环：

参见"交叉效应"。

288. 径流：

降水中没有被蒸发的部分。在一些国家，径流只指地表径流。

289. S轨迹：

能实现 1994 年 IPCC 评估报告（Enting et al.，1994；Schimel et al.，1995）中定义的稳定的二氧化碳浓度轨迹。对于任何给定的稳定水平，这些轨迹都包含许多种可能。S 代表"稳定"。另见 WRE 轨迹。

290. 安全着陆方法：

参见"可接受窗口法"。

291. 盐渍化：

土壤中盐分的积累。

292. 盐水侵入/侵蚀：

由于盐水密度较大，地表面淡水或地下水被盐水入侵取代，一般发生在沿海和河口地区。

293. 情景（一般的）：

对未来如何发展的一种可能的、常常是简化了的描述，它是基于连贯的且内部一致的关于重要驱动力（如技术变化的速度、价格）和关系的一组假设得到的。情景既不是预测也不是预报，有时可能是基于"叙事性的描述"。情景可以从预计中得到，但经常是基于来自其他来源的额外信息。另见 SRES 情景、气候情景和排放情景。

294. 海平面升高：

平均海平面升高。这种海面升降性的海平面上升，是由于世界海洋体积的改变而导致的全球平均海平面变化。相对海平面升高，是指海平面相对于当地陆地运动的净升高。气候模型学者主要估算海平面的升降变化。而影响学者则集中研究海平面的相对变化。

295. 海堤：

为防止海浪侵蚀人为建造的沿海岸的围墙或大堤。

296. 半干旱地区：

年降水量大于 250 毫米的生态系统，生产力不高；一般归属为草原。

297. 敏感性：

是指系统受与气候有关的刺激因素影响的程度，包括不利和有利影响。影响也许是直接的（如作物产量响应平均温度、温度范围或温度变率），也许是间接的（如由于海平面升高，沿海地区洪水频率增加引起的危害）。另见"气候敏感性"。

298. 连续决策：

通过纳入随时间推移的其他信息和做出中间修正而做出的逐步决策，以确定在长期不确定性情况下的短期战略。

299. 固碳：

增加除大气之外的碳库的碳含量的过程。生物固碳过程包括通过土地利用变化、造林、再造林以及加强农业土壤碳吸收的实践来去除大气中的二氧化碳。物理固碳过程包括分离和去除烟气中的二氧化碳或加工化石燃料产生氢气，或将二氧化碳长期储存在开采过的油气井、煤层和地下含水层。另见"摄入"。

300. 粉粒：

疏松的或不牢固的沉淀物质，这些物质组成的颗粒大小比沙粒小，比粘粒大。

301. 造林学：

森林的开发和维护。

302. 汇：

从大气中清除温室气体、气溶胶或它们前体的任何过程、活动或机制。

303. 积雪场：

融化缓慢的降雪的季节性积累。

304. 社会成本：

某活动的社会成本包括所有被利用资源的价值。资源的部分价值已经定价，而另一部分还没有。没有定价的资源价值指它的外部性。社会成本是指外部成本与已经定价成本之和。另见"私人成本"和"总成本"。

305. 社会经济潜力：

社会经济潜力指通过克服阻碍成本有效性技术应用的社会经济障碍、而可能获得的温室气体减排水平。另见"经济潜力"、"市场潜力"和"技术潜力"。

306. 土壤水汽：

储存在土壤表面或内部的，可供蒸发的水分。

307. 太阳活动：

太阳呈现出的高度活跃周期，可以从太阳黑子数，以及辐射输出、磁活动、高能粒子发射等的观测中得到。这些变化发生的时间尺度从数百万到几分钟。另见"太阳周期"。

308. 太阳辐射：

太阳射出的辐射，也被称为短波辐射。太阳辐射有其特殊的波长（光谱）范围，它是由太阳的温度决定的。另见"红外辐射"。

309. 烟灰颗粒：

有机烟雾的火焰外边界的气体熄灭形成的颗粒，主要成分为碳，还有少量的氧和氢，表现为不完全的石墨状的结构（Charlson 和 Heintzenberg，1995）。另见"黑碳"。

310. 源：

任何向大气中释放产生温室气体、气溶胶或其前体的过程、活动和机制。

311. 南方涛动：

参见"厄尔尼诺南方涛动"。

312. 空间和时间尺度：

气候在一个范围很广的空间和时间尺度上变化。空间尺度具有从局地（小于十万平方公里），到区域（十万到千万平方公里），甚至大陆（千万到亿平方公里）的变化范围。时间尺度具有从季节到地质年代（数亿年）

的变化范围。

313. 溢出效应：

一个国家或一个部门的减排措施对其他国家或部门的经济效应。在气候变化报告中，不是经常评价环境溢出效果。溢出效果可以是正的，也可以是负的，并且包括对贸易、碳泄漏、环境无害技术的转让和扩散及其他的影响。

314. SRES 情景：

由 Nakicenovic et al.（2000）制定并得到各方采用的排放情景。在《IPCC 第三次评估报告》的第一工作组部分（IPCC，2001a）中，它被作为气候预计的基础。

下面介绍一些相关术语以更好地理解 SRES 情景组的结构和使用：

（情景）族：具有相似的人口统计、社会、经济、技术变化的情节的多个情景组合。SRES 情景集合由四类情景族构成：A1、A2、B1 和 B2。

（情景）组：情景族中反映一致情节变化的多个情景。A1 情景族包括四个组：A1T、A1C、A1G 和 A1B，用于探讨未来能量体系的替代结构。在 Nakicenovic et al.（2000）给决策者的摘要报告中，A1C 和 A1G 组被合并为一个 A1FI 情景组，其他三个情景族都各包含一个情景组。因此反映在 Nakicenovic et al.（2000）给决策者的摘要报告中，SRES 情景组共包括六个不同的情景组，它们都是同样有效的，共同捕捉与驱动力和排放相关的不确定性。

说明性情景：对 Nakicenovic et al.（2000）的决策者摘要报告中六个情景组的每一个给以说明的情景。包括分别针对情景组 A1B、A2、B1 和 B2 的四个修订的情景标记和对 A1FI 和 A1T 组的两个附加情景。所有情景组都是同样有效的。

（情景）标记：最初以草图的形式贴在 SRES 网站上的，用以代表一个给定的情景族的一种情景。标记的选择是基于能够最佳反映情节的初始量和特定模式的特征。标记不象其他的情节，但它们被 SRES 编写工作组认为是对具体情节的描述。它们被纳入 Nakicenovic et al. 的修订版中（2000）。这些情景受到整个编写工作组的最仔细审查并在 SRES 开放过程中得到使用。还挑选了一些情景来阐述其他的两个情景组。

（情景）情节：对一个情景（或情景族）的叙述性描述，以突出情景的主要特点和关键驱动力与动力演变之间的关系。

315. 稳定化：

可实现的稳定大气中一种或多种温室气体的浓度（例如二氧化碳或二

氧化碳当量的其他温室气体)。

316. 稳定性分析:

在气候变化报告中指针对稳定温室气体浓度的分析或情景。

317. 利益相关者:

掌握补助、减免特权或会受某项特定行动或政策影响的任何其他有价值物品的个人或实体。

318. 标准:

管制或定义产品性能的一系列规则或规范(例如级别尺寸、特性、检测方法和使用规范)。国际产品和/或技术或性能标准确立了应用这些产品和/或技术的国家对它们的基本要求。这些标准减少了与产品生产或使用及技术应用有关的温室气体排放。另见"规章措施"。

319. 刺激因素(与气候有关的):

气候变化的所有要素,其中包括平均气候特点、气候变率和极端事件的频率和强度。

320. 风暴潮:

由于极端气象条件(低气压或强风)引起的某一特定地点的海水高度暂时增加。风暴潮被定义为在该时间和地点超出潮汐变化的部分。

321. 情节:

参见"SRES 情景"。

322. 流速或流量:

河道中的水量,一般表示为立方米/秒。

323. 平流层:

大气中对流层之上较高的层结区域,其高度从 10 千米(高纬度约为 9 千米,热带地区平均为 16 千米)一直延伸到 50 千米左右。

324. 结构变化:

例如,国内生产总值结构中第一产业、第二产业和第三产业的组成变化;如果更普遍一些,任何由于组成部分之间的相互取代或潜在的替代而造成的转化都可以称为结构变化。

325. 淹没:

水面相对于陆地而上升,因此淹没以前的旱地;淹没是由陆地下沉或水面上升而造成的。

326. 沉陷:

地球表面突然下沉或逐渐下沉,很少或没有水平方向的移动。

327. 补贴：

为实施政府希望鼓励的做法，政府给予某个实体的直接款项，或税收的减免。通过减少那些有增加温室气体排放效应的补贴，例如对化石燃料利用的补贴，或给减排增汇（如隔热建筑或植树）的活动提供补贴，这些都可以减少温室气体排放。

328. 六氟化硫（SF_6）：

《京都议定书》管制的六种温室气体之一。作为高压设备的绝缘体或有助于生产电缆冷却设备，它被广泛地应用于重工业生产中。它的全球增暖潜势为23900。

329. 太阳黑子：

太阳上小的黑色区域。太阳活动高峰期，太阳黑子数较多，且随太阳活动周期变化。

330. 地表径流：

流过土壤表面到达最近的地面河溪的水；降水之后没有从地下流过的排水流域的径流。

331. 可持续发展：

满足当代人的需求，而不危及后代人们满足他们自己需求能力的发展。

332. 目标和时间进程：

目标是在设定期限或时间进程内（例如2008年到2012年），对基准时间温室气体排放量（例如1990年排放水平）的特定减排百分比。例如，根据《京都议定书》的规定，欧盟同意在2008年到2012年内将他们的温室气体排放量在1990年的水平上减少8%。这些目标和时间进程是对一个国家或地区在某个时间段内可以排放的温室气体总量的限制。

333. 税—交叉效应：

参见"交叉效应"。

334. 技术潜力：

通过实施一项已论证的技术或措施可能带来的温室气体减排量或能源效率的提高。另见经济潜力、市场潜力和社会经济潜力。

335. 技术：

服务于某项特定活动的设备或技巧。

336. 技术或性能标准：

参见"标准"。

337. 技术转让：

在不同的利益相关者之间进行的知识、资金和商品的交换过程，可以带来适应或减缓气候变化技术的传播。作为一个更普遍的概念，泛指国家内和国家间的技术扩散和技术合作。

338. 热侵蚀：

受活动水的热量和机械两种作用的共同影响，造成富冰永久冻结带的侵蚀。

339. 热膨胀：

与海平面上升有关，它是指由于海水变暖而产生的体积增加（密度减小）。海洋增温导致海洋体积的膨胀，从而使海平面升高。

340. 温盐环流：

海洋中密度驱动的大尺度环流，是由温度和盐度的差异而产生。在北大西洋，温盐环流包括表层的朝北暖流和深层的朝南冷流，从而导致净的向极地的热能净的输送。表面水在位于高纬高度极有限的下沉区域下沉。

341. 冰融喀斯特：

由冰融化引起的冻结土面上不规则的、圆球状的地形。

342. 检潮仪：

一种设置在岸边（有些深入到海里）的用于连续测量邻接陆地的海平面高度的仪器。时间平均的海平面高度被记录下来以观测相对海平面的长期变化。

343. 时间尺度：

拟表述的某过程的典型时间。由于许多过程的大部分效应出现在早期，并在随后的很长时期中逐步接近完全表现。就气候变化报告而言，时间尺度在数值上被定义为至少显示其最终一半效应的过程的不规则运动所需的时间。

344. 可承受窗口方法：

用来分析温室气体排放，因为它们可以通过采取长期气候目标（例如温度或海平面变化以及变化的速率）而不是温室气体浓度的稳定来控制。这些方法的主要目的是评价针对全球温室气体排放的中短期"可承受"范围的长期目标的影响程度。也见安全着陆方式。

345. 自上而下模型：

"自上而下"和"自下而上"是集合模型和非集合模型的简称。模型工作者将宏观经济理论和经济计量方法应用于对消费、价格、收入和要素成本等历史数据的分析，来模拟能源、交通、农业和工业等主要部门的商品和服务需求量以及供应，这种方法称为"自上而下"。所以，自上而下模型通过集合经济变量来评价整个系统，而自下而上模型则需要考虑技术选择或特定的气候变化减缓政策。但是有一些自上而下分析方法也包含了技术数据，所以它们的区分并不是泾渭分明的。

346. 总成本：

所有项目的成本总和。社会的总成本由外部成本和私人成本组成，统称为社会成本。

347. 贸易效应：

国家出口商品购买力改变对其贸易伙伴进口商品的经济影响。当气候政策改变了相对生产成本，就有可能在很大程度上改变贸易关系，从而改变最终的经济平衡。

348. 瞬变气候响应：

平均每 20 年的全球平均表面气温升高，中间值出现在二氧化碳加倍时（即利用全球耦合气候模式进行的在每年 1% 的二氧化碳混合物增加实验中的第 70 年）。

349. 对流层顶：

对流层与平流层的分界。

350. 对流层：

大气的最低层，在中纬度地区，从地面至海拔约 1 0 千米高处（高纬度为 9 千米，热带地区平均为 16 千米），云和"天气"现象均发生于其中。对流层内，温度随高度的增加而降低。

351. 苔原：

北极和亚北极地区的无树的、平坦的或略微起伏的平原。

352. 周转时间：

参见"生命期"。

353. 紫外线（UV）- B 辐射：

波长范围在 280—320 nm 内的太阳辐射，大部分被平流层臭氧所吸收。UV - B 辐射的增加抑制生物体的免疫系统并对生物体有其他不利影响。

354. 不确定性：

对于某一变量（如未来气候系统的状态）的未知程度的表示。不确定性可以来自于对已知或可知事物的信息的缺乏或认识不统一。主要来源有许多，如从数据的定量化误差到概念或术语定义的含糊，或者人类行为的不确定预计。不确定性可以做定量的表示（如不同模式计算所得到的一个变化范围）或定性描述（如专家小组的判断）（Moss 和 Schneider，2000）。

355. 独特的和受到威胁的系统：

被限制在相对狭小的地理范围内的群体，但对其他比其群体分布范围更大的系统也能产生影响；狭小的地理范围表明其对包括气候在内的环境变化敏感，因此证明这种群体对气候变化存在潜在的脆弱性。

356.《联合国气候变化框架公约》（UNFCCC）：

该公约于 1992 年 5 月 9 日在纽约通过，并在 1992 年里约热内卢召开的地球峰会议上，由 150 多个国家以及欧共体共同签订。其宗旨是"将大气中温室气体浓度稳定在一个水平上，使气候系统免受危险的人为干涉"。它包括所有缔约方的承诺。在该公约下，附件一中的缔约方致力于在 2000 年前将未受《蒙特利尔议定书》限制的温室气体排放回复到 1990 年的水平。该公约 1994 年 3 月生效。另见京都议定书和缔约方大会（COP）。

357. 摄入：

贮藏库对某种物质的追加。含碳物质（尤其是二氧化碳）的摄入常被称为（碳）固积。另见"固碳"。

358. 上涌：

较深层的水向表面传输，一般由表面水的水平运动引起。

359. 城市化：

将土地由自然状态或被管理的自然状态（如农业）转变为城市；纯粹的农村向城市移民驱动的过程。任何一个国家或地区的越来越高比例的人口逐渐居住到被定义为"市中心"的聚居地都是城市化过程。

360. 增加值：

所有产出之和减去中间投入之后的部门净产出。

361. 价值：

基于个人喜好的价值、客观需要或效用。任何资源的总价值是所有利用这些资源的个人价值的总和。作为评价成本的基础，价值以个人获得资源的支付意愿（WTP）或个人出让资源的可接受出让意愿（WTA）来表示。

362. 传病媒介：

能将病菌由一个寄主传播给另外一个寄主的一种有机体，如一个昆虫。另见由传病媒介引起的疾病。

363. 传病媒介引起的疾病：

由传病媒介生物体（如蚊子和扁虱）引起的在寄主之间传染的疾病，如疟疾、登革热和利什曼病。

364. 体积混合比：

参见"摩尔比例"。

365. 自愿协议：

政府与一个或多个私人团体间的协议，或者被政府部门认可的单方承诺，以达到遵约之外的环境目标或改善环境状况。

366. 脆弱性：

是指系统易受或没有能力对付气候变化，包括气候变率和极端气候事件不利影响的程度。脆弱性是一个系统所面对的气候变率特征、变化幅度和变化速率以及系统的敏感性和适应能力的函数。

367. 水胁迫：

如果可用的淡水供应相对于水量提取来说对发展有极大的限制，那么该国属水胁迫国家。水量提取超过可再生水供应的 20% 作为水胁迫的指标。

368. 水分利用效率：

在光合作用过程中蒸腾每单位水分所固定的碳。短期可以表示为每蒸腾损失单位水分光合作用所固定的碳的比率，在季节时间尺度上可以表示为农作物净初级生产力或农业产量与可利用的有效水分量的比率。

369. 水量提取：

从水体中提取的水量。

370. WRE 轨迹：

能实现 Wigley、Richels 和 Edmonds 三人（1996）定义的稳定浓度的二氧化碳浓度轨迹，这三人名字的第一个字母构成了该缩略语。对于任何给定稳定水平，这些轨迹都包含许多种可能。另见"S 轨迹"。

371. 浮游动物

浮游生物中的动物。它们消耗浮游植物或其他浮游动物。另见"浮游植物"。

附录 2

全球变暖与国际气候谈判历程[①]

从 1992 年启动气候谈判以来，气候谈判总体呈现发达国家和发展中国家两大阵营对立的格局，这种格局目前尚未发生重大变化。但与此同时，全球温室气体排放格局却发生了相当大的变化。根据国际能源署的相关报告，1990 年全球化石能源总排放约为 201 亿吨二氧化碳当量，其中，发达国家占 68%，发展中国家占 32%；2008 年全球化石能源总排放为 284 亿吨二氧化碳当量，其中，发达国家占 51%，发展中国家占 49%。[②] 从国别看，到 2000 年，25 个主要排放国排放量约占全球总排放量的 83%，其中，美国、中国、欧盟、印度、俄罗斯合计约占全球总排放量的 60%。中国在 1992 年的排放量约占全球的 11%，2008 年则占全球的 23%，位居世界第一。[③] 从排放趋势看，发达国家历史排放量多，当前和未来排放量总体呈下降趋势；发展中国家历史排放量少、当前和未来呈增加趋势。全球排放格局的变化，在很大程度上导致了发达国家和发展中国家在谁先减排、减多少、怎样减，以及如何提供资金、提供气候友好型技术支持发展中国家减缓等问题上，展开了激烈争论，短期内很难达成一致，并进一步导致了发达国家和发展中国家两大阵营内部谈判力量的分化组合。

1898 年，瑞典科学家斯万特·阿伦尼乌斯推测，燃烧煤炭和石油产生的二氧化碳将导致地球变暖。

1955 年，美国科学家查尔斯·基林发现，大气中二氧化碳含量从工业革命前的 280ppm（1ppm 为百万分之一）升至 315ppm。

1972 年，联合国在瑞典首都斯德哥尔摩举行首次人类环境会议，通过

---

① 中国国土资源部：《全球变暖相关大事记》，http：//www. mlr. gov. cn/wskt/wskt_ bdqkt/ 201002/t20100217_ 137343. htm，访问日期：2018 - 01 - 20。

② 中华人民共和国中央人民政府：《风云变幻 20 年：气候变化谈判历程和气候大会展望》，http：//www. gov. cn/gzdt/2011 - 11/23/content_ 2001150. htm，访问日期：2018 - 01 - 20。

③ 中国林业新闻网：《气候变化谈判历程和南非德班气候大会展望·上篇》，http：// www. greentimes. com/green/news/gjhz/hzxm/content/2011 - 11/23/content_ 157201. htm，访问日期：2018 - 01 - 20。

《人类环境宣言》。

1986 年，大气中二氧化碳含量达 350ppm。

1988 年，联合国政府间气候变化专门委员会（Intergovernmental Panel on Climate Change，IPCC）成立。其主要任务是对气候变化科学知识的现状，气候变化对社会、经济的潜在影响以及如何适应和减缓气候变化的可能对策进行评估。下设三个工作组和一个专题组：第一工作组评估气候系统和气候变化的科学问题；第二工作组评估社会经济体系和自然系统对气候变化的脆弱性、气候变化正负两方面的后果和适应气候变化的选择方案；第三工作组评估限制温室气体排放并减缓气候变化的选择方案。[①]

1990 年，联合国政府间气候变化专门委员会发布首次评估报告称：地球正在变暖。[②]

1992 年，联合国环境与发展大会通过《联合国气候变化框架公约》（United Nations Framework Convention on Climate Change，UNFCCC），鼓励发达国家采取具体措施限制温室气体排放。《联合国气候变化框架公约》是世界上第一个为全面控制二氧化碳等温室气体排放，以应对全球气候变暖给人类经济和社会带来不利影响的国际公约，也是国际社会在对付全球气候变化问题上进行国际合作的一个基本框架。该公约缔约方自 1995 年起每年召开缔约方会议（Conferences of the Parties，COP）以评估应对气候变化的进展。1997 年，《京都议定书》达成，使温室气体减排成为发达国家的法律义务。按照 2007 年通过的"巴厘路线图"的规定，2009 年在哥本哈根召开的缔约方会议第十五届会议将诞生一份新的《哥本哈根议定书》，以取代 2012 年到期的《京都议定书》。

1995 年，联合国政府间气候变化专门委员会发布第二次评估报告称：总的来说，人类对于全球气候变化的影响可以察觉。

1997 年，《联合国气候变化框架公约》第三次缔约方大会通过《京都议定书》，为发达国家设定强制性减排目标。

2001 年，联合国政府间气候变化专门委员会发布第三次评估报告称：新的更强有力证据显示，人类正在改变气候。[③]

---

① IPCC，"Intergovernmental Panel on Climate Change"，http：//www.ipcc.ch/，访问日期：2018 – 01 – 20。

② IPCC，"Intergovernmental Panel on Climate Change"，http：//www.ipcc.ch/，访问日期：2018 – 01 – 20。

③ IPCC，"Intergovernmental Panel on Climate Change"，http：//www.ipcc.ch/，访问日期：2018 – 01 – 20。

2007 年，联合国政府间气候变化专门委员会发布第四次评估报告称：全球变暖大部分原因非常可能为人类活动。报告显示，全球气温在1906—2005 年间上升 0. 74 摄氏度。[①]

2007 年，联合国气候大会通过"巴厘路线图"，确定缔约方于 2009 年底前完成《京都议定书》第一承诺期到期后全球应对气候变化的新一轮谈判并签署相关协议。按此要求，一方面，签署《京都议定书》的发达国家要履行《京都议定书》的规定，承诺 2012 年以后的大幅度量化减排指标；另一方面，发展中国家和未签署《京都议定书》的发达国家（主要指美国）则要在《联合国气候变化框架公约》下采取进一步应对气候变化的措施。此谓"双轨"谈判。"巴厘路线图"设定了两年的谈判时间，即 2009 年年底的哥本哈根大会完成 2012 年后全球应对气候变化新安排的谈判。《哥本哈根协议》最终延长了"路线图"的授权，从而保证了"双轨"谈判继续工作，以最终达成具有法律约束力的协议。

2009 年，大气中二氧化碳含量升至 390ppm。

2009 年，联合国哥本哈根气候变化大会召开。《联合国气候变化框架公约》第 15 次缔约方会议和《京都议定书》第 5 次缔约方会议于当地时间 19 日下午在丹麦首都哥本哈根落幕。会议达成不具法律约束力的《哥本哈根协议》。潘基文当天发表了一篇充满感情色彩的讲话。他说，过去的两天令人"筋疲力尽"。我们进行的讨论"时而有戏剧性，时而非常热烈"。[②]《哥本哈根协议》维护了《联合国气候变化框架公约》及其《京都议定书》确立的"共同但有区别的责任"原则，就发达国家实行强制减排和发展中国家采取自主减缓行动做出了安排，并就全球长期目标、资金和技术支持、透明度等焦点问题达成广泛共识。

2010 年底，通过了《坎昆协议》。《坎昆协议》汇集了进入"双轨制"谈判以来的主要共识，总体上还是维护了议定书二期减排谈判和公约长期合作行动谈判并行的"双轨制"谈判方式，增强国际社会对联合国多边谈判机制的信心，同意 2011 年就议定书二期和"巴厘路线图"所涉要素中未达成共识的部分继续谈判，但《坎昆协议》针对议定书二期减排谈判和

---

① IPCC, "Intergovernmental Panel on Climate Change", http: //www.ipcc. ch/, 访问日期：2018 – 01 – 20。

② 陈文喜：《德班会议在即，全球环保再临大考》，http: //www.cubn. com. cn/News3/news_ detail. asp? id = 10634，访问日期：2018 – 01 – 20。

公约长期合作行动谈判所做决定的内容明显不平衡。①

2011 年,《京都议定书》前景不明,气候绿色资金设立推迟——双重挑战之中,2011 年联合国气候变化谈判首轮会议 4 月 2 日在曼谷拉开帷幕。

2011 年,德班世界气候大会,是指《联合国气候变化框架公约》第 17 次缔约方大会在南非东部港口城市德班开幕而称之。"绿色气候基金"是德班气候大会核心议题。2011 年 12 月,德班结束谈判决定,实施《京都议定书》第二承诺期并启动"绿色气候基金"。在 2011 年 12 月 11 日凌晨的最后一次全体大会上,中国代表团团长、国家发展和改革委员会副主任解振华在发言时高声怒斥发达国家,赢得很多与会代表的鼓掌喝彩。解振华在发言中强烈批评一些发达国家拒不履行承诺,反而向发展中国家施压的做法。他说,"一些国家,我们不是看你说什么,我们是在看你做什么。一些国家已经做出承诺,但并没有落实承诺,并没有兑现承诺,并没有采取真正的行动。"②

2012 年,多哈世界气候大会全称《联合国气候变化框架公约》第 18 次缔约方会议暨《京都议定书》第 8 次缔约方会议,于 2012 年 11 月 26—12 月 7 日在卡塔尔多哈召开。③ 大会主席、卡塔尔廉洁和行政监督机构主席阿卜杜拉·阿提亚当晚宣布,大会通过的决议中包括《京都议定书》修正案,从法律上确保了该议定书第二承诺期在 2013 年实施。此外,大会还通过了有关长期气候资金、《联合国气候变化框架公约》长期合作工作组成果、德班平台以及损失损害补偿机制等方面的多项决议。在随后的公约缔约方陈述中,除美国和俄罗斯表示不满外,大多数国家、尤其是发展中国家认为,这一结果虽不完美但可接受,支持大会所做出的决定。

2013 年,联合国气候变化大会华沙会议全称《联合国气候变化框架公约》第 19 次缔约方会议暨《京都议定书》第 9 次缔约方会议 11 月 11 日在波兰华沙召开。经过长达两周的艰难谈判和激烈争吵,特别是会议结束前最后 48 小时,各国代表挑灯夜战,最终就德班平台决议、气候资金和损

---

① 中华人民共和国中央人民政府:《风云变幻 20 年:气候变化谈判历程和气候大会展望》,http://www.gov.cn/gzdt/2011-11/23/content_2001150.htm,访问日期:2018 - 01 - 20。

② 中国石油网:《气候大会苦谈 14 天敲定新协议,解振华斥发达国家》,http://www.104105.com/info/shownews.asp? newsid =199236,访问日期:2018 -01 -20。

③ 新华网:《聚焦多哈气候大会》,http://www.xinhuanet.com/world/jjdhqhdh/,访问日期:2018 - 01 - 20。

失损害补偿机制等焦点议题签署了协议。① 本次会议于本月 11 日召开，原定 22 日闭幕，但由于发达国家和发展中国家在关键问题上争论不断，不得不连续延期至 23 日晚。会议期间，一些非政府组织代表因不满发达国家的不作为而愤然离场。

2014 年，气候峰会于 9 月 23 日在纽约举行，刚刚任获任联合国城市和气候变化问题特使的前纽约市市长布隆伯格将同潘基文合作，共同为"2014 气候峰会"寻求切实可行的解决方案。此次峰会已邀请了来自各国政府、工商界、金融和公民社会组织的领袖出席。他们将重点推介各自具有推广借鉴价值的大胆方案，以期通过提出可以应对气候变化挑战并且更加强有力的国际行动来增强雄心壮志。潘基文进一步表示，在开发、落实相关行动、将雄心转化为应对气候变化的显著影响方面，城市将发挥至关重要的作用。②

2015 年，《联合国气候变化框架公约》第 21 次缔约方会议（世界气候大会）于巴黎举行。中国在会前向《联合国气候变化框架公约》秘书处提交了应对气候变化国家自主贡献文件《强化应对气候变化行动——中国国家自主贡献》。按照计划，《巴黎协定》在气候大会上达成，为 2020 年后全球应对气候变化行动做出安排，目的是促使 196 个缔约方（195 个国家 + 欧盟）形成统一意见，达成一项普遍适用的协议，并于 2020 年开始付诸实施。

2016 年，《联合国气候变化框架公约》第 22 次缔约方会议在摩洛哥马拉喀什开幕。这是联合国气候变化会议时隔五年后重返非洲，本次气候大会是应对气候变化的里程碑式文件《巴黎协定》正式生效后的第一次缔约方大会，也将是一次落实行动的大会。

2017 年，尽管美国退出《巴黎协定》，但联合国波恩气候变化大会仍然如期召开，经过各方艰苦谈判，会议通过了一系列积极成果，为《巴黎协定》实施细则谈判如期完成奠定了良好基础。本次大会通过了名为"斐济实施动力"的一系列成果，就《巴黎协定》实施涉及的各方面问题形成了平衡的谈判案文，进一步明确了 2018 年促进性对话的组织方式，通过了加速 2020 年前气候行动的一系列安排。

---

① 新华网：《华沙气候大会达成协议后闭幕》，http://news. xinhuanet. com/world/2013 – 11/24/c_ 118268122. htm，访问日期：2018 – 01 – 20。

② 中国经济网：《2014 气候峰会将于今年 9 月 23 日在纽约举行》，http://intl. ce. cn/specials/zxgjzh/201402/01/t20140201_ 2242151. shtml，访问日期：2018 – 01 – 20。

主要参考文献

2013

1. Regulation（EU）No 525/2013 of the European Parliament and of the Council of 21 May 2013 on a mechanism for monitoring and reporting greenhouse gas emissions and for reporting other information at national and Union level relevant to climate change and repealing Decision No 280/2004/EC Text with EEA relevance，Author：European Parliament，Council of the European Union，Date of document：21/05/2013.

2. Regulation（EU）No 1293/2013 of the European Parliament and of the Council of 11 December 2013 on the establishment of a Programme for the Environment and Climate Action（LIFE）and repealing Regulation（EC）No 614/2007 Text with EEA relevance，Author：European Parliament，Council of the European Union，Date of document：11/12/2013.

3. Decision No 377/2013/EU of the European Parliament and of the Council of 24 April 2013 derogating temporarily from Directive 2003/87/EC establishing a scheme for greenhouse gas emission allowance trading within the Community Text with EEA relevance，Author：European Parliament，Council of the European Union，Date of document：24/04/2013.

4. Decision No 529/2013/EU of the European Parliament and of the Council of 21 May 2013 on accounting rules on greenhouse gas emissions and removals resulting from activities relating to land use，land-use change and forestry and on information concerning actions relating to those activities，Author：European Parliament，Council of the European Union，Date of document：21/05/2013.

5. Regulation（EU）No 1300/2013 of the European Parliament and of the Council of 17 December 2013 on the Cohesion Fund and repealing Council Regulation（EC）No 1084/2006，Author：European Parliament，Council of the European Union，Date of document：17/12/2013.

2014

6. Regulation（EU）No 517/2014 of the European Parliament and of the Council of 16 April 2014 on fluorinated greenhouse gases and repealing Regulation（EC）No 842/2006 Text with EEA relevance，Author：European Parliament，Council of the European Union，Date of document：16/04/2014.

7. Directive 2014/94/EU of the European Parliament and of the Council of 22 October 2014 on the deployment of alternative fuels infrastructure Text with EEA relevance，Author：European Parliament，Council of the European Union，Date of document：22/10/2014.

8. Decision No 466/2014/EU of the European Parliament and of the Council of 16 April 2014 granting an EU guarantee to the European Investment Bank against losses under financing operations supporting investment projects outside the Union，Author：European Parliament，Council of the European Union，Date of document：16/04/2014.

9. Regulation（EU）No 233/2014 of the European Parliament and of the Council of 11 March 2014 establishing a financing instrument for development cooperation for the period 2014-2020，Author：European Parliament，Council of the European Union，Date of document：11/03/2014.

10. Regulation（EU）No 508/2014 of the European Parliament and of the Council of 15 May 2014 on the European Maritime and Fisheries Fund and repealing Council Regulations（EC）No 2328/2003，（EC）No 861/2006，（EC）No 1198/2006 and（EC）No 791/2007 and Regulation（EU）No 1255/2011 of the European Parliament and of the Council，Author：European Parliament，Council of the European UnionDate of document：15/05/2014.

11. Regulation（EU）No 377/2014 of the European Parliament and of the Council of 3 April 2014 establishing the Copernicus Programme and repealing Regulation（EU）No 911/2010 Text with EEA relevance，Author：European Parliament，Council of the European Union，Date of document：03/04/2014.

12. Regulation（EU）No 282/2014 of the European Parliament and of the Council of 11 March 2014 on the establishment of a third Programme for the Union's action in the field of health（2014 - 2020）and repealing Decision No 1350/2007/EC Text with EEA relevance，Author：European Parliament，Council of the European Union，Date of document：11/03/2014.

13. Regulation （EU） No 1143/2014 of the European Parliament and of the Council of 22 October 2014 on the prevention and management of the introduction and spread of invasive alien species, Author: European Parliament, Council of the European Union, Date of document: 22/10/2014.

14. Directive 2014/89/EU of the European Parliament and of the Council of 23 July 2014 establishing a framework for maritime spatial planning, Author: European Parliament, Council of the European Union, Date of document: 23/07/2014.

15. Regulation （EU） No 652/2014 of the European Parliament and of the Council of 15 May 2014 laying down provisions for the management of expenditure relating to the food chain, animal health and animal welfare, and relating to plant health and plant reproductive material, amending Council Directives 98/56/EC, 2000/29/EC and 2008/90/EC, Regulations （EC） No 178/2002, （EC） No 882/2004 and （EC） No 396/2005 of the European Parliament and of the Council, Directive 2009/128/EC of the European Parliament and of the Council and Regulation （EC） No 1107/2009 of the European Parliament and of the Council and repealing Council Decisions 66/399/EEC, 76/894/EEC and 2009/470/EC, Author: European Parliament, Council of the European Union, Date of document: 15/05/2014.

16. Regulation （EU） No 596/2014 of the European Parliament and of the Council of 16 April 2014 on market abuse （market abuse regulation） and repealing Directive 2003/6/EC of the European Parliament and of the Council and Commission Directives 2003/124/EC, 2003/125/EC and 2004/72/EC Text with EEA relevance, Author: European Parliament, Council of the European Union, Date of document: 16/04/2014.

17. Directive 2014/57/EU of the European Parliament and of the Council of 16 April 2014 on criminal sanctions for market abuse （market abuse directive）, Author: European Parliament, Council of the European Union, Date of document: 16/04/2014.

18. Regulation （EU） No 598/2014 of the European Parliament and of the Council of 16 April 2014 on the establishment of rules and procedures with regard to the introduction of noise-related operating restrictions at Union airports within a Balanced Approach and repealing Directive 2002/30/EC, Author: European

Parliament, Council of the European Union, Date of document: 16/04/2014.

19. Decision No 554/2014/EU of the European Parliament and of the Council of 15 May 2014 on the participation of the Union in the Active and Assisted Living Research and Development Programme jointly undertaken by several Member States, Author: European Parliament, Council of the European Union, Date of document: 15/05/2014.

20. Regulation (EU) No 540/2014 of the European Parliament and of the Council of 16 April 2014 on the sound level of motor vehicles and of replacement silencing systems, and amending Directive 2007/46/EC and repealing Directive 70/157/EEC Text with EEA relevance, Author: European Parliament, Council of the European Union, Date of document: 16/04/2014.

2015

21. Directive (EU) 2015/2193 of the European Parliament and of the Council of 25 November 2015 on the limitation of emissions of certain pollutants into the air from medium combustion plants (Text with EEA relevance), Author: European Parliament, Council of the European Union, Date of document: 25/11/2015; Date of adoption.

22. Regulation (EU) 2015/760 of the European Parliament and of the Council of 29 April 2015 on European long-term investment funds (Text with EEA relevance), Author: European Parliament, Council of the European Union, Date of document: 29/04/2015; Date of adoption.

23. Council Decision (EU) 2015/1340 of 13 July 2015 on the conclusion, on behalf of the European Union, of the Agreement between the European Union and its Member States, of the one part, and Iceland, of the other part, concerning Iceland's participation in the joint fulfilment of commitments of the European Union, its Member States and Iceland for the second commitment period of the Kyoto Protocol to the United Nations Framework Convention on Climate Change, Author: Council of the European Union, Date of document: 13/07/2015; Date of adoption.

24. European Parliament resolution of 14 October 2015 on Towards a new international climate agreement in Paris (2015/2112 (INI)), Author: European Parliament, Committee on Development, Committee on Foreign Affairs, Committee on Industry, Research and Energy, Committee on International Trade,

Committee on Transport and Tourism, Committee on the Environment, Public Health and Food Safety, Date of document: 14/10/2015; Date of vote.

25. European Parliament legislative resolution of 10 June 2015 on the draft Council decision on the conclusion, on behalf of the European Union, of the Doha Amendment to the Kyoto Protocol to the United Nations Framework Convention on Climate Change and the joint fulfilment ofcommitments thereunder (10400/2014 — C8-0029/2015 — 2013/0376 (NLE)), Author: European Parliament, Committee on Foreign Affairs, Committee on Industry, Research and Energy, Committee on the Environment, Public Health and Food Safety, Date of document: 10/06/2015; Date of vote.

26. European Parliament legislative resolution of 10 June 2015 on the draft Council decision on the conclusion, on behalf of the European Union, of the Agreement between the European Union and its Member States, of the one part, and Iceland, of the other part, concerning Iceland's participation in the joint fulfilment of commitments of the European Union, its Member States and Iceland for the second commitment period of the Kyoto Protocol to the United Nations Framework Convention on Climate Change (10883/2014— C8-0088/2015 — 2014/0151 (NLE)), Author: European Parliament, Committee on Foreign Affairs, Committee on Industry, Research and Energy, Committee on the Environment, Public Health and Food Safety, Date of document: 10/06/2015; Date of vote.

27. Opinion of the European Committee of the Regions— Towards a global climate agreement in Paris, Author: Committee of the Regions, Commission for The Environment, Climate Change and Energy, Date of document: 14/10/2015; Date of vote.

28. COMMISSION STAFF WORKING DOCUMENT Technical information to the Report on the additional period for fulfilling commitments under the Kyoto Protocol Accompanying the document Report from the Commission Report on the additional period for fulfilling commitments under the Kyoto Protocol (required under Article 22 of Regulation (EU) No 525/2013 of the European Parliament and of the Council of 21 May 2013 on a mechanism for monitoring and reporting greenhouse gas emissions and for reporting other information at national and Union level relevant to climate change and repealing Decision No 280/2004/EC

and Decision 13/CMP. 1 of the Conference of the Parties serving as the meeting of the Parties to the Kyoto Protocol), Author: European Commission, Directorate-General for Climate Action, Date of document: 15/12/2015.

29. REPORT FROM THE COMMISSION Report on the additional period for fulfilling commitments under the Kyoto Protocol (required under Article 22 of Regulation (EU) No 525/2013 of the European Parliament and of the Council of 21 May 2013 on a mechanism for monitoring and reporting greenhouse gas emissions and for reporting other information at national and Union level relevant to climate change and repealing Decision No 280/2004/EC and Decision 13/CMP. 1 of the Conference of the Parties serving as the meeting of the Parties to the Kyoto Protocol), Author: European Commission, Directorate-General for Climate Action, Date of document: 15/12/2015.

30. REPORT FROM THE COMMISSION TO THE EUROPEAN PARLIAMENT AND THE COUNCIL Climate action progress report, including the report on the functioning of the European carbon market and the report on the review of Directive 2009/31/EC on the geological storage of carbon dioxide (required under Article 21 of Regulation (EU) No 525/2013 of the EuropeanParliament and of the Council of 21 May 2013 on a mechanism for monitoring and reporting greenhouse gas emissions and for reporting other information at national and Union level relevant to climate change and repealing Decision No 280/2004/EC, under Article 10 (5) and Article 21 (2) of the Directive 2003/87/EC of the European Parliament and of the Council of 13 October 2003 establishing a scheme for greenhouse gas emissions allowance trading within the Community and amending Council Directive 96/61/EC and under Article 38 of Directive 2009/31/EC of the European Parliament and of the Council on the geological storage of carbon dioxide), Author: European Commission, Directorate-General for Climate Action, Date of document: 18/11/2015.

31. COMMISSION STAFF WORKING DOCUMENT TECHNICAL INFORMATION TO THE CLIMATE ACTION PROGRESS REPORT Accompanying the document Report from the Commission to the European Parliament and the Council Climate action progress report, including the report on the functioning of the European carbon market and the report on the review of Directive 2009/31/EC on the geological storage of carbon dioxide (required under Article 21 of Regula-

tion (EU) No 525/2013 of the European Parliament and of the Council of 21 May 2013 on a mechanism for monitoring and reporting greenhouse gas emissions and for reporting other information at national and Union level relevant to climate change and repealing Decision No 280/2004/EC, under Article 10 (5) and Article 21 (2) of the Directive 2003/87/EC of the European Parliament and of the Council of 13 October 2003 establishing a scheme for greenhouse gas emissions allowance trading within the Community and amending Council Directive 96/61/EC and under Article 38 of Directive 2009/31/EC of the European Parliament and of the Council on the geological storage of carbon dioxide), Author: European Commission, Directorate-General for Climate Action, Date of document: 18/11/2015.

32. Agreement between the European Union and its Member States, of the one part, and Iceland, of the other part, concerning Iceland's participation in the joint fulfilment of the commitments of the European Union, its Member States and Iceland for the second commitment period of the Kyoto Protocol to the United Nations Framework Convention on Climate Change, Author: European Union, Iceland, Date of document: 01/04/2015; Date of signature.

33. COMMUNICATION FROM THE COMMISSION TO THE EUROPEAN PARLIAMENT AND THE COUNCIL The Paris Protocol – A blueprint for tackling global climate change beyond 2020, Author: European Commission, Date of document: 25/02/2015.

34. Opinion of the European Economic and Social Committee on "The Paris Protocol — A blueprint for tackling global climate change beyond 2020" (COM (2015) 81 final), Author: European Economic and Social Committee, Date of document: 02/07/2015; Date of vote.

35. Opinion of the European Economic and Social Committee on the development of the governance system proposed in the context of the 2030 climate and energy framework (exploratory opinion requested by the European Commission), Author: European Economic and Social Committee, Date of document: 23/04/2015; Date of vote.

36. COMMISSION STAFF WORKING DOCUMENT Accompanying the document COMMUNICATION FROM THE COMMISSION TO THE EUROPEAN PARLIAMENT AND THE COUNCIL The Paris Protocol - a blueprint for tackling

global climate change beyond 2020, Author: European Commission, Date of document: 25/02/2015.

37. Opinion of the European Economic and Social Committee on the implications of climate and energy policy on agricultural and forestry sectors (exploratory opinion), Author: European Economic and Social Committee, Date of document: 22/04/2015; Date of vote.

38. Council Decision (EU) 2015/146 of 26 January 2015 on the signing, on behalf of the European Union, of the agreement between the European Union and its Member States, of the one part, and Iceland, of the other part, concerning Iceland's participation in the joint fulfilment of commitments of the European Union, its Member States and Iceland for the second commitment period of the Kyoto Protocol to the United Nations Framework Convention on Climate Change, Author: Council of the European Union, Date of document: 26/01/2015.

39. COMMUNICATION FROM THE COMMISSION TO THE EUROPEAN PARLIAMENT, THE COUNCIL, THE EUROPEAN ECONOMIC AND SOCIAL COMMITTEE, THE COMMITTEE OF THE REGIONS AND THE EUROPEAN INVESTMENT BANK A Framework Strategy for a Resilient Energy Union with a Forward-Looking Climate Change Policy, Author: European Commission, Date of document: 25/02/2015.

40. Opinion of the European Economic and Social Committee on the "Communication from the Commission to the European Parliament, the Council, the European Economic and Social Committee, the Committee of the Regions and the European Investment Bank on A Framework Strategy for a Resilient Energy Union with a Forward-Looking Climate Change Policy" (COM (2015) 80 final) and the "Communication from the Commission to the European Parliament and the Council on Achieving the 10% electricity interconnection target — Making Europe's electricity grid fit for 2020" (COM (2015) 82 final), Author: European Economic and Social Committee, Date of document: 01/07/2015; Date of vote.

41. Case C-272/15: Reference for a preliminary ruling from Court of Appeal (England & Wales) (Civil Division) made on 8 June 2015— Swiss International Air Lines AG v The Secretary of State for Energy and Climate Change, Envi-

ronment Agency, Author: Court of Justice, Date of document: 08/06/2015.

42. Decision of the EEA Joint Committee No 284/2015 of 30 October 2015 amending Annex XX (Environment) to the EEA Agreement [2017/1073], Author: EEA Joint Committee, Date of document: 30/10/2015; Date of adoption.

43. Paris Agreement, Author: European Union, Date of document: 12/12/2015; Date of signature.

44. European Parliament legislative resolution of 28 April 2015 on the Council position at first reading with a view to the adoption of a regulation of the European Parliament and of the Council on the monitoring, reporting and verification of carbon dioxide emissions from maritime transport, and amending Directive 2009/16/EC (17086/1/2014— C8-0072/2015 — 2013/0224 (COD)), Author: European Parliament, Committee on Industry, Research and Energy, Committee on Transport and Tourism, Committee on the Environment, Public Health and Food Safety, Date of document: 28/04/2015; Date of vote.

45. Joint Parliamentary Assembly of the Partnership Agreement concluded between the members of the African, Caribbean and Pacific Group of States, of the one part, and the European Union and its Member States, of the other part— Minutes of the sitting of Wednesday, 9 December 2015, Author: ACP-EU Joint Parliamentary Assembly, Date of document: 09/12/2015; Date of vote.

46. Joint Parliamentary Assembly of the Partnership Agreement concluded between the members of the African, Caribbean and Pacific group of states, of the one part, and the European Union and its Member States, of the other part— Minutes of the sitting of monday, 15 june 2015, Author: ACP – EU Joint Parliamentary Assembly, Date of document: 15/06/2015; Date of vote.

47. Commission Delegated Regulation (EU) 2015/1844 of 13 July 2015 amending Regulation (EU) No 389/2013 as regards the technical implementation of the Kyoto Protocol after 2012 (Text with EEA relevance), Author: European Commission, Date of document: 13/07/2015; Date of adoption.

48. COMMISSION STAFF WORKING DOCUMENT IMPACT ASSESSMENT Accompanying the document Proposal for a Directive of the European Parliament and of the Council amending Directive 2003/87/EC to enhance cost-effective e-

mission reductions and low-carbon investments, Author: European Commission, Directorate-General for Climate Action, Date of document: 15/07/2015.

49. Special Report No 6 // 2015 The integrity and implementation of the EU ETS (pursuant to Article 287 (4), second subparagraph, TFEU), Author: European Court of Auditors, Date of document: 15/04/2015; Date of adoption.

50. Position (EU) No 6/2015 of the Council at first reading with a view to the adoption of a Regulation of the European Parliament and of the Council on the monitoring, reporting and verification of carbon dioxide emissions from maritime transport, and amending Directive 2009/16/EC Adopted by the Council on 5 March 2015 (Text with EEA relevance), Author: Council of the European Union, Date of document: 05/03/2015; Date of adoption.

51. Statement of the Council's reasons: Position (EU) No 6/2015 of the Council at first reading with a view to the adoption of a Regulation of the European Parliament and of the Council on the monitoring, reporting and verification of carbon dioxide emissions from maritime transport, and amending Directive 2009/16/EC, Author: Council of the European Union, Date of document: 24/04/2015; Date of publication.

52. Opinion of the European Committee of the Regions— Energy Union Package, Author: Committee of the Regions, Commission for The Environment, Climate Change and Energy, Date of document: 14/10/2015; Date of vote.

53. COMMISSION STAFF WORKING DOCUMENT EXECUTIVE SUMMARY OF THEIMPACT ASSESSMENT Accompanying the document Proposal for a Directive of the European Parliament and of the Council amending Directive 2003/87/EC to enhance cost-effective emission reductions and low-carbon investments, Author: European Commission, Directorate-General for Climate Action, Date of document: 15/07/2015.

54. COMMISSION STAFF WORKING DOCUMENT Accompanying the document REPORT FROM THE COMMISSION TO THE EUROPEAN PARLIAMENT AND THE COUNCIL ON 2014 EIB EXTERNAL ACTIVITY WITH EU BUDGETARY GUARANTEE, Author: European Commission, Directorate-General for Economic and Financial Affairs, Date of document: 16/12/2015.

55. Council Decision (EU) 2015/1339 of 13 July 2015 on the conclusion, on behalf of the European Union, of the Doha Amendment to the Kyoto Protocol to the United Nations Framework Convention on Climate Change and the joint fulfilment of commitments thereunder, Author: Council of the European Union, Date of document: 13/07/2015; Date of adoption.

56. European Parliament resolution of 15 December 2015 on Towards a European Energy Union (2015/2113 (INI)), Author: European Parliament, Committee on Foreign Affairs, Committee on Industry, Research and Energy, Committee on International Trade, Committee on Transport and Tourism, Committee on the Environment, Public Health and Food Safety, Committee on the Internal Market and Consumer Protection, Date of document: 15/12/2015; Date of vote.

57. Commission Implementing Regulation (EU) 2015/596 of 15 April 2015 amending Regulation (EC) No 606/2009 as regards the increase in the maximum total sulphur dioxide content where the climate conditions make this necessary, Author: European Commission, Date of document: 15/04/2015.

2016

58. Directive (EU) 2016/802 of the European Parliament and of the Council of 11 May 2016 relating to a reduction in the sulphur content of certain liquid fuels, Author: European Parliament, Council of the European Union, Date of document: 11/05/2016; Date of signature.

59. Regulation (EU) 2016/1952 of the European Parliament and of the Council of 26 October 2016 on European statistics on natural gas and electricity prices and repealing Directive 2008/92/EC (Text with EEA relevance), Author: European Parliament, Council of the European Union, Date of document: 26/10/2016; Date of signature.

60. Directive (EU) 2016/797 of the European Parliament and of the Council of 11 May 2016 on the interoperability of the rail system within the European Union (Text with EEA relevance), Author: European Parliament, Council of the European Union, Date of document: 11/05/2016; Date of signature.

61. Special Report No 31 // 2016 Spending at least one euro in every five from the EU budget on climate action: ambitious work underway, but at serious risk of falling short (pursuant to Article 287 (4), second subparagraph,

TFEU), Author: European Court of Auditors, Date of document: 26/10/ 2016; Date of adoption.

62. REPORT FROM THE COMMISSION TO THE EUROPEAN PARLIA-MENT AND THE COUNCIL Implementing the Paris Agreement - Progress of the EU towards the at least -40% target (required under Article 21 of Regulation (EU) No 525/2013 of the European Parliament and of the Council of 21 May 2013 on a mechanism for monitoring and reporting greenhouse gas emissions and for reporting other information at national and Union level relevant to climate change and repealing Decision No 280/2004/EC), Author: European Commission, Directorate-General for Climate Action, Date of document: 08/11/2016.

63. Proposal for a COUNCIL DECISION on the conclusion on behalf of the European Union of the Paris Agreement adopted under the United Nations Framework Convention on Climate Change, Author: European Commission, Directorate-General for Climate Action, Date of document: 10/06/2016.

64. Proposal for a COUNCIL DECISION on the signing, on behalf of the European Union, of the Paris Agreement adopted under the United Nations Framework Convention on Climate Change, Author: European Commission, Directorate-General for Climate Action, Date of document: 02/03/2016.

65. Council Decision (EU) 2016/1841 of 5 October 2016 on the conclusion, on behalf of the European Union, of the Paris Agreement adopted under the United Nations Framework Convention on Climate Change, Author: Council of the European Union, Date of document: 05/10/2016; Date of adoption.

66. Council Decision (EU) 2016/590 of 11 April 2016 on the signing, on behalf of the European Union, of the Paris Agreement adopted under the United Nations Framework Convention on Climate Change, Author: Council of the European Union, Date of document: 11/04/2016; Date of adoption.

67. Opinion of the European Committee of the Regions— Delivering the global climate agreement — a territorial approach to COP22 in Marrakesh, Author: European Committee of the Regions, Commission for the Environment, Climate Change and Energy, Date of document: 12/10/2016; Date of vote.

68. Special Report No 31/2016— "Spending at least one euro in every five from the EU budget on climate action: ambitious work underway, but at serious risk of falling short", Author: European Court of Auditors, Date of document:

24/11/2016; Date of publication.

69. REPORT FROM THE COMMISSION on availability of training for service personnel regarding the safe handling of climate-friendly technologies replacing or reducing the use of fluorinated greenhouse gases, Author: European Commission, Directorate-General for Climate Action, Date of document: 30/11/2016.

70. REPORT FROM THE COMMISSION on barriers posed by codes, standards and legislation to using climate-friendly technologies in the refrigeration, air conditioning, heat pumps and foam sectors, Author: European Commission, Directorate-General for Climate Action, Date of document: 30/11/2016.

2017

71. Regulation (EU) 2017/1601 of the European Parliament and of the Council of 26 September 2017 establishing the European Fund for Sustainable Development (EFSD), the EFSD Guarantee and the EFSD Guarantee Fund, Author: European Parliament, Council of the European Union, Date of document: 26/09/2017; Date of signature.

72. Regulation (EU) 2017/1938 of the European Parliament and of the Council of 25 October 2017 concerning measures to safeguard the security of gas supply and repealing Regulation (EU) No 994/2010 (Text with EEA relevance.), Author: European Parliament, Council of the European Union, Date of document: 25/10/2017; Date of signature.

73. Decision (EU) 2017/1565 of the European Parliament and of the Council of 13 September 2017 on providing macro-financial assistance to the Republic of Moldova, Author: European Parliament, Council of the European Union, Date of document: 13/09/2017; Date of signature.

74. Regulation (EU) 2017/1369 of the European Parliament and of the Council of 4 July 2017 setting a framework for energy labelling and repealing Directive 2010/30/EU (Text with EEA relevance.), Author: European Parliament, Council of the European Union, Date of document: 04/07/2017; Date of signature.

75. Decision (EU) 2017/1324 of the European Parliament and of the Council of 4 July 2017 on the participation of the Union in the Partnership for Research and Innovation in the Mediterranean Area (PRIMA) jointly undertaken

by several Member States, Author: European Parliament, Council of the European Union, Date of document: 04/07/2017; Date of signature.

76. Decision (EU) 2017/684 of the European Parliament and of the Council of 5 April 2017 on establishing an information exchange mechanism with regard to intergovernmental agreements and non-binding instruments between Member States and third countries in the field of energy, and repealing Decision No 994/2012/EU (Text with EEA relevance.), Author: European Parliament, Council of the European Union, Date of document: 05/04/2017; Date of signature.

77. Regulation (EU) 2017/352 of the European Parliament and of the Council of 15 February 2017 establishing a framework for the provision of port services and common rules on the financial transparency of ports (Text with EEA relevance), Author: European Parliament, Council of the European Union, Date of document: 15/02/2017; Date of signature.

78. Opinion of the European Committee of the Regions— Climate finance: an essential tool for the implementation of the Paris Agreement, Author: European Committee of the Regions, Commission for the Environment, Climate Change and Energy, Date of document: 10/10/2017; Date of vote.

79. Opinion of the European Committee of the Regions— Towards a new EU climate change adaptation strategy — taking an integrated approach, Author: European Committee of the Regions, Committee on the Environment, Public Health and Food Safety, Date of document: 09/02/2017; Date of vote.

80. COMMISSION STAFF WORKING DOCUMENT MID-TERM EVALUATION Accompanying the document Report on the Mid-term Evaluation of the Programme for Environment and Climate Action (LIFE), Author: European Commission, Directorate-General for Environment, Date of document: 06/11/2017.

81. Opinion of the European Economic and Social Committee on "Climate Justice" (own-initiative opinion), Author: European Economic and Social Committee, Date of document: 19/10/2017; Date of vote.

82. COMMISSION STAFF WORKING DOCUMENT EXECUTIVE SUMMARY OF THE MID-TERM EVALUATION Accompanying the document Report on the Mid-term Evaluation of the Programme for Environment and Climate Action

(LIFE), Author: European Commission, Directorate-General for Environment, Date of document: 06/11/2017.

83. REPORT FROM THE COMMISSION TO THE EUROPEAN PARLIA-MENT AND THE COUNCIL Report on the functioning of the European carbon market, Author: European Commission, Directorate-General for Climate Action, Date of document: 23/11/2017.

84. Commission Decision (EU) 2017/2172 of 20 November 2017 amending Decision 2010/670/EU as regards the deployment of non-disbursed revenues from the first round of calls for proposals (notified under document C (2017) 7656), Author: European Commission, Directorate-General for Climate Action, Date of document: 20/11/2017; Date of adoption.

85. Opinion of the European Committee of the Regions— Energy Union Governance and Clean Energy, Author: European Committee of the Regions, Commission for the Environment, Climate Change and Energy, Date of document: 13/07/2017; Date of vote.

86. Opinion of the European Committee of the Regions— Legislative proposals for an Effort Sharing Regulation and a LULUCF Regulation, Author: European Committee of the Regions, Commission for the Environment, Climate Change and Energy, Date of document: 23/03/2017; Date of vote.

2018

87. Commission Regulation (EU) 2018/208 of 12 February 2018 amending Regulation (EU) No 389/2013 establishing a Union Registry (Text with EEA relevance.), Author: European Commission, Directorate-General for Climate Action, Date of document: 12/02/2018; Date of adoption.

88. Commission Implementing Decision (EU) 2018/210 of 12 February 2018 on the adoption of the LIFE multiannual work programme for 2018-2020 (Text with EEA relevance.), Author: European Commission, Directorate-General for Environment, Date of document: 12/02/2018; Date of adoption.

89. Council Decision (EU) 2018/219 of 23 January 2018 on the conclusion of the Agreement between the European Union and the Swiss Confederation on the linking of their greenhouse gas emissions trading systems, Author: Council of the European Union, Date of document: 23/01/2018; Date of adoption.

90. Commission Implementing Regulation (EU) 2018/259 of 21 February

2018 amendingImplementing Regulation （EU） No 427/2014 for the purpose of adjusting it to the change in the regulatory test procedure and simplifying the administrative procedures for application and certification （Text with EEA relevance. ）, Author: European Commission, Directorate-General for Climate Action, Date of document: 21/02/2018; Date of adoption.

91. Commission Implementing Regulation （EU） 2018/258 of 21 February 2018 amending Implementing Regulation （EU） No 725/2011 for the purpose of adjusting it to the change in the regulatory test procedure and simplifying the administrative procedures for application and certification （Text with EEA relevance. ）, Author: European Commission, Directorate-General for Climate Action, Date of document: 21/02/2018; Date of adoption.

92. Notice to undertakings intending to place hydrofluorocarbons in bulk on the market in the European Union in 2019, Author: European Commission, Date of document: 20/01/2018; Date of publication.

93. REPORT FROM THE COMMISSION TO THE EUROPEAN PARLIAMENT AND THE COUNCIL Quality of petrol and diesel fuel used for road transport in the European Union （Reporting year 2016）, Author: European Commission, Directorate-General for Climate Action, Date of document: 06/02/2018.

94. COMMISSION STAFF WORKING DOCUMENT Accompanying the document REPORT FROM THE COMMISSION TO THE EUROPEAN COURT OF AUDITORS, THE COUNCIL AND THE EUROPEAN PARLIAMENT Member States'replies to the Court of Auditors'2016 Annual Report, Author: European Commission, Directorate-General for Budget, Date of document: 28/02/2018.

95. European Parliament resolution of 23 June 2016 on the implementation report on the Energy Efficiency Directive （2012/27/EU） （2015/2232 （INI））, Author: European Parliament, Date of document: 09/03/2018.

96. European Parliament resolution of 23 June 2016 on the renewable energy progress report （2016/2041 （INI））, Author: European Parliament, Date of document: 09/03/2018.

97. REPORT FROM THE COMMISSION TO THE COUNCIL for 2017 on the implementation of the financial assistance provided to the Overseas Countries and Territories under the 11th European Development Fund, Author: European

Commission, Directorate-General for International Cooperation and Development, Date of document: 22/02/2018.

98. REPORT FROM THE COMMISSION TO THE EUROPEAN PARLIA-MENT, THE COUNCIL, THE EUROPEAN ECONOMIC AND SOCIAL COM-MITTEE AND THE COMMITTEE OF THE REGIONS on the mid-term evaluation of the Connecting Europe Facility (CEF), Author: European Commission, Directorate-General for Mobility and Transport, Date of document: 14/02/2018.

99. Publication of an amendment application pursuant to Article 50 (2) (a) of Regulation (EU) No 1151/2012 of the European Parliament and of the Council on quality schemes for agricultural products and foodstuffs, Author: European Commission, Date of document: 08/02/2018; Date ofpublication.

100. COMMISSION STAFF WORKING DOCUMENT IMPACT ASSESS-MENT Accompanying the document Proposal for a Council Regulation on establishing the European High Performance Computing Joint Undertaking, Author: European Commission, Directorate-General for Communications Networks, Content and Technology, Date of document: 11/01/2018.

致　谢

　　《欧盟气候话语权的建构及对中国的启示》是一个十分重要的研究课题，无论是在学理上还是现实角度，都具有重要的研究价值。笔者行文到最后，充满了感激之情。

　　首先，笔者感谢教育部社科司和学校在课题完成过程中提供的种种指导与帮助。如果没有教育部社科司和学校的关心，很难完成此项课题。我校科研处一贯重视科研发布的新动向，鼓励教师完成优质的科研成果。

　　其次，笔者感谢学生收集资料与整理资料的工作，尤其感谢笔者指导的学生袁烨、金梓珊、刘昊月、刘蕊、李语哲等。他们的协助有助于笔者完成本课题的研究，他们也在协助我的过程中成长起来。

　　最重要的是，笔者感谢为本课题提出建设性建议的专家，他们的学术精神与专业态度令笔者钦佩。他们也是我学术之路的学习榜样。学术之路何其漫长，笔者将不懈奋斗，正如"路漫漫其修远兮，吾将上下而求索"。

　　最后，笔者感谢每一位对本领域有阅读兴趣的读者。

柳思思　敬上

2018 年 2 月 15 日除夕夜

图书在版编目（CIP）数据

欧盟气候话语权的建构及对中国的启示研究/柳思思著．—北京：时事出版社，2018.6

ISBN 978-7-5195-0217-1

Ⅰ.①欧…　Ⅱ.①柳…　Ⅲ.①欧洲国家联盟—气候变化—影响—研究—中国　Ⅳ.①P467

中国版本图书馆 CIP 数据核字（2018）第 102727 号

出 版 发 行：时事出版社
地　　　址：北京市海淀区万寿寺甲 2 号
邮　　　编：100081
发 行 热 线：(010) 88547590　88547591
读者服务部：(010) 88547595
传　　　真：(010) 88547592
电 子 邮 箱：shishichubanshe@ sina. com
网　　　址：www. shishishe. com
印　　　刷：北京朝阳印刷厂有限责任公司

开本：787×1092　1/16　印张：15.25　字数：285 千字
2018 年 6 月第 1 版　　2018 年 6 月第 1 次印刷
定价：95.00 元
（如有印装质量问题，请与本社发行部联系调换）